Excel 2013/2016/2019対応

いちばんやさしい

日商PC検定 データ活用 3級 ズバリ合格BOOK

[日商PC検定合格道場] 八田仁＋細田美奈＝著
石井典子＝監修

技術評論社

はじめに

日商PC検定を学習されるあなたへ

コンピュータ専門用語やIT関連用語は、カタカナ語や略語が多く、理解し覚えるのは、大変です。繰り返し学習することで徐々に克服するしかありません。

単調な学習を続けていると、ときには、こんなことを学習しても何の役に立つのだろう?と疑問に感じ、投げ出したくなるでしょう。努力することは、ときには辛いものです。

しかし、天は、あなたのために素晴らしいプレゼントを用意しています。あきらめずに、粘り強く進むあなたに「忍耐力」「折れない強い心」を授けます。また、目標を達成すれば、素晴らしい「達成感」「充実感」みなぎる「自信」を授かります。そして、あなたは、気づくのです。自分の器が拡大したことに。

どうか、かんたんにあきらめないでください。あなたは、必ず達成できるでしょう!あきらめない限り必ず成功できます。そして、資格を取ることよりもっと重要なことをスキルとして身につけることができます。それは、目標を達成する心のノウハウです。このノウハウを手にしたことにより、ほかの人が躊躇するような場面でも自信を持って立ち向かうことができるでしょう。また、今後訪れる人生における数々の課題を、あなたは、独力で克服するようになるでしょう。そして、目標を達成する心のノウハウを持っていない人々から、尊敬される人物へと成長していくのです。

この教材は、ただの検定用教材です。丸暗記して試験に通ればそれだけでもよいかもしれません。しかし、教材を学習していく過程で「心のノウハウ」を意識しながら学習を続ければ、素晴らしい人生への切符を手に入れることも可能です。ぜひ、本書があなたの人生のために活かされることを期待しております。

目　次

第1章 受験の手引き

第1章では、日商PC検定の特徴と受験学習の取り組み方、このテキストの学習方法を掲載しています。 日商PC検定は、コンピュータが採点するという特殊な試験です。 日常使用している操作や処理結果もネット試験コンピュータが認めてくれるとは、限りません。 自己流の学習にならないように注意深くテキストに取り組んでください。

日商PC検定データ活用3級の概要

日商PC検定は、仕事を疑似体験できる検定！

日商PC検定は、単なるパソコンスキル試験ではなく、Word、Excel、PowerPointなどを使用して仕事ができるかどうかを判定する試験です。また、パソコン利用者ではなく、求職・採用を行う企業側の要望から生まれた試験ですので、かなり実務的な試験となります。パソコン検定というより、パソコンでする仕事検定のような内容です。

このような特性から、採用試験やキャリアアップなどに重宝される資格試験となってきています。

パソコンの操作方法以外に、データ活用では、日々の記録からデータを集計し、報告用の資料とグラフを作成するような実際の仕事の内容が求められます。

日商PC検定の特徴

日商PC検定は、前身となる「日本語文書処理技能検定（ワープロ検定）試験」と「ビジネスコンピューティング（ビジコン）検定」を進化・統合したものです。2006年4月から紙の印刷物の時代からデジタルデータの時代に対応するために新たに実施されています。

データ活用試験ではExcelを用い、指示に従い正確かつ迅速に業務データベースを作成し、集計、分類、並べ替え、計算、グラフ作成等を行うものです。

試験科目

試験科目	試験時間	合格基準	程度・能力
知識	15分（択一式）	知識、実技の2科目とも70%以上	●データベース管理（ファイリング、共有化、再利用）について理解している ●電子商取引の現状と形態、その特徴を理解している ●ハードウェア、ソフトウェア、ネットワークに関する基本的な知識を身に着けている
実技	30分		●企業実務で必要とされる表計算ソフトの機能、操作法を一通り身に着けている ●表計算ソフトにより業務データを一覧表にまとめるとともに、指示に従い主受け、分類、並べ替え、計算等ができる ●各種グラフの特徴と作成法を理解し、目的に応じて使い分けできる

試験方法と合否判定

試験会場のパソコン等を利用して、試験の自動実行プログラムおよび試験問題を、インターネットを介しダウンロードして実施します。試験終了後、受験者の答案（データ）がインターネットを介して採点され、即時に合否判定を行い、結果を通知します。

試験会場

商工会議所の認定した「商工会議所ネット試験施行機関」（各地商工会議所および各地商工会議所が認定した大学、専門学校、パソコンスクール等の教育機関、企業）のうち、本試験に対応したソフトウェアが導入されている機関が試験会場になります。

知識科目の免除制度

電子メール活用能力検定、EC実践能力検定、および一般財団法人職業教育・キャリア教育財団主催の情報検定（J検）の情報活用試験の各合格者に対して、日商PC検定（2級・3級）の「知識科目」の受験を免除し、「実技科目」のみで合否を判定する制度があります。

知識科目の免除制度の詳細については、以下URLをご参照ください。

http://www.jcci.or.jp/jigyo/pckentei20160118.pdf

申し込み方法

受験申込は、お近くのネット試験会場にお問い合わせのうえ、試験開催予定の会場でお申し込みください。

▼日商ネット試験施行期間リスト

https://www.kentei.ne.jp/organization

お近くのネット試験会場が見つからない場合は、紹介フォームをご利用ください。

※受験を希望する地域に会場がない場合には、ご希望の地域外となることがあります。

※試験会場に試験実施日時を確認する都合上、一週間程度のお時間をいただきます。

▼ネット試験会場紹介フォーム

https://www.kentei.ne.jp/net_exam_introduction

このテキストの学習方法

このテキストは、すべてのExcelの使用方法を学習するためのものではありません。あくまで、日商PC検定データ活用3級合格に必要なスキルのみに絞って学習をしていきます。

日商PC検定は、コンピュータが判定する試験ですので、確実に合格できるテクニックを身につけることが必要です。このテキストでご紹介する解答方法や使用スキルは、多数の試験結果から確認された、得点ができるスキルですので、なるべくこのテキストの方法で学習されることをお勧めします。

「第2章　レッスン」では、Excelにあまり慣れていない方でも試験で必要な基本的な使用方法を解説しています。Excel操作に自信のある人もひととおり目を通して自身のスキルをチェックしてみてください。自己流のクセのある操作方法では、コンピュータが判定するネット試験で思わぬ落とし穴にはまる可能性があります。例えば、挿入モードと上書きモードの切り替え方はご存じですか？

「第3章　トレーニング」では、試験問題に解答する上で必要なスキルと仕事に必要なスキルを同時に練習します。Excelでは、同様の結果を求めるために多様な操作が用意されています。例えば、集計をする方法にも、ピボットテーブルを使用する方法、フィルターを使用する方法、SUMIF関数を使用する方法、その他多数あります。仕事で結果を求める場合、どの方法も可能です。また、日商PC検定の試験問題を解く場合もどの方法でも可能です。ただ、すべての操作方法を学ぶには、時間がかかり、混乱してしまうこともあります。そこで、本書ではどのような問題でもなるべく同じスキルで解決できる王道を学習していただくために、スキルトレーニングの章を設けました。

「第4章　実技科目の練習」では、日商PC検定独特の問題文の読み解き方と解答に必要なスキルを学習していきます。データ活用3級の問題は、基本データ（データベース）の入力規則に合った基本データの作成と集計により報告用の表を埋めていきます。そして、グラフ付きの報告書を作成する問題が主流です。また、変形問題として、アンケートや請求書の問題が出題されますので、これらの解答スキルを学習していきます。

「第5章　知識科目の練習」では、DEKIDAS-WEBを用い、繰り返してExcelに関する問題を解くことで知識を身につけます。知識科目は、過去に出題された試験問題を参考に実践的なトレーニングができるように実際の試験と同様に3択形式で学習することが効果的です。実技科目を気にする人が多いのですが、実際には、知識科目も独立して70点以上獲得しないと合格できません。よって手を抜かず、十分に繰り返し学習しましょう。知識科目は、学習問題数が多くなりますので、ウェブ上の「DEKIDAS-WEB」というプログラムで採点付きで学習するシステムを採用しています。この「DEKIDAS-WEB」システムなら、パソコンだけではなく、スマホなどインターネット環境さえあれば、どこでも、いつでも学習することができます。

「第6章　模擬試験」では、過去に出題された実際の試験問題に即した実践問題で実力を安定させていきます。 この模擬試験を繰り返し練習し、自信をもって解答できるようになれば、高得点合格の実力がつきます。

以下のように、実際の試験では、2画面で問題文を見ながらExcelで解答を作成していきますので、普段から、Excelのウィンドウを3分の2程度に縮めて練習をするようにしてください。

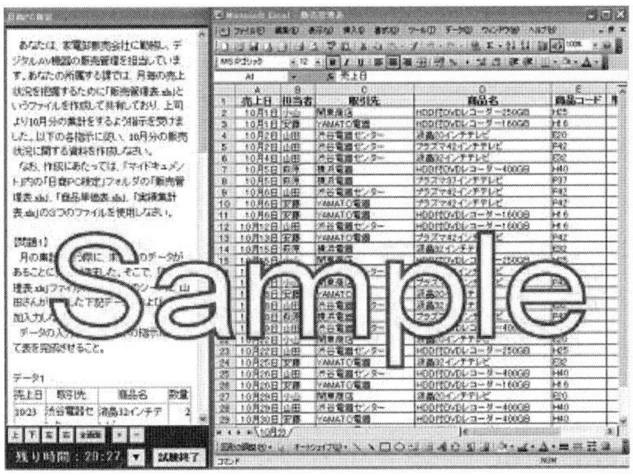

日商PC検定を学習されるあなたへ

合格への道

もっと簡単に試験をパスできるのに、このテキストの学習方法を知らないために本来の半分の成績しか得られないとしたら、あなたはどうでしょうか?

著者は、日商PC検定開始当時より、直営のパソコン教室ならびに日商PC検定合格道場の通信講座において長年に渡り多くの受験者の方を支援してきました。また、同時に試験官として毎月、実際の試験に立ち会い本物の試験問題に接してきました。本書はその経験から生まれた「ズバリ合格」のため1点に絞ったテキストです。

日商PC検定に合格するためには、どうすればよいのかという1点に絞り込んで解説しているため、ネット試験特有の特殊な試験方法にも対応するような内容になっています。そのため、普通のパソコン解説書とは違う、異例なテクニックも多く掲載されています。パソコンの使い方には、いろいろな方法がありますが、「ズバリ合格」を目指す方は、本書の独特な解答方法を素直に学習されることをお勧めします。日商PC検定は、コンピュータが採点するという特殊な試験です。著者は、この独特のシステムを「ネット試験の落とし穴」といつも呼んでいます。普通ならこれでも良いのでは?と思われる操作や処理結果もネット試験の採点コンピュータが認めてくれるとは限らないのです!

日商PC検定1級3科目合格者であり、試験官を担当している著者が長年に渡る試験経験より執筆した合格のための教本です。長年の試験実施の経験からつかんだ、独自のテクニックが満載の本書をぜひ素直に学んでください。

あなたの合格のために！

第2章 レッスン

この章では、Excelにあまり慣れていない方のために、試験にとって必要な基本的な使用方法を解説しています。Excel操作に自信のある人も一通り目を通して自身のスキルをチェックしてみてください。

2-1 ファイルの作成・保存

2-1-1 ファイルの新規作成

Excelを開きます。「空白のブック」をクリックすると、新しいファイルを作成することができます。

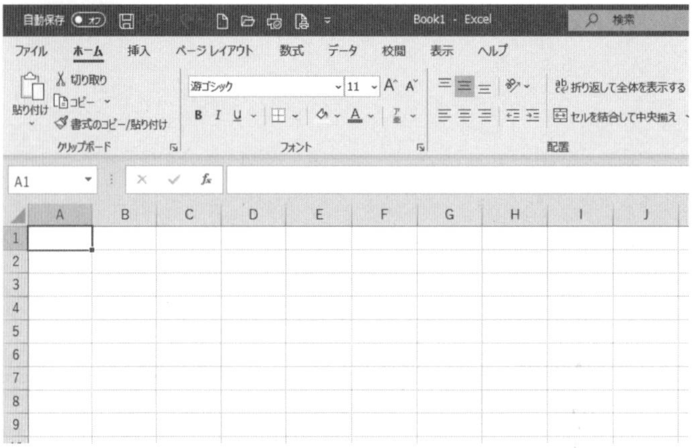

2-1-2 ファイルを開く

「ファイル」をクリックします。

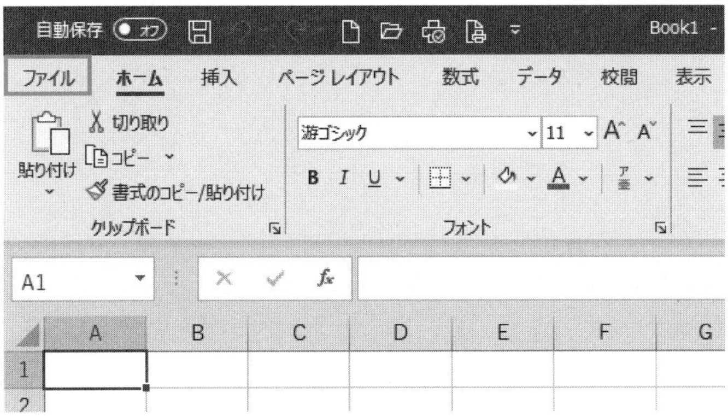

「開く」ボタンをクリックします。「参照」ボタンをクリックすると、「ファイルを開く」というダイアログボックスが表示されます。該当するファイルを選択して「開く」ボタンをクリックします。

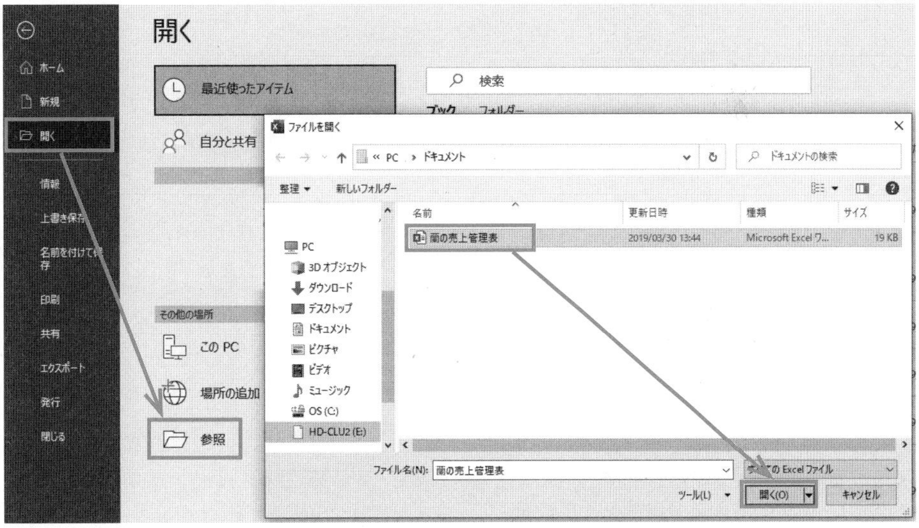

2-1-3 ファイルの保存

「ファイル」をクリックしてください。

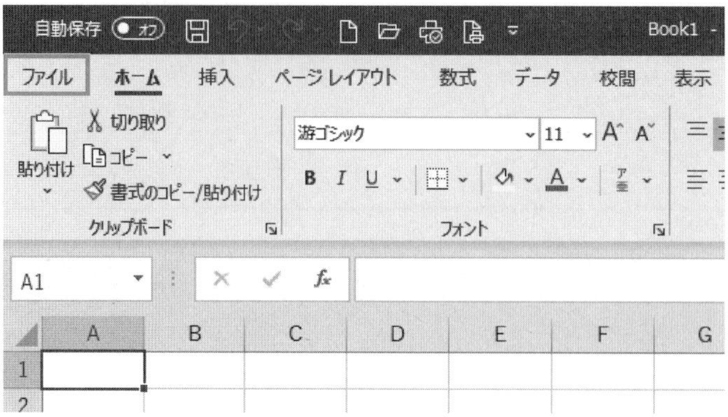

「名前を付けて保存」をクリックします。「参照」ボタンをクリックすると、「名前を付けて保存」ダイアログボックスが開きます。「ファイル名」を入力して「保存」ボタンをクリックしてください。

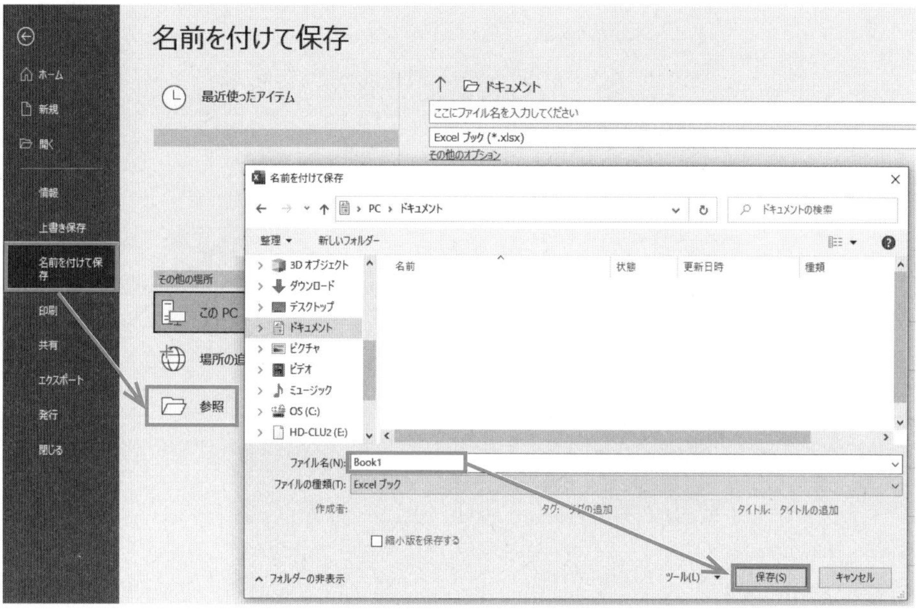

※実際の日商PC検定の試験問題は、あらかじめ用意された文書を編集していきますので、新規作成から新しいファイルを作成することはありません。

2-2 Excelの基本操作

2-2-1 タブとリボン

「ファイル」「ホーム」「挿入」「ページレイアウト」が並んでいる部分を「タブ」といいます。各種設定に使うボタンが並んでいる部分を「リボン」といいます。

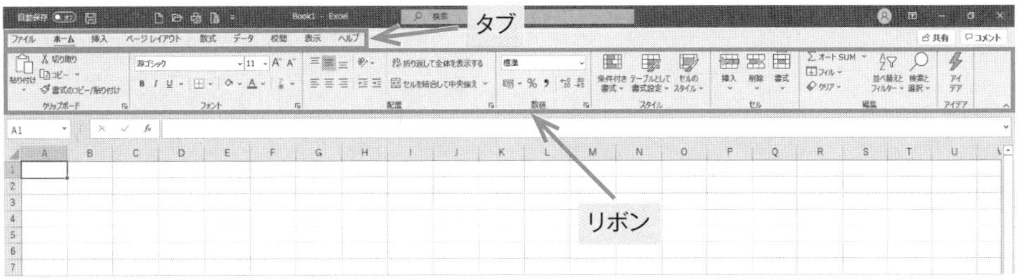

● 「ホーム」タブ
文字の各種設定、表作成、セルの書式設定などに使います。

● 「挿入」タブ
「ピボットテーブルの作成」「グラフの挿入」に使います。

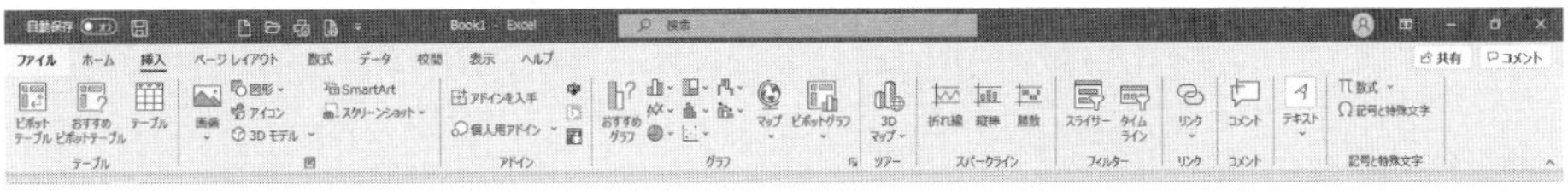

注意

「タブ」をクリックするのは、1回だけにしてください。2回クリックしてしまうと、リボンが隠れてしまいます。リボンが非表示になっている画面は、タブの文字をダブルクリックすると再表示されます。

※日商PC検定で使う「タブ」は、「ファイル」「ホーム」「挿入」のみです。

2-2-2 Excel の画面構成

Excelの画面は以下のような構成になっています。

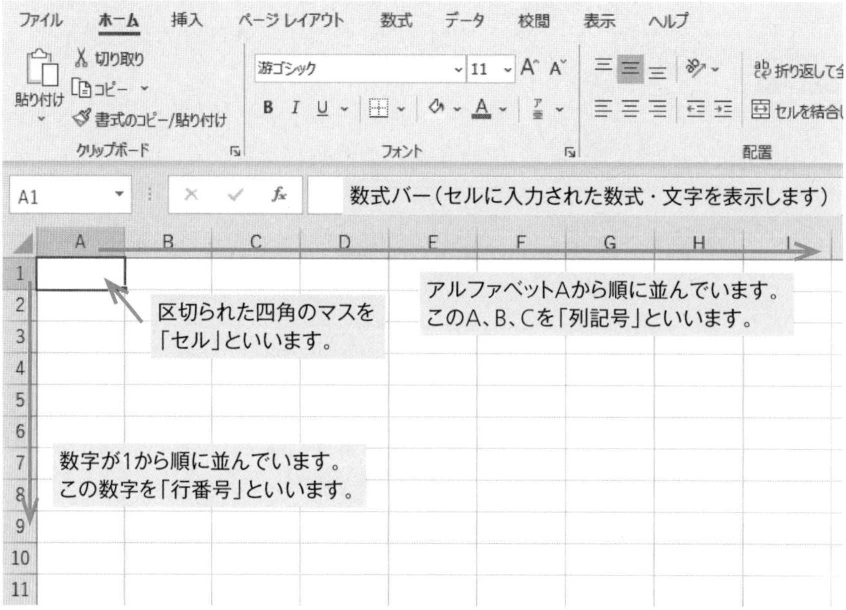

2-2-3 セルの使い方

列記号と行番号を使って、セルの場所を表します。 列「A」の「1」行目のセルを「A1」といいます。 マウスでクリックしたセルは、緑色の線で囲まれます。 この緑色の線で囲まれたセルが入力できるセル（アクティブセル）です。

Excelでは、入力したいセルをマウスでクリックして入力します。

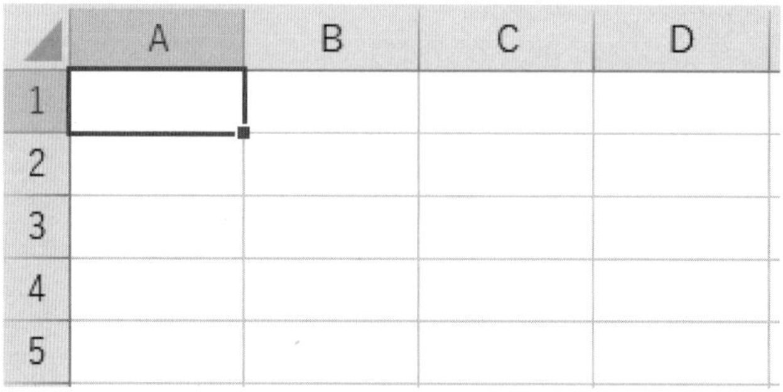

Excel 2019のポイント

Excel 2016から、フォントの種類、セルの幅・高さが変わりました。

Excel 2016、2019の画面

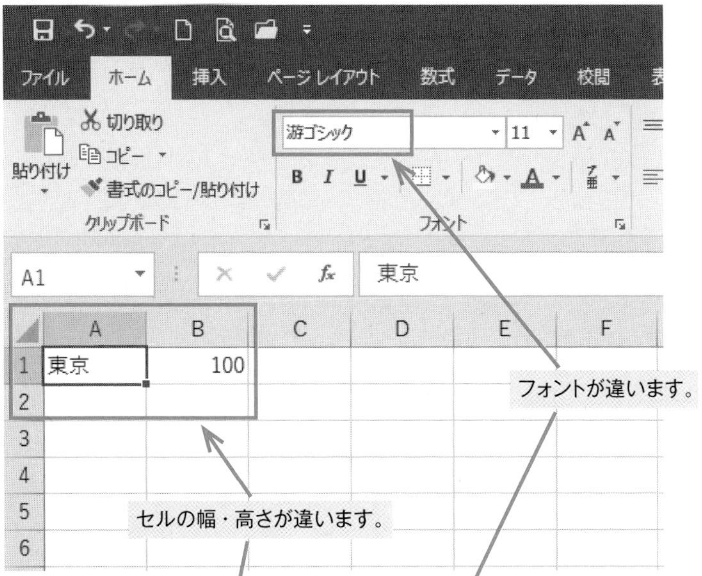

Excel 2013の画面

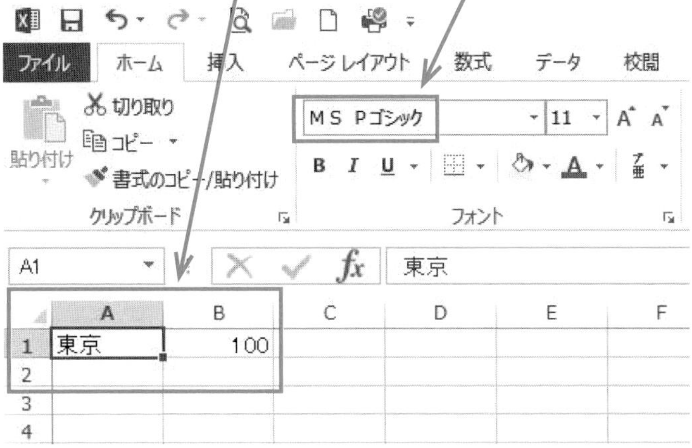

注意

本章では、Excel 2019の画面で解説をしていきますが、この後の「トレーニング」「実技科目の練習」「模擬試験」では、あらかじめ用意されたデータを使いますので、Excel 2013の画面での解説となります。セルの大きさや文字が異なりますが、解答方法には違いはありません。

2-2-4 キーボードの基本的なキー

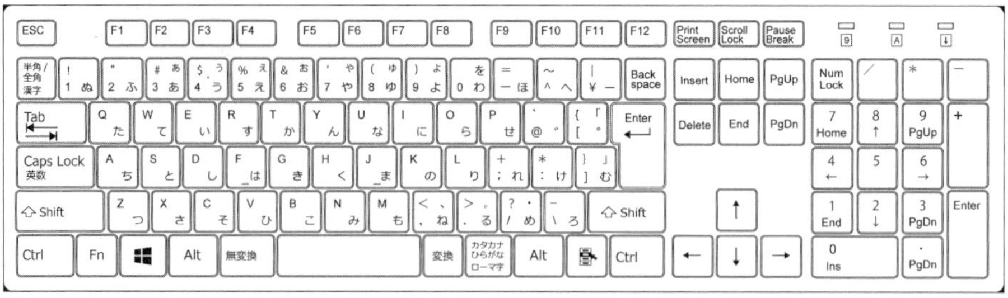

	テンキー 電卓のように数字の入力ができます。
	Backspace（バックスペース）キー 入力中の文字を１文字ずつ戻って削除します。
	Delete（デリート）キー セルに入力された数値や文字を削除します。
	Num Lock（ナムロック） このボタンがONになっていないとテンキーが使えません。テンキーで数字の入力ができなくなってしまった場合は、このボタンを押してONにしてください。
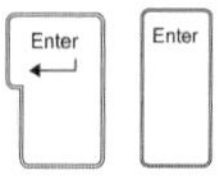	Enter（エンター）キー 数字や文字を確定します。押すたびに下のセルに移動します。Enterキーは2ヶ所ありますが、どちらも同じ機能です。
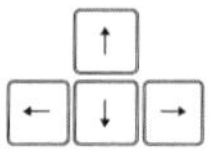	カーソルキー セルを上下左右に移動することができます。

2-2-5 数値を入力する

セル「B2」をクリックして、「100」と入力してEnterキーを押します。セル「B3」に「1200」と入力してEnterキーを押します。セル「B4」に「15000」と入力してEnterキーを押します。

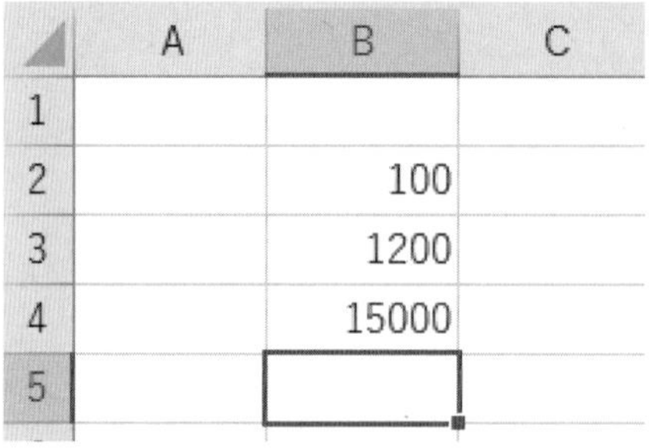

ポイント

数値を入力してEnterキーを押すと、自動的に下のセルに移動します。

2-2-6 文字を入力する

セル「A2」をクリックして、「東京」と入力してください。セル「A3」には「大阪」、セル「A4」には「名古屋」と入力してください。

	A	B	C
1			
2	東京	100	
3	大阪	1200	
4	名古屋	15000	

ポイント

Excelで文字を入力するときは、IMEツールバーに「あ」が表示されている状態にしておきます。

▼全角モード（文字の入力）

▼半角モード（数値・計算式の入力）

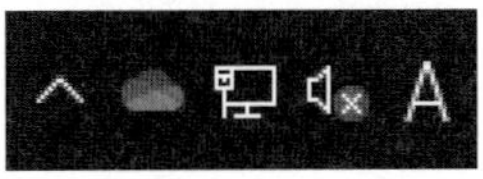

全角・半角の切り替えは、キーボード左上にある「半角/全角」キーを使います。押すたびに、ひらがな「あ」と半角英数「A」が切り替えられます。

2-2-7 日付を入力する

Excelで日付を入力するときは、月と日の数字の間に「/」（スラッシュ）を入力します。セル「B1」に半角英数「A」で「4/1」と入力し、Enterキーを押してください。「4月1日」という表示になります。

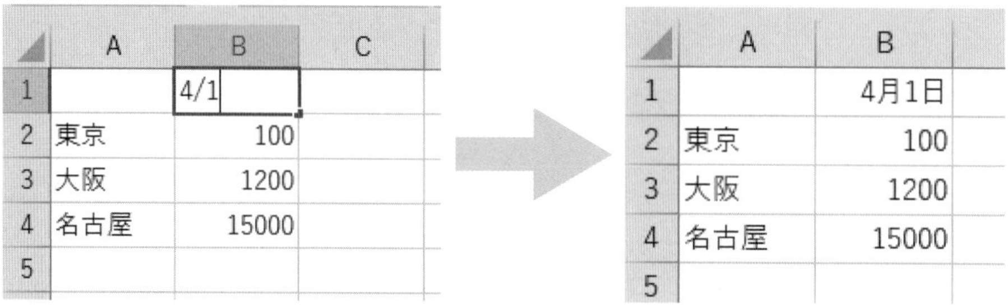

続けて、セル「C1」には、「2010/4/1」と入力してください。

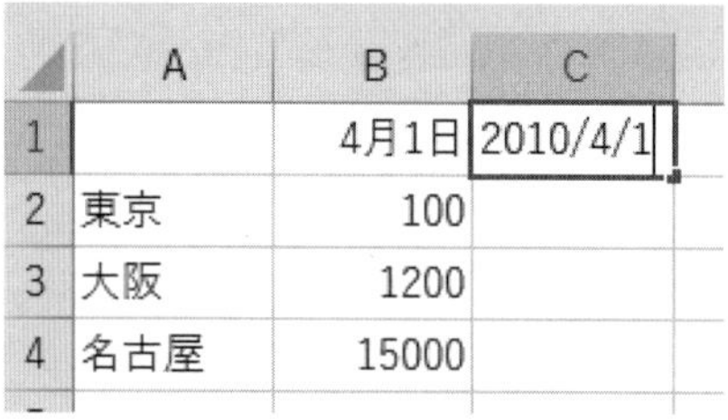

別の年の日付を入力するときは、「2010/4/1」と西暦で「年」の数値から入力します。このとき、必ず「半角」で入力するようにしてください。

ポイント

Excelで日付を入力するときは、「4月1日」なら「4/1」と、「月」と「日」の数字の間に「/」を入れて入力します。セルの表示は「4月1日」と表示されていますが、数式バーを確認すると、「2020/4/1」となり、自動的に作成日現在の「年」になっていることがわかります。

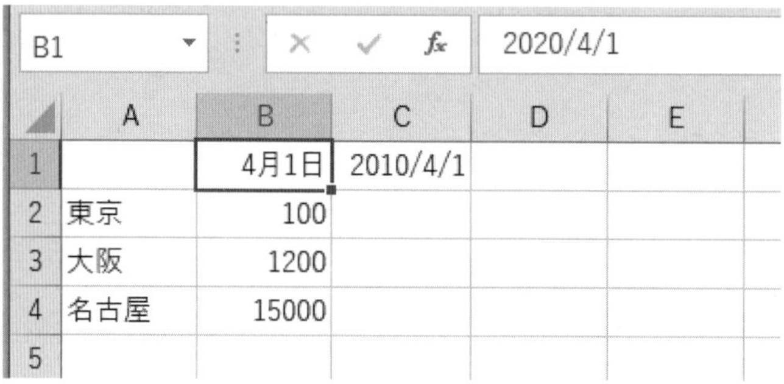

2-2-8 セルの幅を広げる

セル「D1」に「2015年上半期売上表」と入力してください。文字数が多いと、一つのセルの中に文字が入りきりません。セルの幅を広げてみましょう。

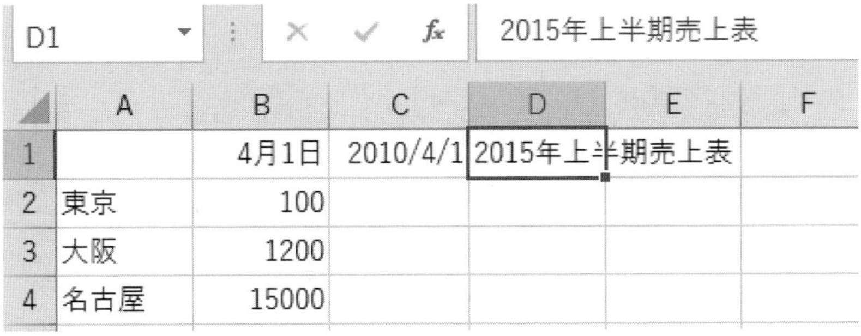

列「D」と列「E」の間にマウスを合わせると、マウスが の形に変わります。

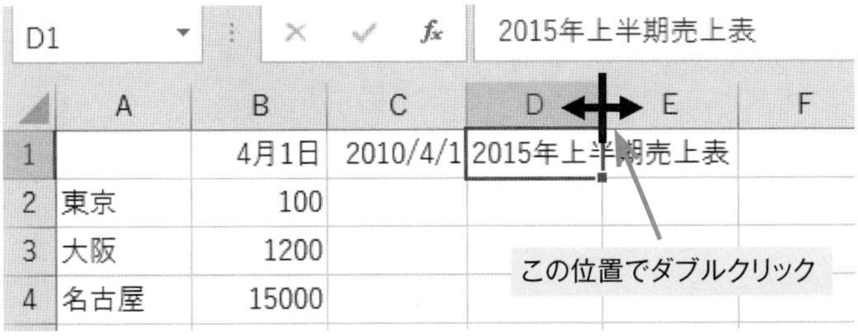

この状態でダブルクリックすると、すべての文字が表示される幅に自動的に広がります。

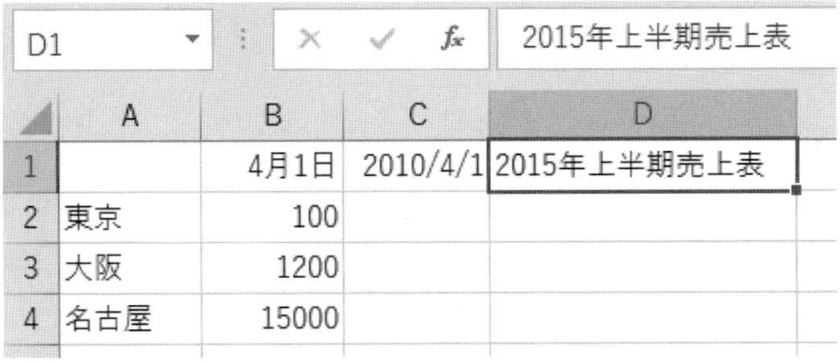

マウスでドラッグして広げる方法もあります。

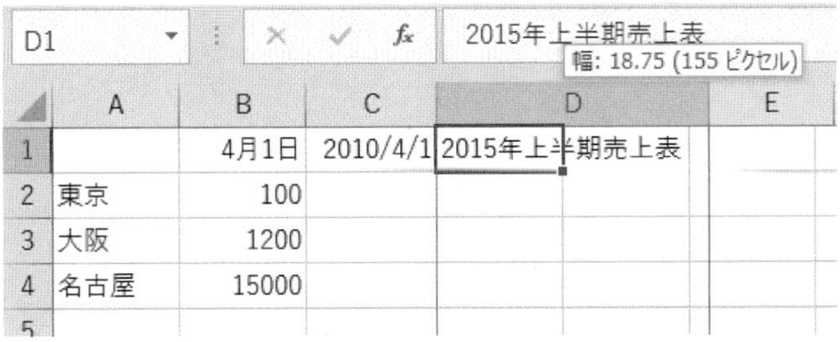

2-2-9　ファイルを保存せずに閉じる

以下の指示に従って操作してみましょう。

1.「ファイル」をクリック
2.「閉じる」をクリック

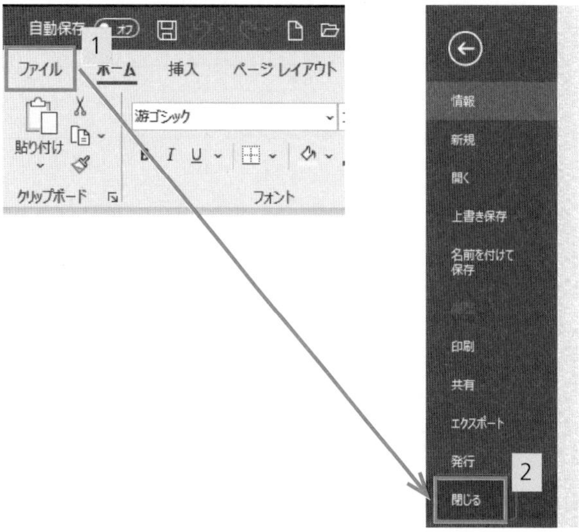

「変更を保存しますか?」という画面が表示されたら、「保存しない」をクリックして、入力したデータは保存せずに閉じておいてください。

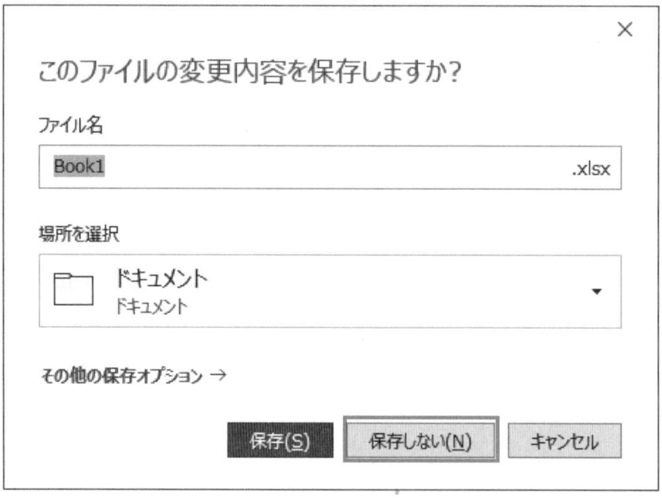

次に、「ファイル」→「新規」→「空白のブック」の順にボタンをクリックして、新しいファイルを開いてください。

2-3 オートフィル

2-3-1 連続データを入力する

セル「A1」をクリックして、数値の「1」と入力してください。

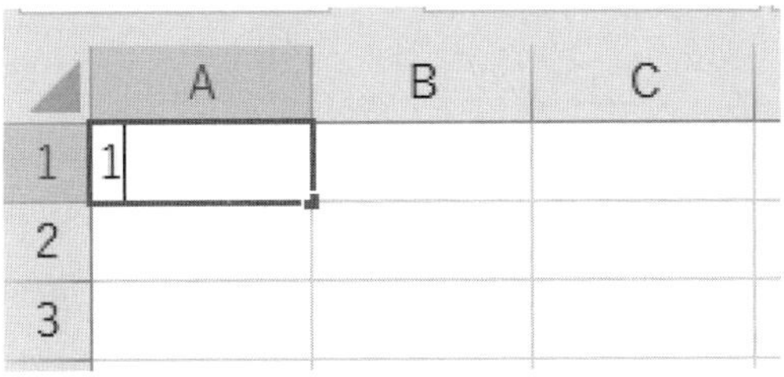

ポイント

オートフィルとは、セルの右下にマウスを合わせてドラッグすることをいいます。 オートフィルを使うと、いろいろな機能が使えます。

セル「A1」の右下の緑色の四角の上にマウスを合わせ、マウスが ✚ の形に変わったら、セル「A5」までドラッグしてください。

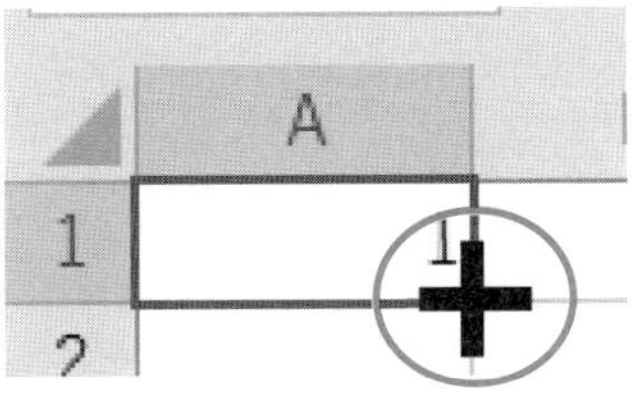

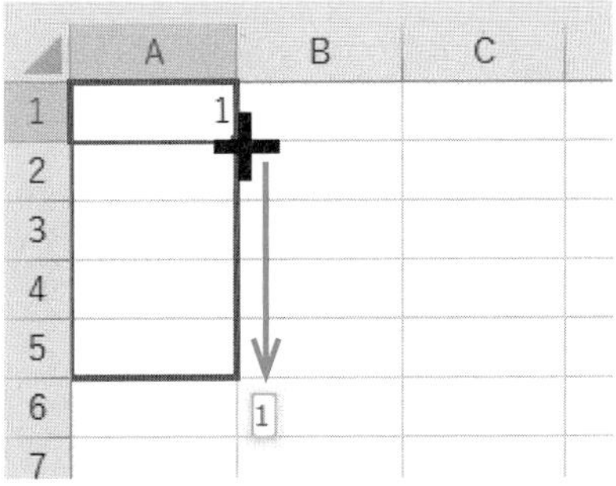

数字の「1」がコピーされました（オートフィルには元々「コピー」の意味があります）。 オートフィルした後に右下に表示される「オートフィルオプション」ボタンをクリックして、「連続データ」をクリックすると、「1」だけだった数値が「1～5」までの連続データに変わります。

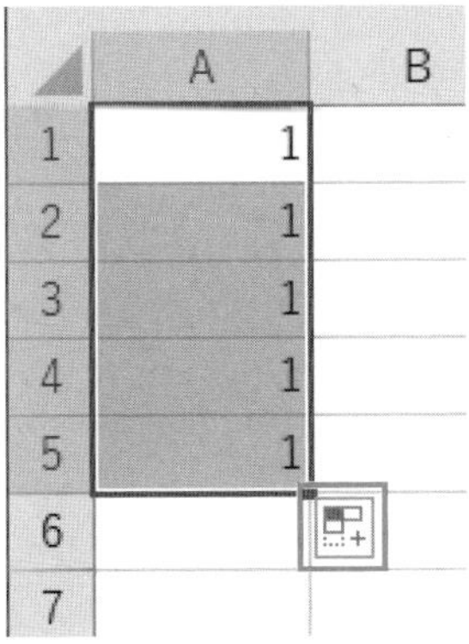

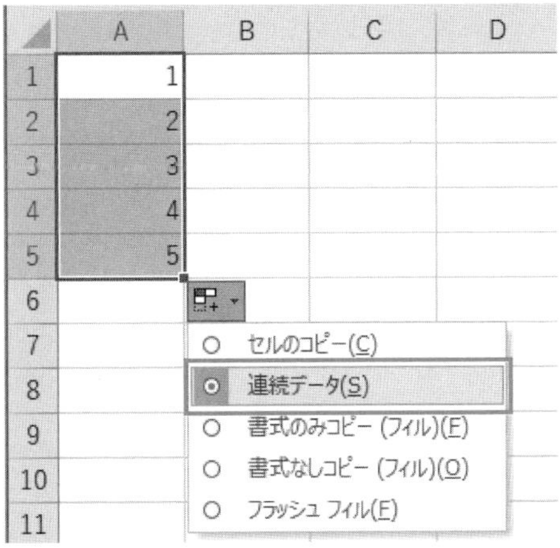

ポイント

月の名前をオートフィルで入力するときは、1月から12月までが繰り返し入力できます。試しに、セル「C1」に「1月」と入力して、セル「C15」までオートフィルを試してみましょう。

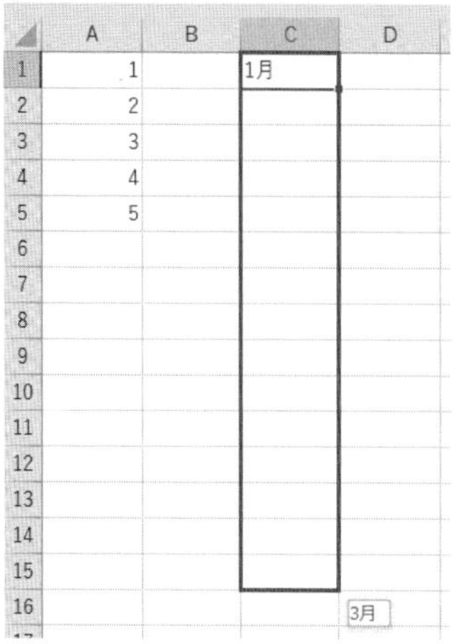

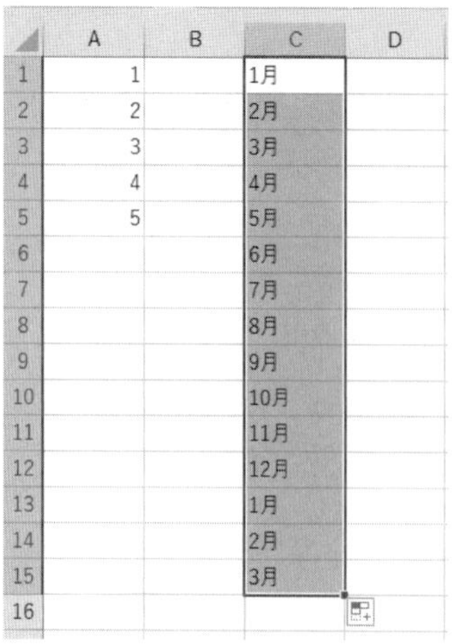

2-3-2　数字に単位をつけてオートフィルする

セル「E1」に「営業1課」と入力して、セル「H1」まで右方向にオートフィルしてみましょう。

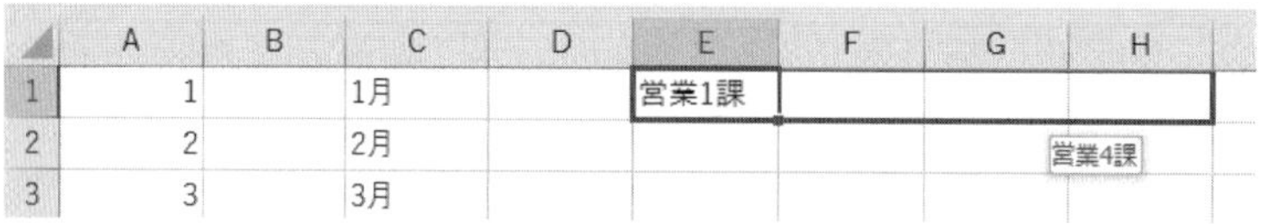

数字に単位（課・本・冊など）をつけてオートフィルすると、自動的に連続データになります。

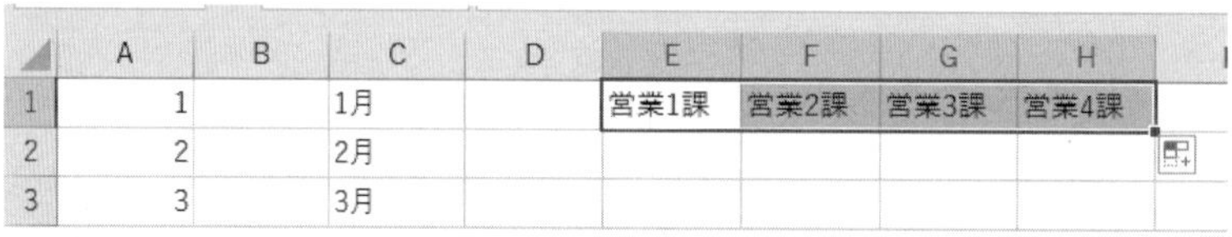

注　意

この時の数字「1課」の「1」は算用数字を使うようにしてください。漢数字の「一」はオートフィルしても連続データにはなりません。

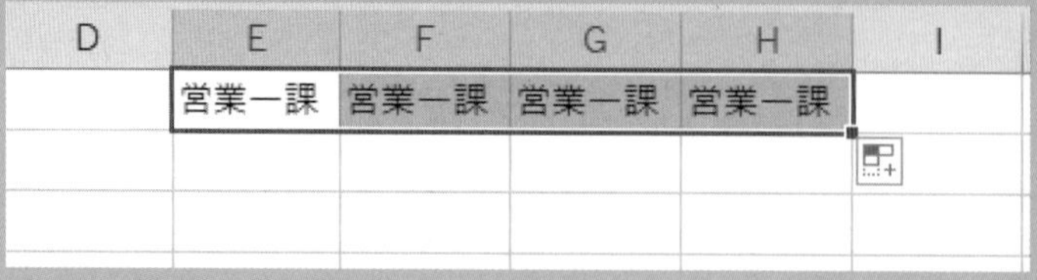

2-3-3 文字をオートフィルする

セル「E5」に「東京」と入力して、セル「H5」までオートフィルしてみましょう！

	A	B	C	D	E	F	G	H
1	1		1月		営業1課	営業2課	営業3課	営業4課
2	2		2月					
3	3		3月					
4	4		4月					
5	5		5月		東京			
6			6月					東京

文字のみでオートフィルを行うと、文字がコピーされます。

	A	B	C	D	E	F	G	H	I
1	1		1月		営業1課	営業2課	営業3課	営業4課	
2	2		2月						
3	3		3月						
4	4		4月						
5	5		5月		東京	東京	東京	東京	
6			6月						
7			7月						

2-3-4 いろいろな文字をオートフィルしてみましょう

任意の日付（以下では4月1日）を入力して、オートフィルしてみましょう。日付の場合は「連続した日にち」が入力されます。

	A	B	C	D	E	F	G	H	I	J	K
1	4月1日	4月2日	4月3日	4月4日	4月5日	4月6日	4月7日	4月8日	4月9日	4月10日	
2											
3											

「月」と入力してオートフィルしてみましょう。曜日は「月」～「日」曜日が繰り返し入力できます。

	A	B	C	D	E	F	G	H	I	J	K
1	4月1日	4月2日	4月3日	4月4日	4月5日	4月6日	4月7日	4月8日	4月9日	4月10日	
2											
3	月	火	水	木	金	土	日	月	火	水	
4											

確　認

オートフィルの使い方

- 連続した数値を入力
- 「月」の名前を連続で入力
- 連続した日付を入力
- 曜日を入力
- 数字に単位を付けた文字をオートフィルすると連続した数値が入力される
- 文字をオートフィルするとコピーになる

2-4 計算式の入力

2-4-1 足し算の計算をする

以下のデータを入力してください。

	A	B	C
1			
2		東京	大阪
3	1月	200	250
4	2月	250	380
5	3月	550	430
6	合計		

セル「B6」に、セル「B3」から「B5」までの数値の合計を計算してみましょう。

1.セル「B6」をクリック
2.「ホーム」タブにある「オートSUM」をクリック（SUMは合計という意味）

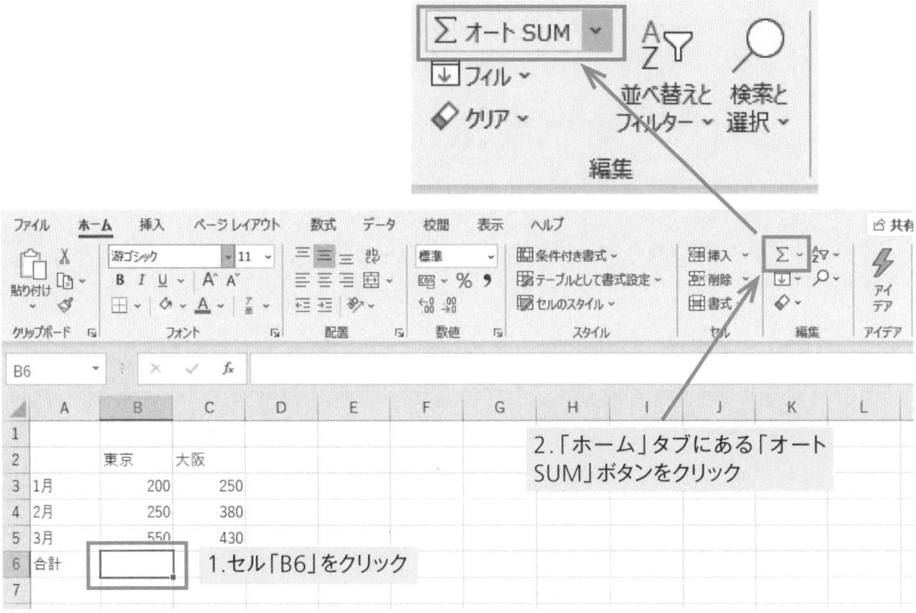

セル「B6」に「=SUM（B3 ： B5）」という計算式が入力されます。
これは「B3」から「B5」にある数値の合計（SUM）をする、という意味の計算式です。

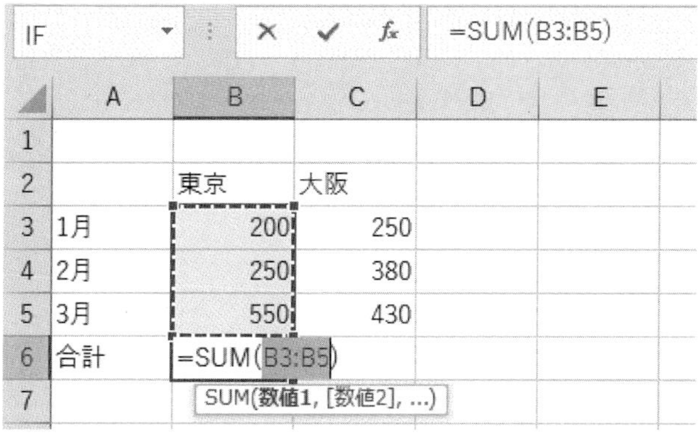

このように、「オートSUM」ボタンを使うと、Excelが自動的に近くにある連続した数値を選択します。 計算したい範囲が合っていれば、Enterキーを押して計算式を決定します。

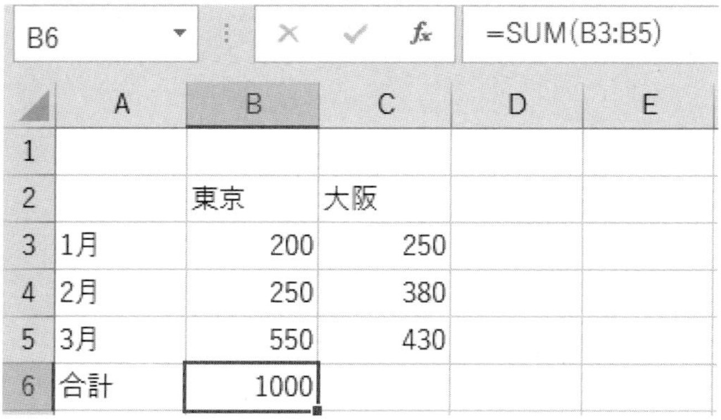

セル「B6」には、合計の数字が表示されます。

注　意

答えを出したいセルをクリックしてから、オートSUMのボタンをクリックしてください。

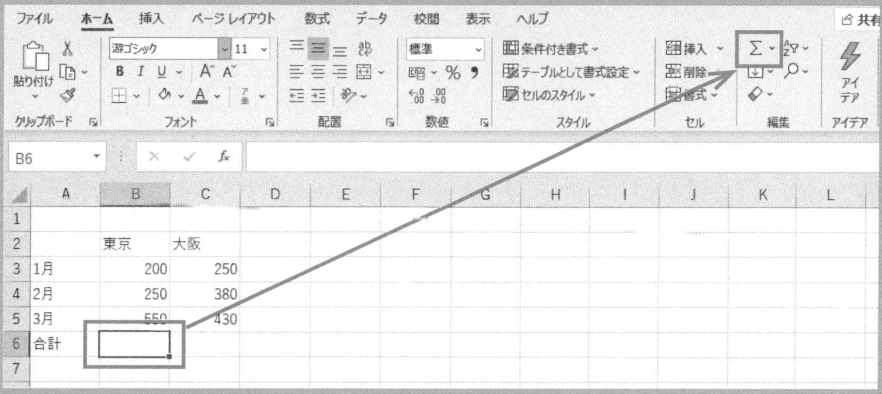

先にセル範囲をドラッグしてからオートSUMをクリックするのは間違った計算をする場合があるので、避けましょう。

覚えておくと便利

●セル「B4」に「600」と入力して、Enterキーを押してみましょう。 合計の数値はどうなるでしょうか？

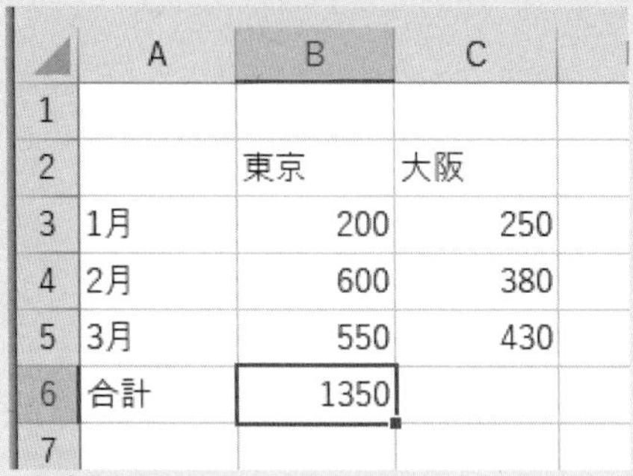

東京の2月の数値を「350」から「600」に変更すると、合計も「1000」から「1350」に変わります。
計算式に使ったセルの数値を変更すると、自動的に再計算されます。

●東京の2月と3月の数値だけを足し算してみましょう。
オートSUMボタンを使うと、自動的に1月から3月の数値を足し算しますが、どうすれば2月と3月の数値だけを足し算できるのでしょうか？

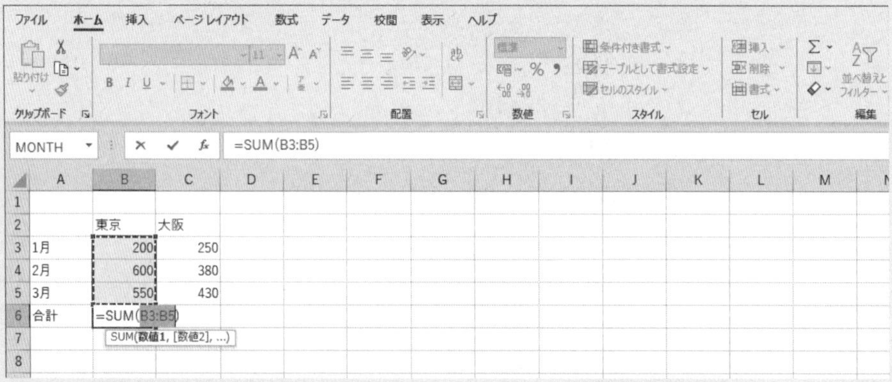

オートSUMボタンをクリックした後に、合計したい範囲をドラッグして、Enterキーを押せば、範囲を選択できます。
セル「B6」→「オートSUM」ボタンをクリックし、セル「B4」から「B5」をマウスでドラッグして、Enterキーで確定してみましょう。
セルをドラッグするときは、マウスが の形になってからドラッグします。セルの中央からドラッグするようにしてください。

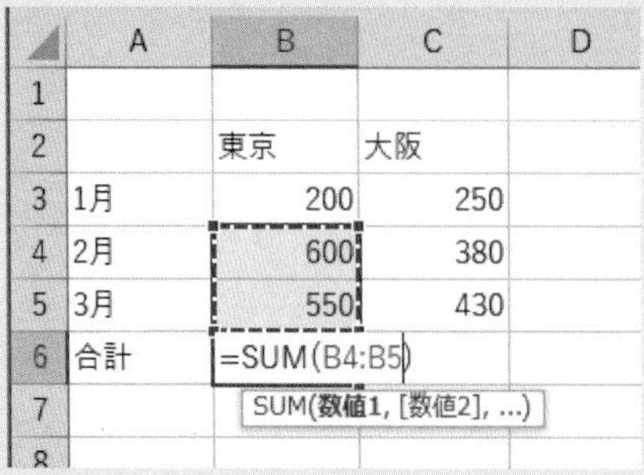

「600」と「550」だけを合計したので、セル「B6」の数値が「1150」になりました。

注　意

セルをドラッグするときは、マウスが ✚ の形になってからドラッグします。セルの中央からドラッグするようにしてください。

2-4-2　引き算の計算をする

セル「D3」から「D5」に、以下の数値を入力してください。

	A	B	C	D
1				
2		東京	大阪	
3	1月	200	250	200
4	2月	600	380	2
5	3月	550	430	3
6	合計	1150		

注　意

計算式を入力するときは、必ず「半角」で入力するようにしてください！

セル「E3」に、大阪の1月の数値「250」からセル「D3」の数値「200」を引き算してみましょう。
セル「E3」をクリックして、「=」（イコール）を入力します。

	A	B	C	D	E
1					
2		東京	大阪		
3	1月	200	250	200	=
4	2月	600	380	2	
5	3月	550	430	3	
6	合計	1150			
7					

セル「C3」をクリックしてください。

C3　×　✓　fx　=C3

	A	B	C	D	E
1					
2		東京	大阪		
3	1月	200	250	200	=C3
4	2月	600	380	2	
5	3月	550	430	3	
6	合計	1150			
7					

引き算を表す「-」（マイナス）の記号を入力します。

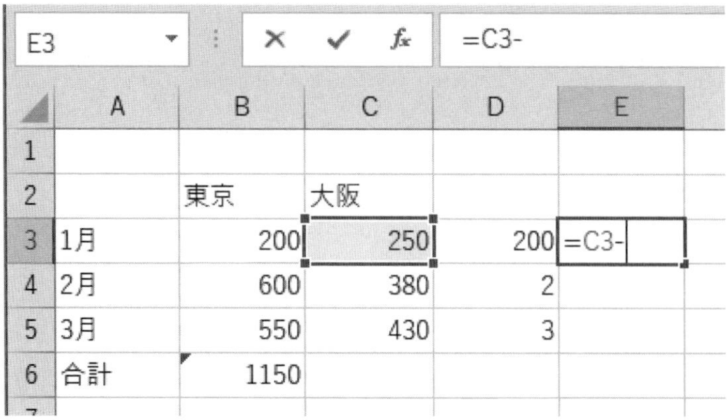

覚えておくと便利

計算式に使うキー

▼キーボードにテンキーがある場合

▼キーボードにテンキーがない場合

セル「D3」をクリックし、Enterキーで確定します。

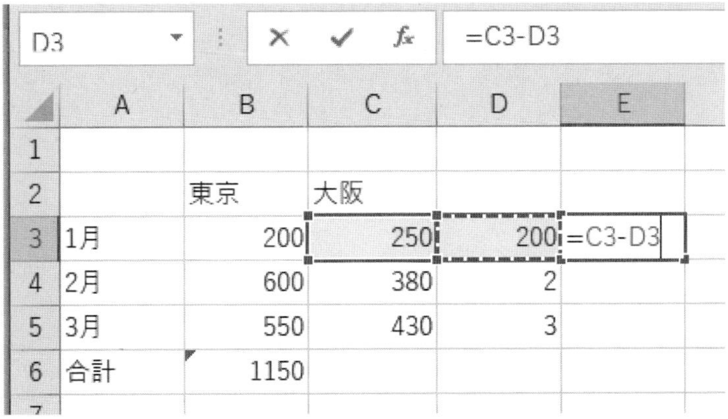

セル「E3」には、引き算の答え「50」が表示されました。

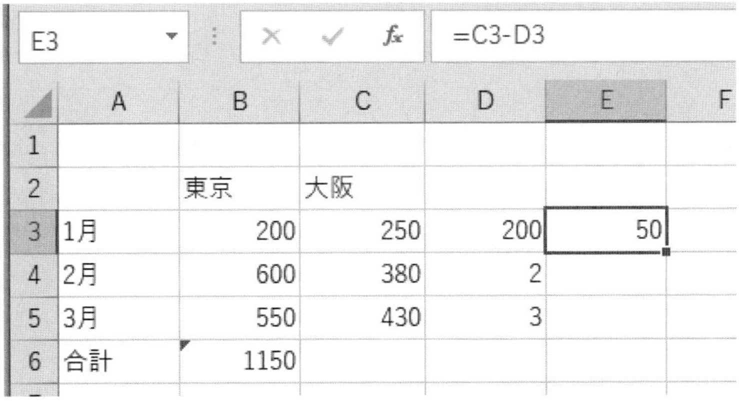

2-4-3

かけ算の計算をする

セル「E4」に、「C4×D4」というかけ算の計算式を入力してみましょう。

まず、セル「E4」をクリックして、「=」を入力してから、セル「C4」をクリックして、「*」を入力してください。最後にセル「D4」をクリックして、Enterキーを押すと、計算式が完成します。

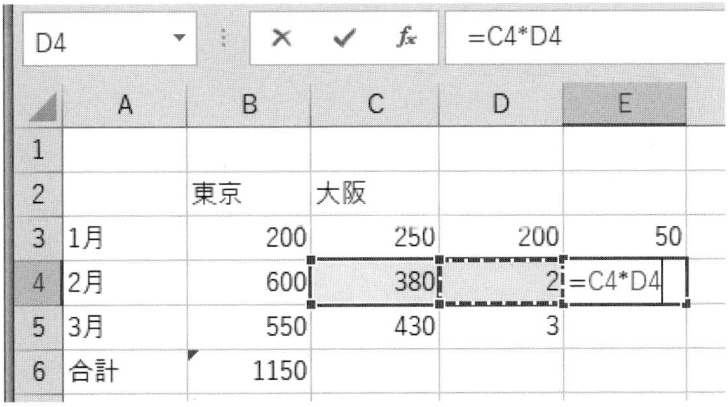

2-4-4 わり算の計算をする

セル「B5」に、「C5÷D5」というわり算の計算式を入力してみましょう。

まず、セル「E5」をクリックして、「=」を入力してから、セル「C5」をクリックして、「/」を入力してください。最後にセル「D5」をクリックして、Enterキーを押すと、計算式が完成します。

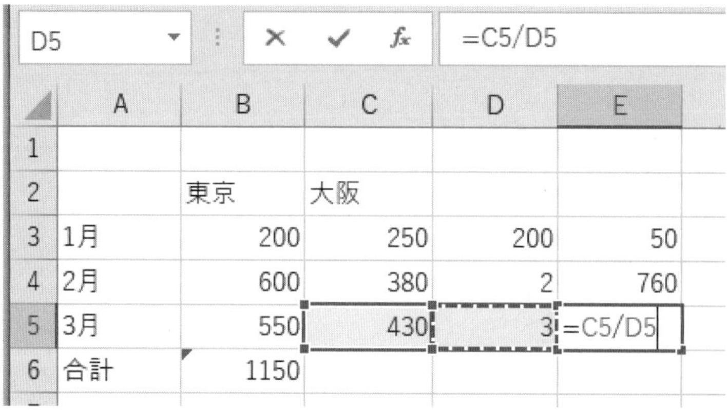

D5　=C5/D5

	A	B	C	D	E
1					
2		東京	大阪		
3	1月	200	250	200	50
4	2月	600	380	2	760
5	3月	550	430	3	=C5/D5
6	合計	1150			

✓ チェック

引き算、かけ算、わり算の計算結果は正しく表示されましたか?
それぞれのセルの計算式を数字で表すと、「E3」は「=250-200」、「E4」は「=380*2」、「E5」は「=430/3」となります。

	A	B	C	D	E
1					
2		東京	大阪		
3	1月	200	250	200	50
4	2月	600	380	2	760
5	3月	550	430	3	143.3333
6	合計	1150			

2-4-5 計算式をオートフィルする

列Dと列Eのデータを削除してみましょう。範囲をドラッグしてDeleteキーを押してください。

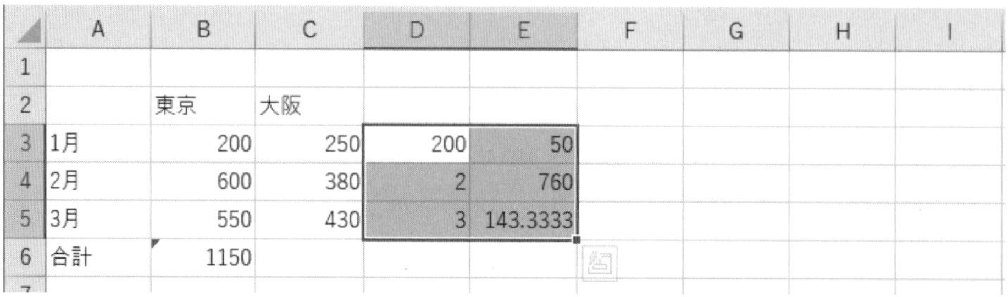

	A	B	C	D	E	F	G	H	I
1									
2		東京	大阪						
3	1月	200	250	200	50				
4	2月	600	380	2	760				
5	3月	550	430	3	143.3333				
6	合計	1150							

注意

Excelで複数のセルの「削除」をするときは、Deleteキーを使いましょう。Backspaceキーではひとつのデータしか削除できません。

東京の合計の計算式を、1月から3月までの合計を計算する式に修正しましょう。セル「B6」→「オートSUM」の順にクリックし、Enterキーを押してください。

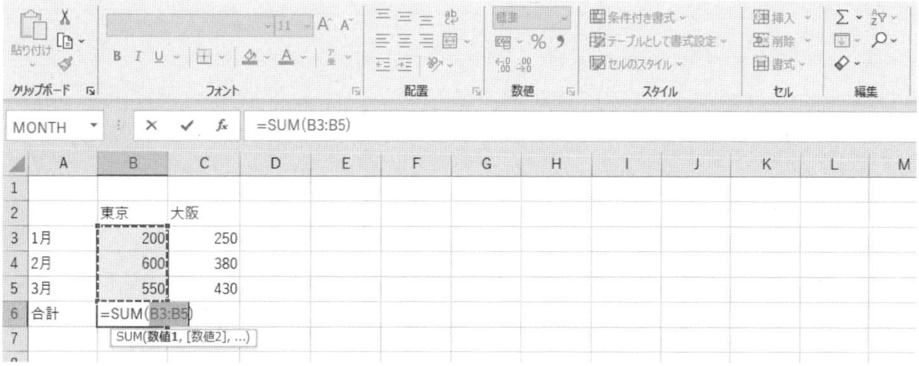

東京の合計の計算式を、セル「C6」にオートフィルしてみましょう。

セル「D6」には、大阪の数値の合計が計算されます。

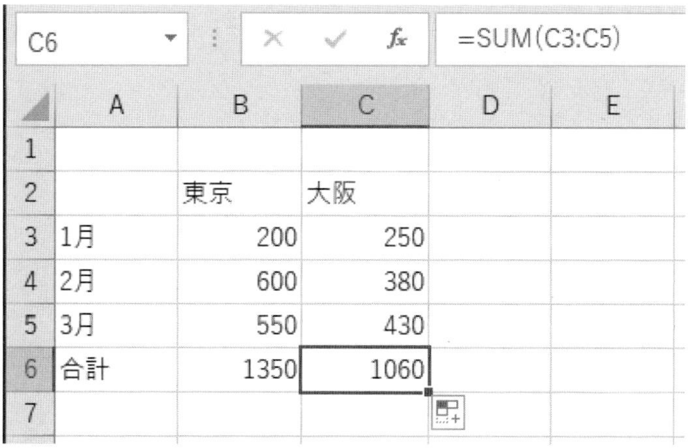

ポイント

計算式もオートフィルすることが可能です。セル「B6」に入れた計算式「=SUM(C3 : C5)」は、1月から3月の数値を合計する式が入っています。それをオートフィル（コピー）したので、セル「C6」にも同じように1月から3月の数値を合計する式が入力されます。

2-5 表の並べ替え

2-5-1 データの準備

セル「D2」に「月合計」と入力して、「D3」から「D6」に月ごとの合計を計算してください。

1. セル「D3」をクリック
2.「オートSUM」ボタンをクリック

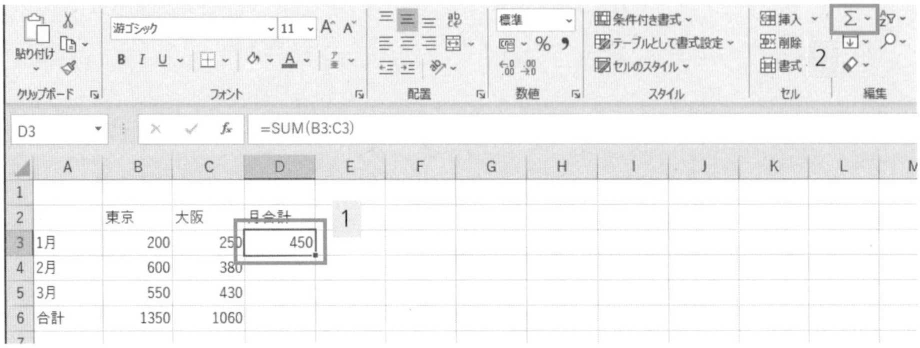

セル「D3」の計算式を、セル「D6」までオートフィルします。

	A	B	C	D
1				
2		東京	大阪	月合計
3	1月	200	250	450
4	2月	600	380	980
5	3月	550	430	980
6	合計	1350	1060	2410

3月の大阪の数値を「400」に変更してください。 合計が再計算されます。

	A	B	C	D
1				
2		東京	大阪	月合計
3	1月	200	250	450
4	2月	600	380	980
5	3月	550	400	950
6	合計	1350	1030	2380

2-5-2 数値の大きい順（降順）に表の並べ替えを行う

月合計の大きい順に、表を並べ替えてみましょう。

1.表全体をドラッグ（一番下の「合計」の行は除いてください）

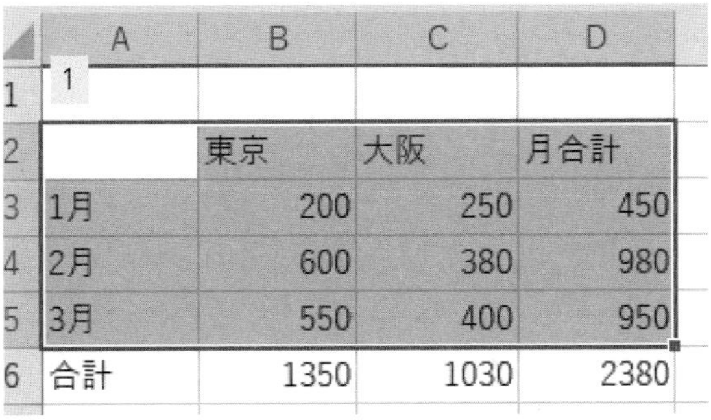

2.「ホーム」タブの画面右側にある「並べ替えとフィルター」ボタンをクリック
3.「ユーザー設定の並べ替え」をクリック

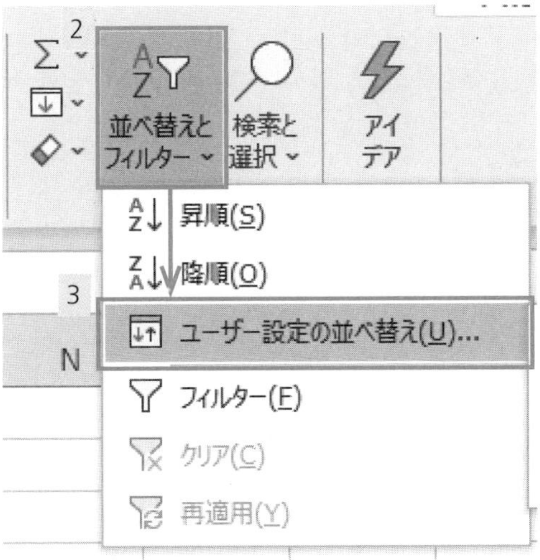

4.「最優先されるキー」に、「月合計」を選択
5.「順序」に「大きい順」（降順）を選択
6.「OK」をクリック

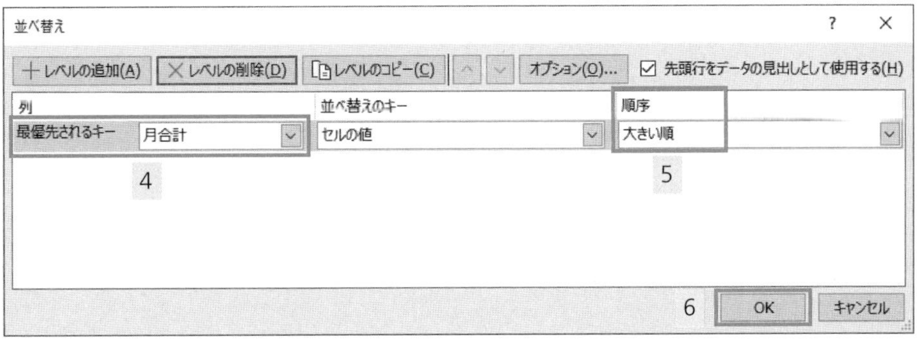

Excel 2019のポイント

Excel 2019では「降順」は「大きい順」、「昇順」は「小さい順」と表示されます。

月合計の大きい順（降順）に、表の並び順が変わりました。

	A	B	C	D	E
1					
2		東京	大阪	月合計	
3	2月	600	380	980	
4	3月	550	400	950	
5	1月	200	250	450	
6	合計	1350	1030	2380	
7					

2-5-3 数値の小さい順（昇順）に表の並べ替えを行う

月名の昇順に、表の並べ替えをしましょう。「最優先されるキー」は「(列A)」、順序は「昇順」を選択してください。セル「A2」には文字が入力されていないため、「最優先されるキー」には「(列A)」と表示されます。

「月名」を基準に「昇順」に並べ替えることができました。

2-6 表示形式と、列・行の挿入・削除

2-6-1 列の挿入をする

1.列「B」の上にマウスを合わせ、マウスが ⬇ の形になったらクリックして、B列を選択

2.「ホーム」タブの「挿入」ボタンをクリック

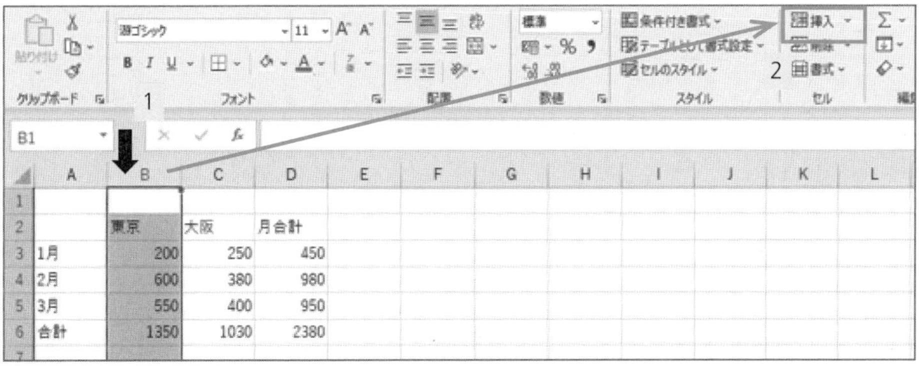

列Aと列Bの間に1列追加されます。 元のデータは、右方向に1列移動になります。

	A	B	C	D	E
1					
2			東京	大阪	月合計
3	1月		200	250	450
4	2月		600	380	980
5	3月		550	400	950
6	合計		1350	1030	2380

追加されたB列に、以下のように入力してください。

	A	B	C	D	E
1					
2		目標	東京	大阪	月合計
3	1月	700	200	250	450
4	2月	1000	600	380	980
5	3月	800	550	400	950
6	合計		1350	1030	2380

セル「B6」には、オートSUMを使って、目標の合計額を入力してみましょう。

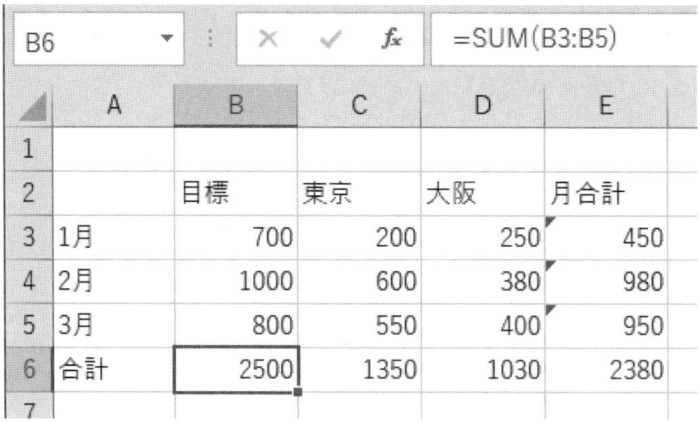

2-6-2 数値に「桁区切りスタイル」を設定する

セル「B3」から「E6」をドラッグして選択し、「ホーム」タブにある「桁区切りスタイル」をクリックしてください。

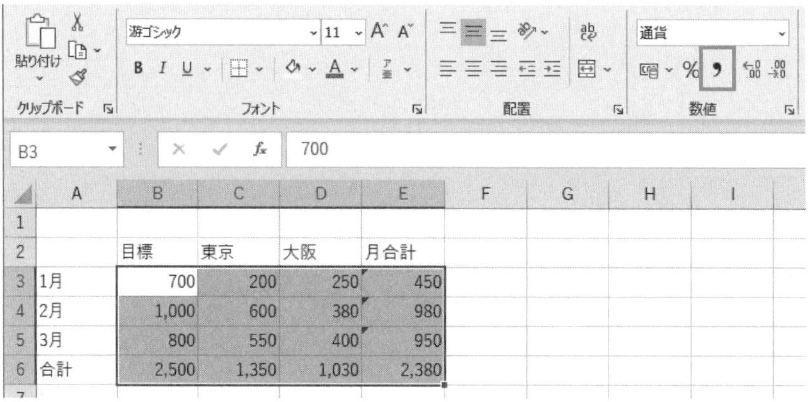

ポイント

桁区切りスタイルでは、千の位に「,」（カンマ）が表示されます。計算結果がマイナスになった場合は、マイナスの数字を赤字で表示します。小数点以下の数値がある場合は、小数点以下の数値を四捨五入します。

2-6-3 「パーセントスタイル」の設定

セル「F2」に「目標達成率」と入力し、目標達成率を計算してみましょう。

	A	B	C	D	E	F
1						
2		目標	東京	大阪	月合計	目標達成率
3	1月	700	200	250	450	
4	2月	1,000	600	380	980	
5	3月	800	550	400	950	
6	合計	2,500	1,350	1,030	2,380	

目標達成率の計算は「=月合計÷目標」で計算します。

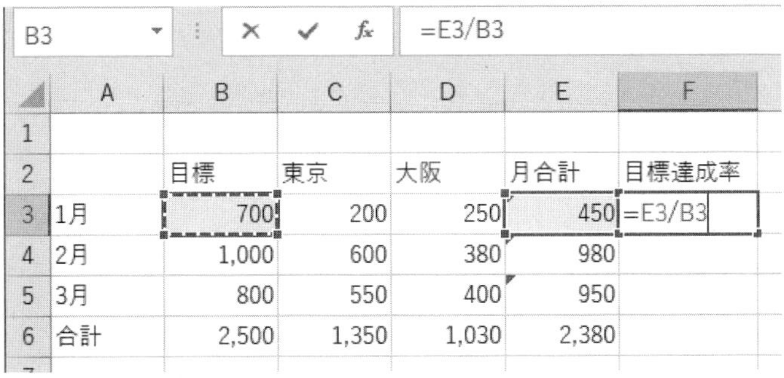

	A	B	C	D	E	F
1						
2		目標	東京	大阪	月合計	目標達成率
3	1月	700	200	250	450	=E3/B3
4	2月	1,000	600	380	980	
5	3月	800	550	400	950	
6	合計	2,500	1,350	1,030	2,380	

目標達成率が計算されました。セル「F6」までオートフィルしてください。

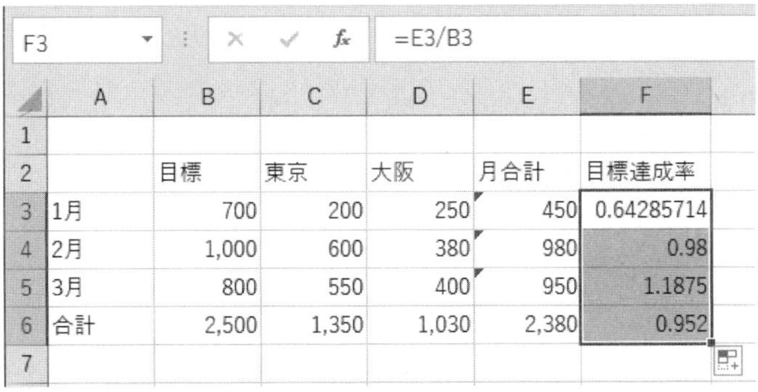

	A	B	C	D	E	F
1						
2		目標	東京	大阪	月合計	目標達成率
3	1月	700	200	250	450	0.64285714
4	2月	1,000	600	380	980	0.98
5	3月	800	550	400	950	1.1875
6	合計	2,500	1,350	1,030	2,380	0.952
7						

目標達成率の数値を「パーセントスタイル」にしてみましょう。セル「F3」から「F6」までをドラッグして、「パーセントスタイル」ボタンをクリックしてください。

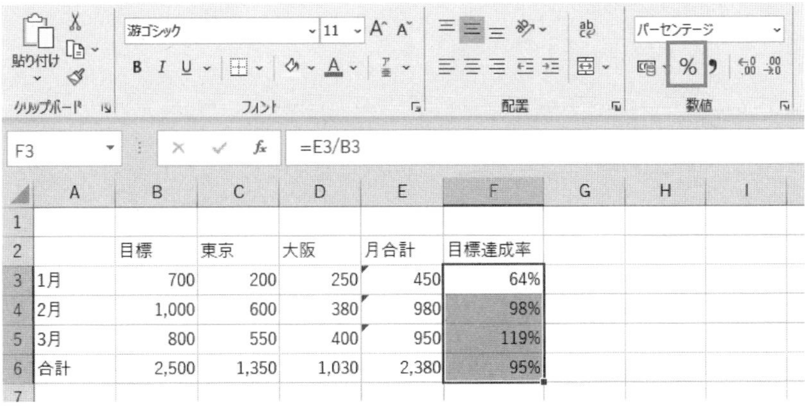

	A	B	C	D	E	F	G	H	I
1									
2		目標	東京	大阪	月合計	目標達成率			
3	1月	700	200	250	450	64%			
4	2月	1,000	600	380	980	98%			
5	3月	800	550	400	950	119%			
6	合計	2,500	1,350	1,030	2,380	95%			

2-6-4 小数点以下の桁数の設定

目標達成率の数値を、小数点以下第1位までの表示にしてみましょう。「小数点以下の表示桁数を増やす」ボタンを1回クリックすると、小数点以下第1位までが表示されます。

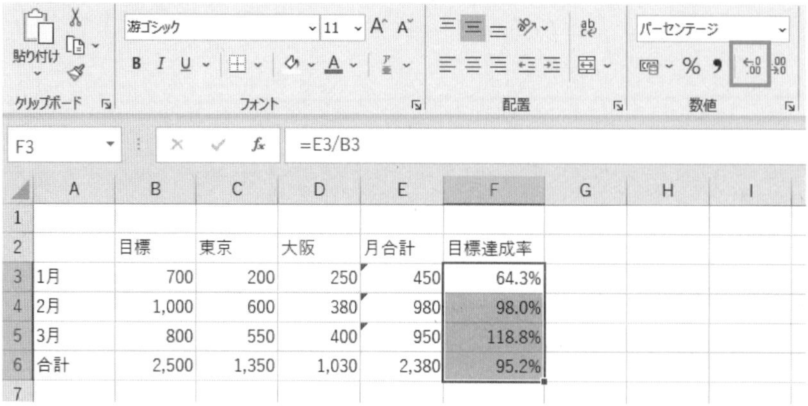

	A	B	C	D	E	F
1						
2		目標	東京	大阪	月合計	目標達成率
3	1月	700	200	250	450	64.3%
4	2月	1,000	600	380	980	98.0%
5	3月	800	550	400	950	118.8%
6	合計	2,500	1,350	1,030	2,380	95.2%

2回クリックすると、小数点以下第2位までが表示されるようになります。

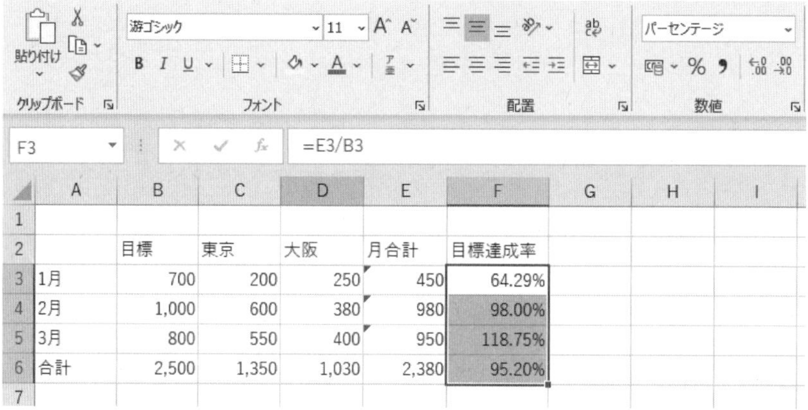

	A	B	C	D	E	F
1						
2		目標	東京	大阪	月合計	目標達成率
3	1月	700	200	250	450	64.29%
4	2月	1,000	600	380	980	98.00%
5	3月	800	550	400	950	118.75%
6	合計	2,500	1,350	1,030	2,380	95.20%

小数点以下の桁数を、1桁に減らしてみましょう。「小数点以下の表示桁数を減らす」ボタンを1回クリックしてください。

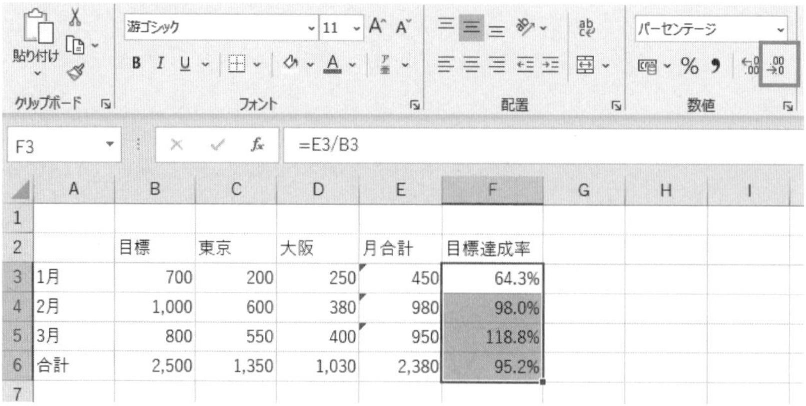

	A	B	C	D	E	F
1						
2		目標	東京	大阪	月合計	目標達成率
3	1月	700	200	250	450	64.3%
4	2月	1,000	600	380	980	98.0%
5	3月	800	550	400	950	118.8%
6	合計	2,500	1,350	1,030	2,380	95.2%

▼主な表示形式の一覧

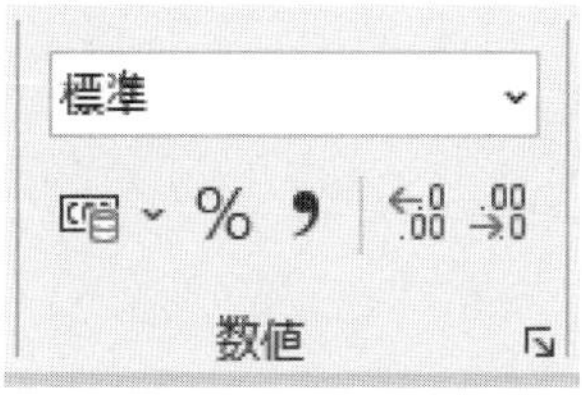

通貨スタイル「¥10,000」

パーセントスタイル「100%」

桁区切りスタイル「10,000」

小数点以下の表示桁数を　増やす　減らす

2-6-5 標準の表示形式に戻す

セル「F3」から「F6」までの目標達成率の数値をDeleteキーで削除してください。

	A	B	C	D	E	F
1						
2		目標	東京	大阪	月合計	目標達成率
3	1月	700	200	250	450	
4	2月	1,000	600	380	980	
5	3月	800	550	400	950	
6	合計	2,500	1,350	1,030	2,380	

セル「F3」をクリックし、「100」と入力して、Enterキーを押してください。

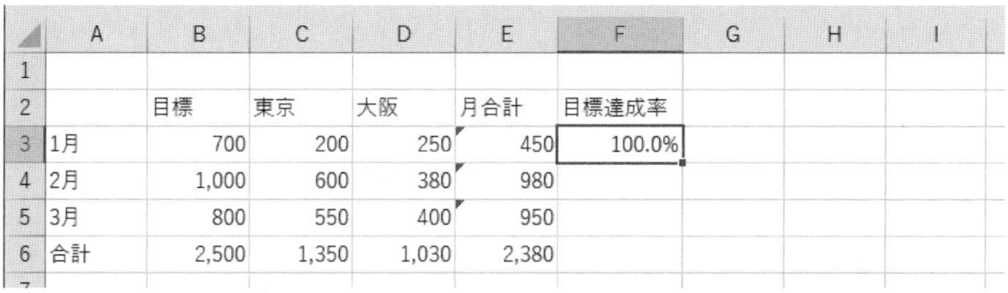

	A	B	C	D	E	F	G	H	I
1									
2		目標	東京	大阪	月合計	目標達成率			
3	1月	700	200	250	450	100.0%			
4	2月	1,000	600	380	980				
5	3月	800	550	400	950				
6	合計	2,500	1,350	1,030	2,380				

「100」と入力したはずなのに、「100.0%」と表示されてしまいます。これは、セルの表示形式が「パーセントスタイル」のままになっているからです。

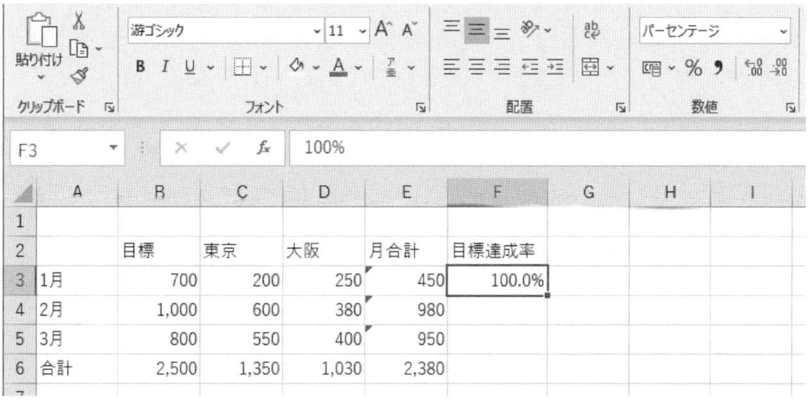

	A	B	C	D	E	F	G	H	I
1									
2		目標	東京	大阪	月合計	目標達成率			
3	1月	700	200	250	450	100.0%			
4	2月	1,000	600	380	980				
5	3月	800	550	400	950				
6	合計	2,500	1,350	1,030	2,380				

数値の「1」として表示したい場合は、セルの表示形式を「標準」に戻さなければいけません。

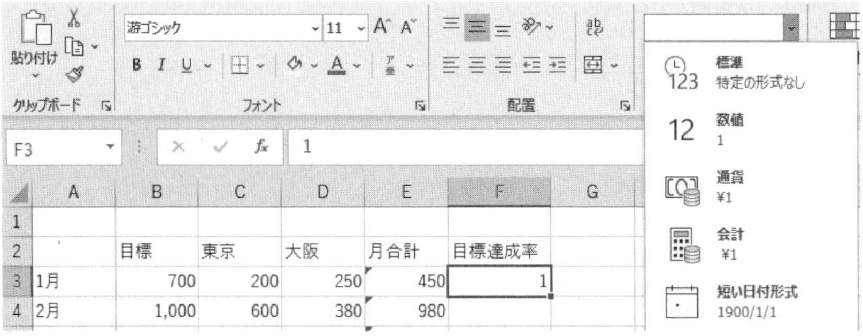

ポイント

セルの値を削除しただけでは、表示形式は変わりません。元に戻すには「標準」に設定しなおす必要があります。

2-6-6 列・行の削除

「B」列の目標の列を削除してみましょう。まず、「B」列を選択し、「ホーム」タブの「削除」ボタンをクリックしましょう。

B列にあった目標の列が削除され、B列以降のデータが左側に移動になりました。

同様に、E列も、削除してください。

5行目の「3月」の行を削除してください。

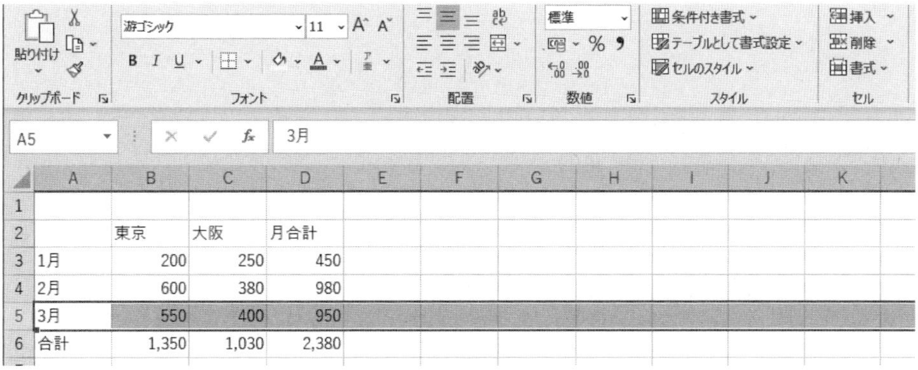

5行目にあった「3月」の行が削除され、合計行が上に移動しました。

	A	B	C	D
1				
2		東京	大阪	月合計
3	1月	200	250	450
4	2月	600	380	980
5	合計	800	630	1,430

2-7 絶対参照

セル「E2」に、「構成比（%）」と入力してください。

	A	B	C	D	E
1					
2		東京	大阪	月合計	構成比（%）
3	1月	200	250	450	
4	2月	600	380	980	
5	合計	800	630	1,430	

ポイント

構成比とは、ここでは月合計の全体に対する各月の割合のことです。1月の構成比は、1月の数値（450）を月合計（1,430）で割ると計算できます（＝D3÷D5）。同様に2月は、2月の数値（980）を月合計（1,430）で割って求めます（＝D4÷D5）。

2-7-1 絶対参照とは？

月合計の数値を使って、合計に対する1月・2月の数値の割合（構成比）を求めてみましょう。セル「E3」に、「=D3/D5」というわり算の計算式を入力して、Enterキーを押してください。

MONTH ✕ ✓ fx =D3/D5

	A	B	C	D	E
1					
2		東京	大阪	月合計	構成比（%）
3	1月	200	250	450	=D3/D5
4	2月	600	380	980	
5	合計	800	630	1,430	

セル「E3」の計算式を、セル「E5」までオートフィルしてください。

	A	B	C	D	E	F
1						
2		東京	大阪	月合計	構成比（%）	
3	1月	200	250	450	0.314685315	
4	2月	600	380	980		
5	合計	800	630	1,430		

計算結果がエラーになってしまったのではないでしょうか。

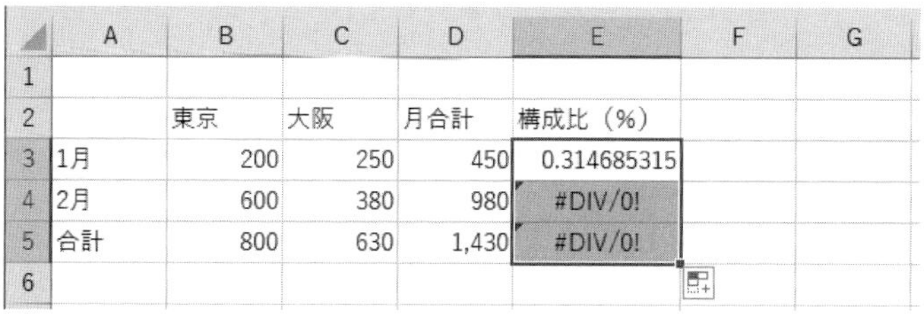

	A	B	C	D	E	F	G
1							
2		東京	大阪	月合計	構成比（%）		
3	1月	200	250	450	0.314685315		
4	2月	600	380	980	#DIV/0!		
5	合計	800	630	1,430	#DIV/0!		
6							

セル「E4」に入っている計算式を確認してみてください。

	A	B	C	D	E	F	G
1							
2		東京	大阪	月合計	構成比（%）		
3	1月	200	250	450	0.314685315		
4	2月	600	380	980	=D4/D6		
5	合計	800	630	1,430	#DIV/0!		
6							
7							
8							
9							

空白のセル「D6」で割ってしまっているため、正しい答えが表示されずエラーになっていることがわかります。「E4」は「=D4/D6」、「E5」は「=D5/D7」という計算式が入っており、2つとも空白のセルで割ってしまっています。どうしたら、正しい計算式になるのでしょうか?

	A	B	C	D	E	F	G	H
1								
2		東京	大阪	月合計	構成比（%）			
3	1月	200	250	450	0.314685315			
4	2月	600	380	980	#DIV/0!			
5	合計	800	630	1,430	#DIV/0!			
6								
7								
8								

通常、計算式をオートフィルすると、セルの番号というのは、ひとつずつ変わっていきます。

このようにセルの番号が変わってしまって正しい計算ができない場合に、セルの番号を動かないように「固定」させる、という計算方法があります。この計算方法を「絶対参照」といいます。

2-7-2　絶対参照の練習

セル「E3」をクリックして、「=」を入力し、「D3」をクリックして、わり算の「/」を入力してください。続けて「D5」をクリックした後に、キーボードの上段にあるF4キーを押してください。

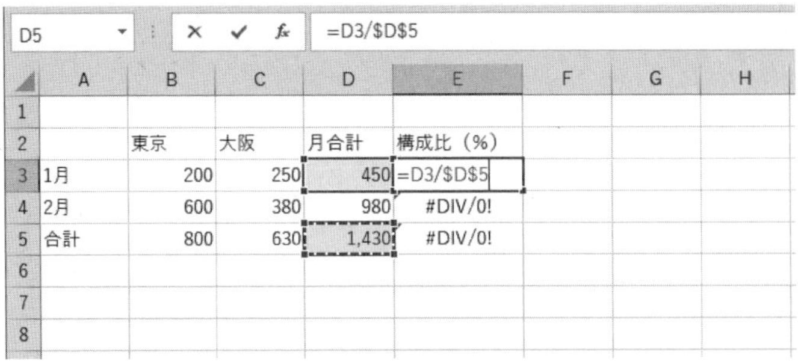

	A	B	C	D	E	F	G	H
1								
2		東京	大阪	月合計	構成比（%）			
3	1月	200	250	450	=D3/$D$5			
4	2月	600	380	980	#DIV/0!			
5	合計	800	630	1,430	#DIV/0!			
6								
7								
8								

セル「D5」の「D」の前と「5」の前に、それぞれ「$」マークが付き、「$D$5」と表示されます。Enterキーを押して、計算式を確定してください。

ポイント

セルをクリックした後に、F4キーを押すと、セル番号に「$」を付けることができます。

この「$」マークの付いた計算式を、セル「E5」までオートフィルしてみましょう。

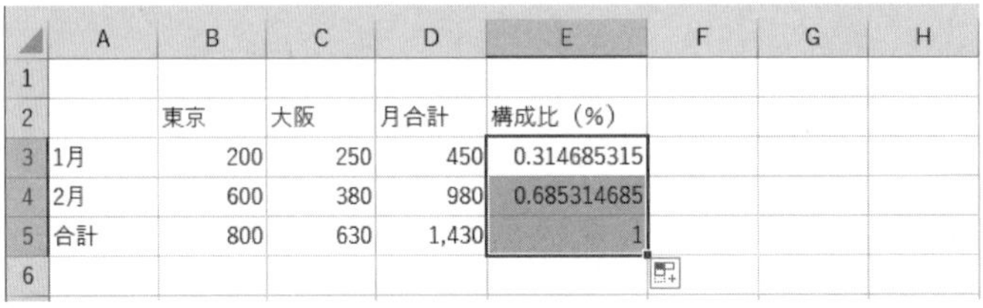

	A	B	C	D	E	F	G	H
1								
2		東京	大阪	月合計	構成比（%）			
3	1月	200	250	450	0.314685315			
4	2月	600	380	980	0.685314685			
5	合計	800	630	1,430	1			
6								

計算結果が正しく表示されました。

セル番号に「$」をつけておくと、オートフィルしたときにセル番号を固定させることができます。

確　認

セル番号に「$」を付けて計算する方法を「絶対参照」といいます。

2-7-3 項目名に「%」がある場合の計算式

今回の計算結果を、そのまま「パーセントスタイル」にしてしまうと、以下のように表示されます。

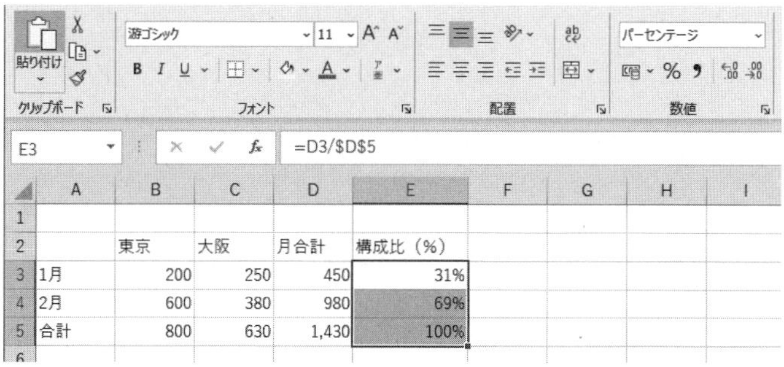

注　意

日商PC検定では、表の項目に「構成比（%）」のように項目名に「%」が付いている場合は、数値についている「%」を省略して表示する必要があります。

「31%」という数値は、実際は「0.31468…」という小数です。計算式に「×100」をして、「31.468…」という表示にする必要があります。「パーセントスタイル」を「標準」に戻して、計算式を修正してみましょう。

セル「E3」から「E5」までをドラッグして、表示形式の一覧から「標準」をクリックします。

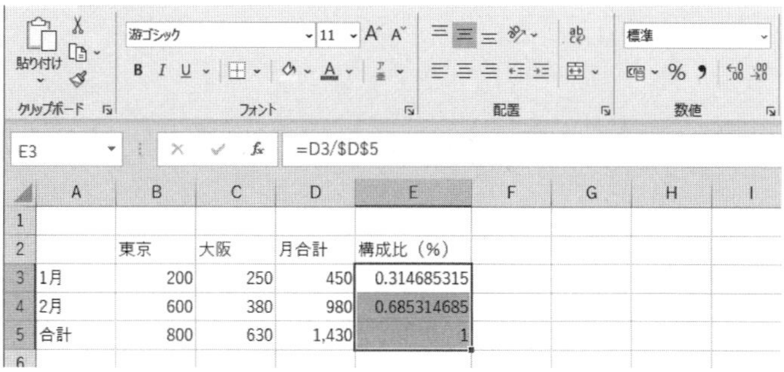

数式バーの「$D$5」の後ろをクリックして、「×100」という計算式を追加で入力してください。

セル「E5」までオートフィルします。　構成比の計算式に「×100」をすることによって、計算結果が小数の「0.31468…」ではなく、「31.468…」という数値になります。

小数点以下第1位までの表示にしてみましょう。「小数点以下の表示桁数を減らす」ボタンを、小数点以下が1桁になるまでクリックします。

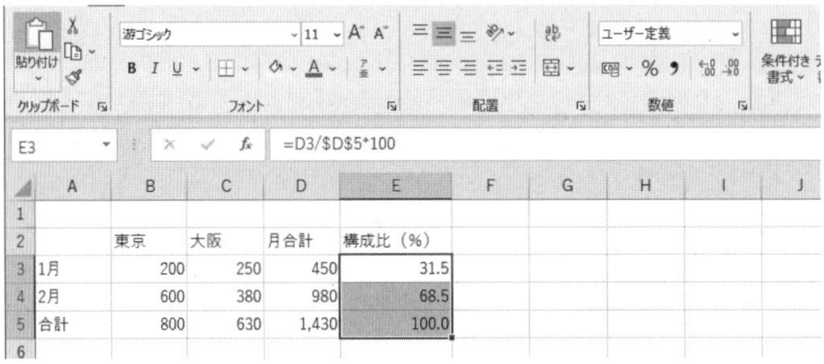

ポイント

通常、計算式をオートフィルすると、セルの番号はひとつずつ移動になります。 このように、セルの番号が動いてしまって正しい計算ができない場合に、「絶対参照」を使います。 セルの番号を固定させることができます。

確　認

絶対参照とは、「絶対」に「このセルの数値」を使って計算します、という意味です。 オートフィルしても、セルの番号がずれることはありません。

第3章 トレーニング

この章では、日商PC検定の試験に必要なスキル（ピボットテーブル、関数、グラフ）の学習をします。ここからの問題は、ダウンロードファイルから指示されたExcelファイルを開いて、データを集計して、表とグラフを作成していく形式のものです。

●ファイルをダウンロードする

まず、Microsoft Edgeを起動してください（他のブラウザでも良いです）。

次に、「検索またはWebアドレスを入力」と表示されている欄に以下のURLを入力して、Enterキーで確定します。

https://gihyo.jp/book/2021/978-4-297-12018-4

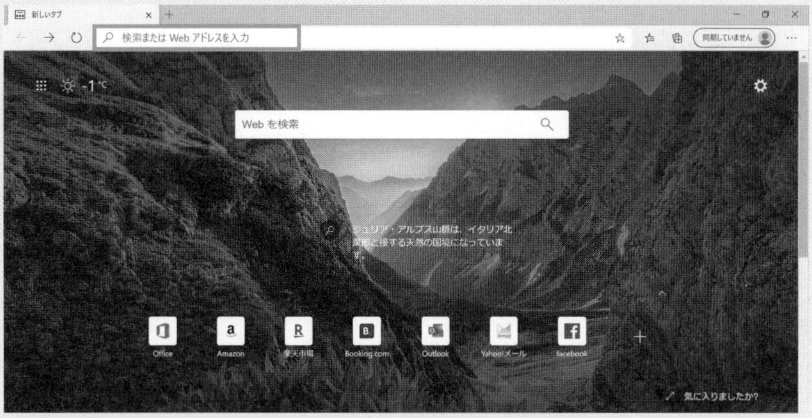

本書のサポートページの「nissho_data3.zip」をクリックして、「保存」ボタンをクリックしてください。ダウンロードが完了したら、「フォルダーを開く」ボタンをクリックして、ダウンロード先のフォルダーを開きます（通常であれば「ダウンロード」フォルダーが開きます）。

●ダウンロードファイルを展開する

ダウンロードした「nissho_data3」を右クリックします。表示されたメニューのうち、「すべて展開」をクリックし、「展開」ボタンをクリックしてください。展開すると「nissho_data3」フォルダーが作成されるので、このフォルダーを「ドキュメント」フォルダーにコピーしてください。

●ファイルを開く

「nissho_data3」フォルダーの中に練習問題で使うファイルが保存されていますので、該当のフォルダーからExcelファイルを開いてください。「第3章　トレーニング」のフォルダーには、以下のExcelファイルが入っています。

● Excel から開く

Excelから開く場合は、2章の「2-1-2　ファイルを開く」を参考に、「ファイル」タブより「開く」を選択し、「参照」をクリックします。ファイルの場所が「ドキュメント」になっているので、「nissho_data3」を選択し、練習問題の入っているフォルダーを開きます。

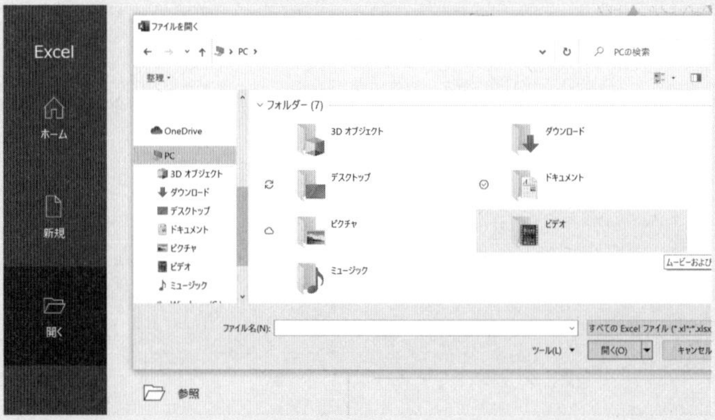

3-1 ピボットテーブルの作成、操作

3-1-1 ピボットテーブルとは？

「1 ピボットテーブル」のシート「機器売上データ」を開いてください。

以下のような売上表があります。例えば、このような設問があったとき、あなたはどのように回答しますか?

- 4月の複合機の売上金額はいくらでしょうか?
- 6月の清水さんの売上金額はいくらになりましたか?
- 7月にインクジェットプリンタは何個売れましたか?

	A	B	C	D	E	F
1						
2						
3	日付	担当者	取引先	商品名	単価	数量
4	4月1日	伊藤	ABC株式会社	レーザープリンタ	128,000	5
5	4月10日	清水	有限会社STU	インクジェットプリンタ	24,800	4
6	4月20日	津田	株式会社MPC	複合機	78,000	10
7	4月30日	野崎	株式会社MPC	複合機	78,000	5
8	5月1日	山下	ABC株式会社	レーザープリンタ	128,000	2
9	5月10日	野崎	ABC株式会社	インクジェットプリンタ	24,800	3
10	5月20日	伊藤	有限会社STU	複合機	78,000	5
11	5月30日	山下	有限会社STU	複合機	78,000	8
12	6月1日	津田	WP商事株式会社	レーザープリンタ	128,000	10
13	6月10日	清水	WP商事株式会社	インクジェットプリンタ	24,800	6
14	6月20日	山下	株式会社MPC	複合機	78,000	4
15	6月30日	清水	ABC株式会社	インクジェットプリンタ	24,800	2
16	7月1日	伊藤	ABC株式会社	レーザープリンタ	128,000	8
17	7月10日	津田	WP商事株式会社	インクジェットプリンタ	24,800	5
18	7月20日	野崎	有限会社STU	インクジェットプリンタ	24,800	11

このような売上表から、必要なデータのみをピックアップして集計するのに便利な機能、それが「ピボットテーブル」です。データ活用の試験では、このピボットテーブルを使って、与えられたデータを集計します。いかに正しく集計できるかが大切なので、ピボットテーブルをきっちり習得することで試験問題の半分はできた、と思ってもよいくらい重要なポイントです。まずは、この「ピボットテーブル」の使い方をしっかり覚えましょう!

3-1-2 ピボットテーブルの作成

上の表を元に、どの担当者がどの商品をいくら売り上げたのかを集計をしてみましょう。まずは、「いくら売り上げたか」を集計したいので、元の表に「売上金額」を計算します。

	A	B	C	D	E	F
1						
2						
3	日付	担当者	取引先	商品名	単価	数量
4	4月1日	伊藤	ABC株式会社	レーザープリンタ	128,000	5
5	4月10日	清水	有限会社STU	インクジェットプリンタ	24,800	4
6	4月20日	津田	株式会社MPC	複合機	78,000	10
7	4月30日	野崎	株式会社MPC	複合機	78,000	5

●列「G」に、「売上金額」の項目を追加して、売上金額の計算をしてください。

売上金額は「=単価×数量」で計算します。

F4　=E4*F4

	A	B	C	D	E	F	G
1							
2							
3	日付	担当者	取引先	商品名	単価	数量	売上金額
4	4月1日	伊藤	ABC株式会社	レーザープリンタ	128,000	5	=E4*F4
5	4月10日	清水	有限会社STU	インクジェットプリンタ	24,800	4	

セル「G18」までオートフィルしておきます。この時、セル「G4」の右下にマウスを合わせて、ダブルクリックすると、一番下のセルまで一気にオートフィルができます。

	A	B	C	D	E	F	G	H
1								
2								
3	日付	担当者	取引先	商品名	単価	数量	売上金額	
4	4月1日	伊藤	ABC株式会社	レーザープリンタ	128,000	5	640000	
5	4月10日	清水	有限会社STU	インクジェットプリンタ	24,800	4	99200	
6	4月20日	津田	株式会社MPC	複合機	78,000	10	780000	
7	4月30日	野崎	株式会社MPC	複合機	78,000	5	390000	
8	5月1日	山下	ABC株式会社	レーザープリンタ	128,000	2	256000	
9	5月10日	野崎	ABC株式会社	インクジェットプリンタ	24,800	3	74400	
10	5月20日	伊藤	有限会社STU	複合機	78,000	5	390000	
11	5月30日	山下	有限会社STU	複合機	78,000	8	624000	
12	6月1日	津田	WP商事株式会社	レーザープリンタ	128,000	10	1280000	
13	6月10日	清水	WP商事株式会社	インクジェットプリンタ	24,800	6	148800	
14	6月20日	山下	株式会社MPC	複合機	78,000	4	312000	
15	6月30日	清水	ABC株式会社	インクジェットプリンタ	24,800	2	49600	
16	7月1日	伊藤	ABC株式会社	レーザープリンタ	128,000	8	1024000	
17	7月10日	津田	WP商事株式会社	インクジェットプリンタ	24,800	5	124000	
18	7月20日	野崎	有限会社STU	インクジェットプリンタ	24,800	11	272800	
19								

覚えておくと便利

セル「G4」の右下にマウスを合わせて、セル「G18」までドラッグしてオートフィルする方法もありますが、データが多いときに表の一番下の方までドラッグするのは大変です。セルの右下にマウスを合わせてダブルクリックすると、一気に表の最終行までオートフィルができます。

集計に必要なデータがそろいました。いよいよ「ピボットテーブル」で集計してみましょう。

1.表内のセルをクリック　（表内ならどのセルでもOKです）
2.「挿入」タブをクリック
3.「ピボットテーブル」ボタンをクリック

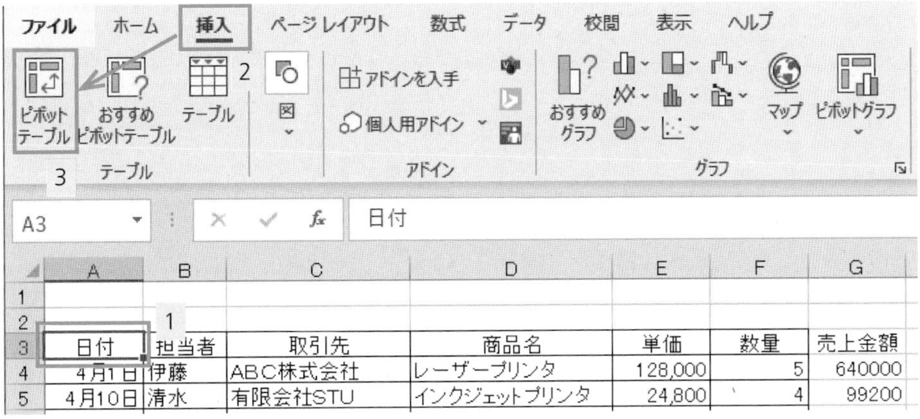

データ範囲は点滅で表示されるので、範囲を確認します。データ範囲が間違っている場合は、マウスで正しいデータ範囲をドラッグして、データ範囲を選択しなおします。

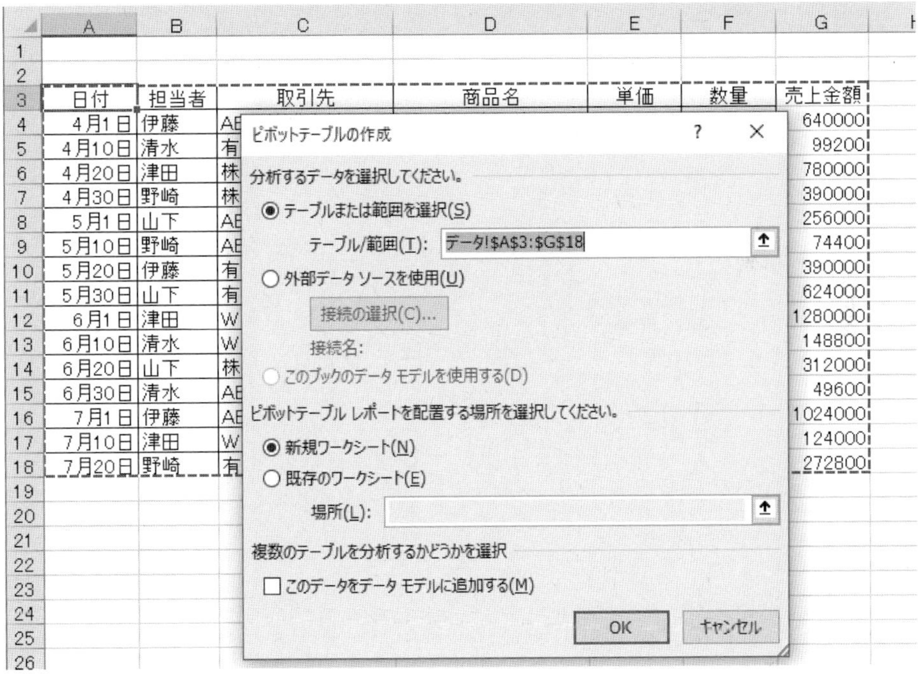

●ピボットテーブルの作成場所を選択しましょう。

今回のピボットテーブルの作成位置は、セル「J3」を開始位置として作成してください。

1.「既存のワークシート」にチェックを入れる
2.セル「J3」をクリック
3.「OK」をクリック

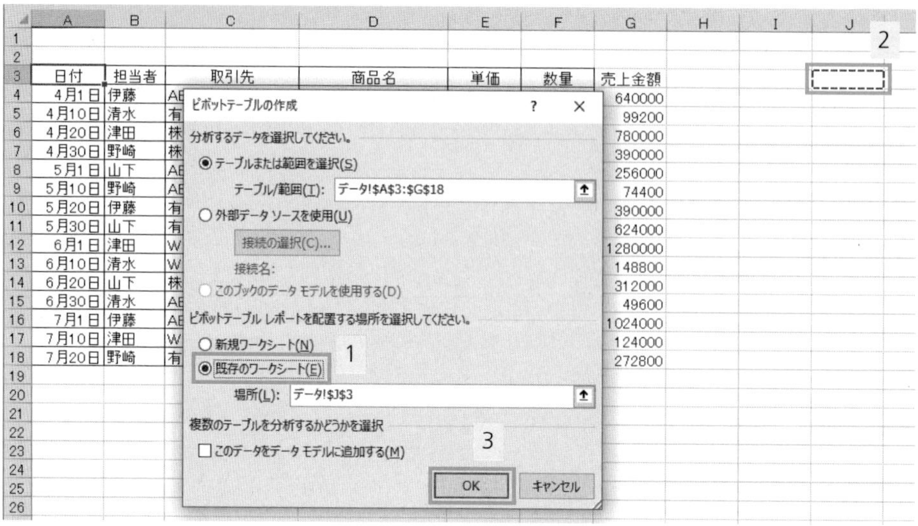

セル「J3」を開始位置としてピボットテーブルが設定されました。

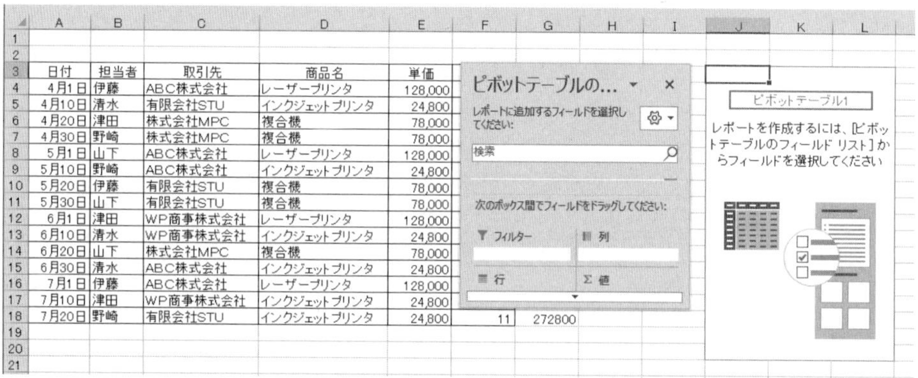

●フィールドリストのサイズを変更、移動してみましょう。

リストのサイズを変えたり、自由に移動したりできるようにしておきましょう。

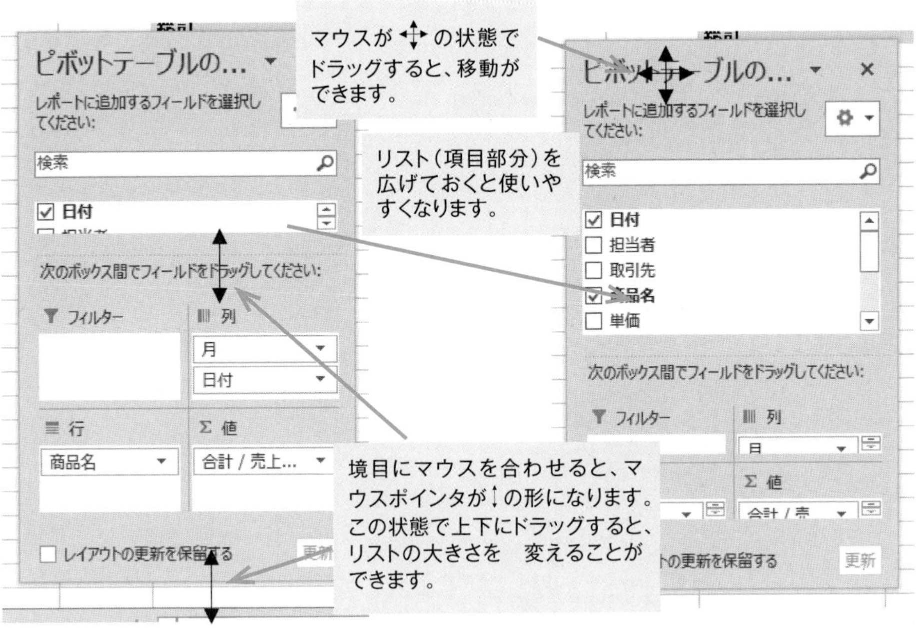

フィールドリストが狭いので、下図のように上下に広げてみましょう。

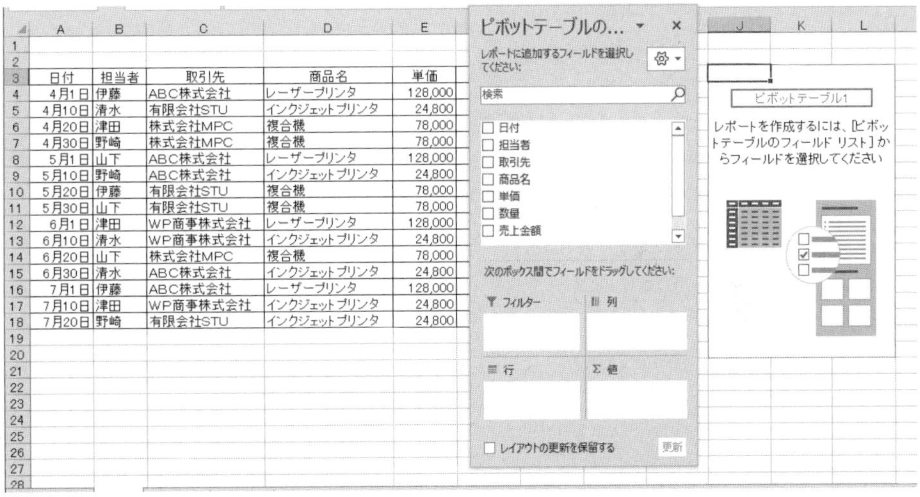

●集計しましょう。

ピボットテーブルのフィールド（集計する項目）を設定します。「どの担当者がどの商品をいくら売り上げたか」を集計してみます。

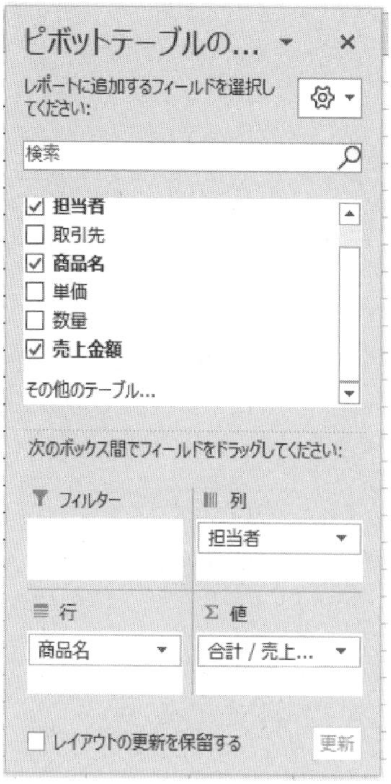

- 「担当者」の項目をドラッグして、「列」のボックスの中に入れます。
- 「商品名」の項目をドラッグして、「行」のボックスの中に入れます。
- 「売上金額」の項目をドラッグして、「値」のボックスの中に入れます。

ピボットテーブルに集計結果が表示され、どの担当者が、どの商品を、いくら売ったか、という集計ができました。

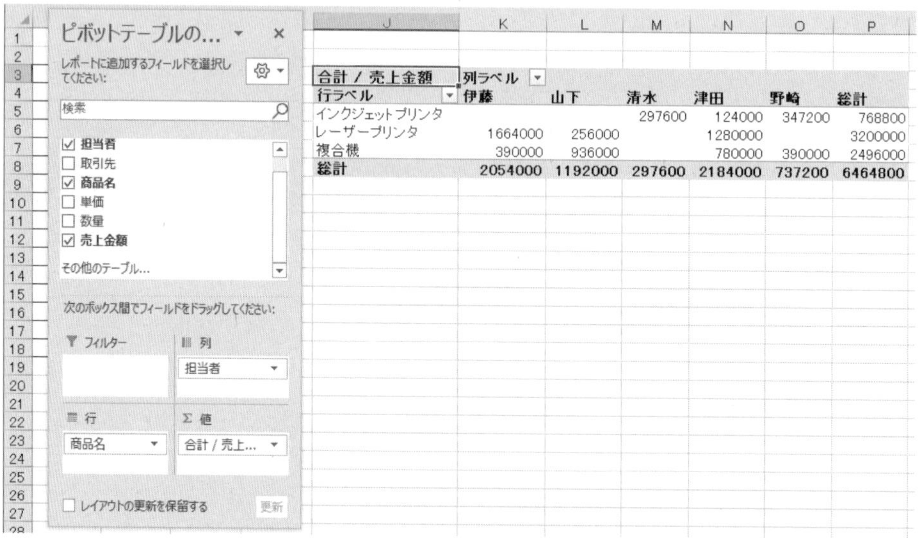

間違って違うボックスにドラッグしてしまった場合は、別の場所にドラッグして移動できます。 間違って違う項目をドラッグしてしまった場合は、チェックを外せば削除できます。

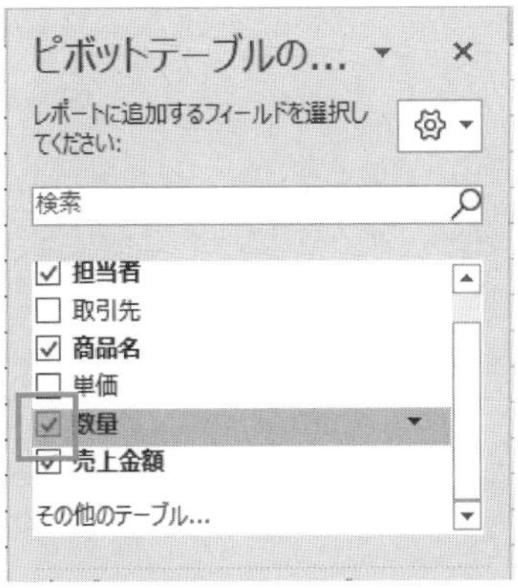

ピボットテーブルの表以外のセルをクリックすると、「フィールドリスト」は自動的に非表示になります。

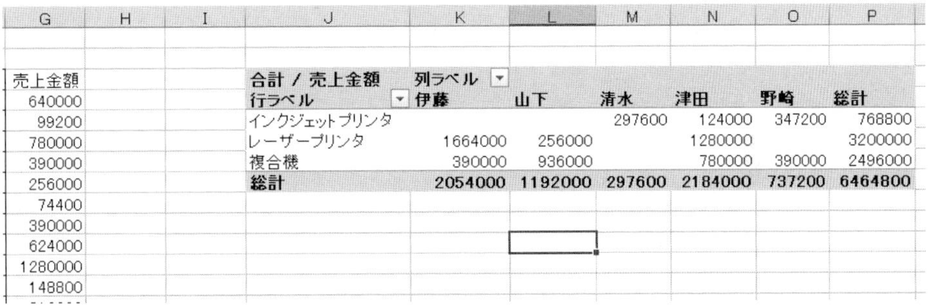

合計 / 売上金額	列ラベル					
行ラベル	伊藤	山下	清水	津田	野崎	総計
インクジェットプリンタ			297600	124000	347200	768800
レーザープリンタ	1664000	256000		1280000		3200000
複合機	390000	936000		780000	390000	2496000
総計	2054000	1192000	297600	2184000	737200	6464800

ピボットテーブル内のセルをクリックすると、「フィールドリスト」が表示されます。

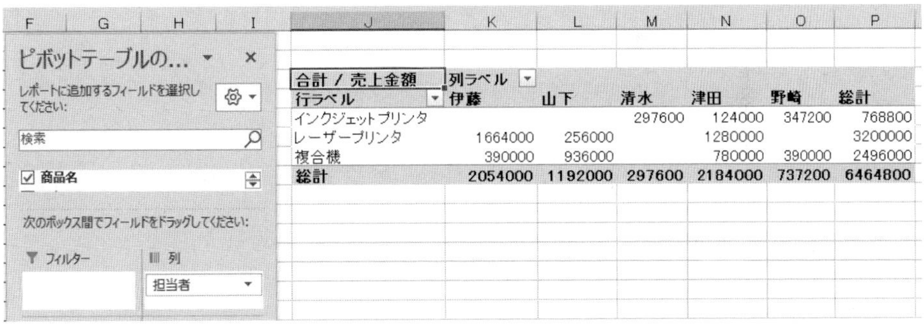

合計 / 売上金額	列ラベル					
行ラベル	伊藤	山下	清水	津田	野崎	総計
インクジェットプリンタ			297600	124000	347200	768800
レーザープリンタ	1664000	256000		1280000		3200000
複合機	390000	936000		780000	390000	2496000
総計	2054000	1192000	297600	2184000	737200	6464800

フィールドリストのウィンドウそのものが表示されない場合は、「ピボットテーブル分析」タブ→「フィールドリスト」をクリックすると表示できます。

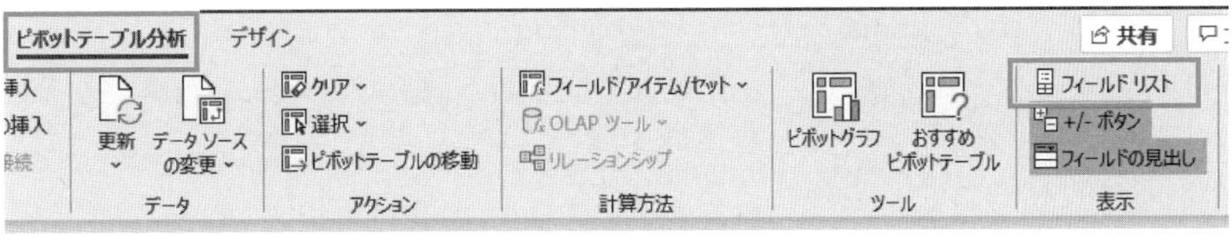

3-1-3 ピボットテーブル内で項目を並べ替える

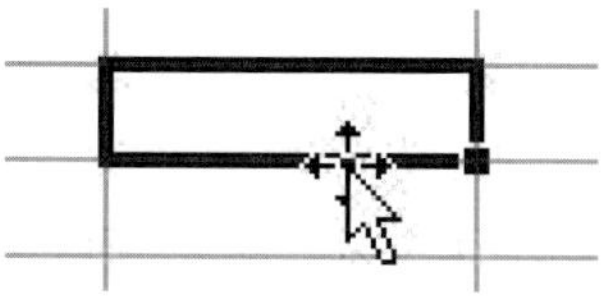

ピボットテーブルの中にある項目（フィールド）の並べ替えをしてみましょう。項目の順序を移動させるのは、右図のように、セルの枠線上にマウスを合わせると、マウスポインタが十字に変わるので、この状態でドラッグすると移動ができます。この方法をピボットテーブル内で活用すると、列単位、行単位での移動ができるようになります。

●担当者「山下」の項目を、最後尾に移動してみましょう。

セル「山下」の枠線上にマウスを合わせ、「野崎」と「総計」の間までドラッグします。

J	K	L	M	N	O	P
合計 / 売上金額	列ラベル ▼					
行ラベル ▼	伊藤	山下	清水	津田	野崎	総計
インクジェットプリンタ			297600	124000	347200	768800
レーザープリンタ	1664000	256000		1280000		3200000
複合機	390000	936000		780000	390000	2496000
総計	2054000	1192000	297600	2184000	737200	6464800

担当者「山下」のデータが、最後尾に移動になりました。

合計 / 売上金額	列ラベル ▼					
行ラベル ▼	伊藤	清水	津田	野崎	山下	総計
インクジェットプリンタ		297600	124000	347200		768800
レーザープリンタ	1664000		1280000		256000	3200000
複合機	390000		780000	390000	936000	2496000
総計	2054000	297600	2184000	737200	1192000	6464800

●「レーザープリンタ」が商品名の一番上になるように移動してみましょう。

左右上下に移動するときは、セルの下側にマウスを合わせてドラッグするのがコツです。

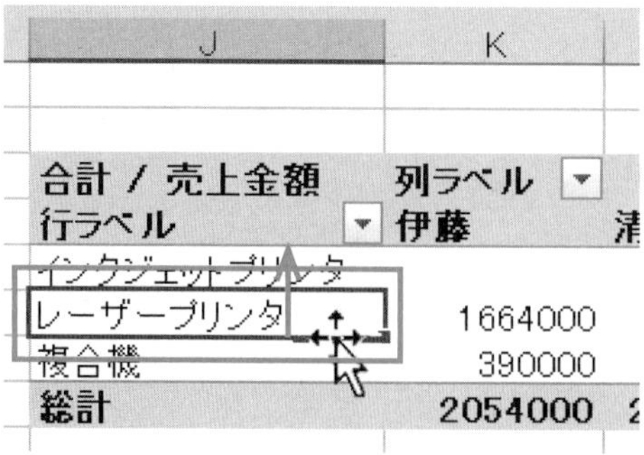

セル「レーザープリンタ」の枠線上にマウスを合わせ、「インクジェットプリンタ」の上までドラッグします。

合計 / 売上金額	列ラベル					
行ラベル	伊藤	清水	津田	野崎	山下	総計
インクジェットプリンタ		297600	124000	347200		768800
レーザープリンタ	1664000		1280000		256000	3200000
複合機	390000		780000	390000	936000	2496000
総計	2054000	297600	2184000	737200	1192000	6464800

「レーザープリンタ」の項目が、一番上に移動になりました。

合計 / 売上金額	列ラベル					
行ラベル	伊藤	清水	津田	野崎	山下	総計
レーザープリンタ	1664000		1280000		256000	3200000
インクジェットプリンタ		297600	124000	347200		768800
複合機	390000		780000	390000	936000	2496000
総計	2054000	297600	2184000	737200	1192000	6464800

3-1-4 ピボットテーブルで集計する項目を変更する

ピボットテーブル内の集計する項目を変更することを「フィールドの変更」といいます。

●「担当者」ごとの集計を、「日付」ごとの集計に変更してみましょう。

フィールドを変更するには、まず変更したいフィールド（項目）のチェックを外します。

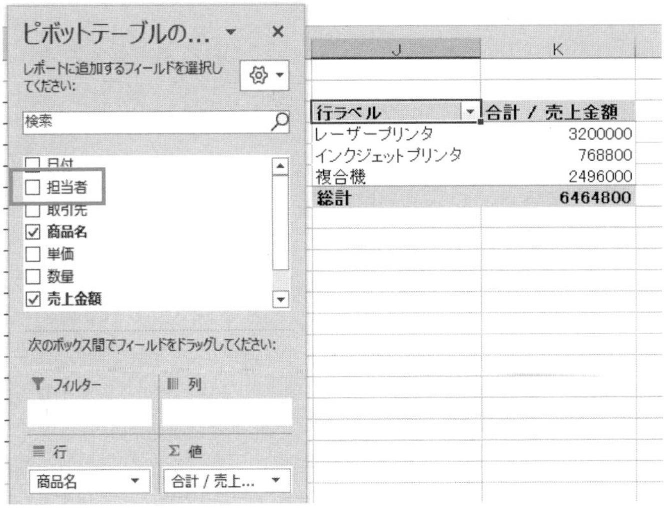

新しい項目「日付」を「列」のボックスにドラッグします。

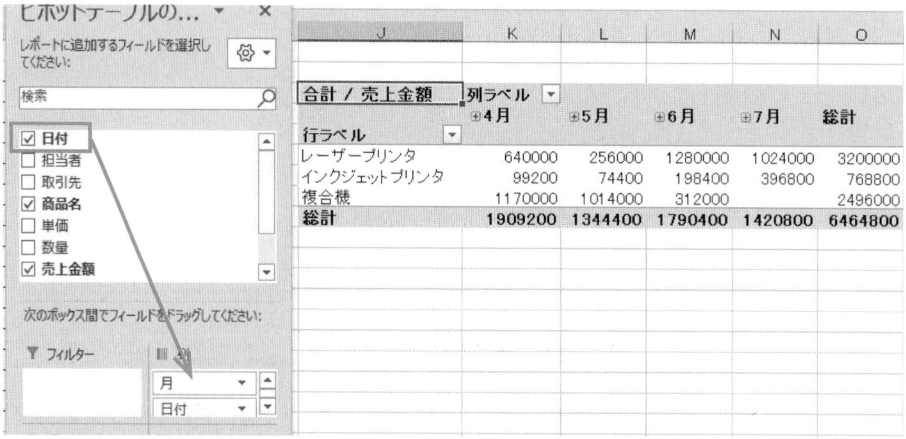

「担当者」ごとの集計が、「日付」ごとの集計に変わりました。

合計 / 売上金額	列ラベル				
行ラベル	⊞4月	⊞5月	⊞6月	⊞7月	総計
レーザープリンタ	640000	256000	1280000	1024000	3200000
インクジェットプリンタ	99200	74400	198400	396800	768800
複合機	1170000	1014000	312000		2496000
総計	**1909200**	**1344400**	**1790400**	**1420800**	**6464800**

3-1-5 ピボットテーブルの項目をグループ化する

日付ごとの集計を、「月」ごとの集計に変更します（日付のグループ化）。

Excel 2019のポイント

Excel 2019では、日付を集計すると、自動的に「月」ごとにグループ化されます。 この操作は今回は必要ないですが、別の問題でグループ化をする問題がありますので、スキルとして覚えておいてください。

「日付」欄のセルの上で右クリックして、「グループ化」をクリックします。「4月1日」などのセルの上でも右クリックできます。

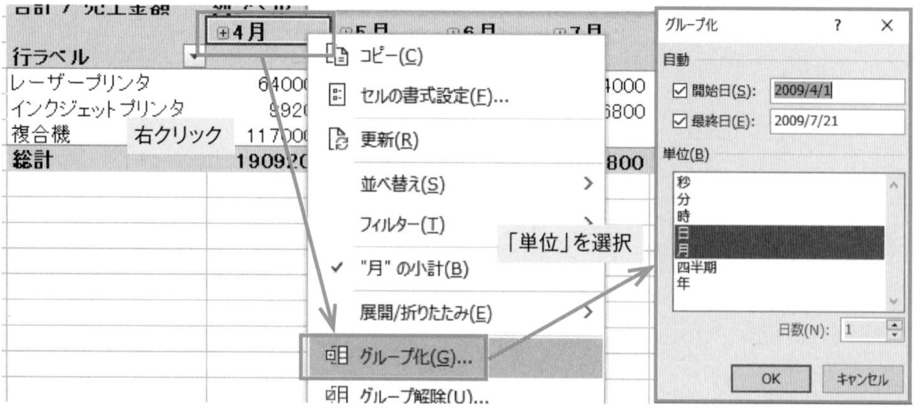

3-1-6 集計結果に該当する値がない場合、空白セルに「0」を表示する

集計した数値に該当するデータがない場合は、セルが空白になっています。 日商PC検定では、空白セルはそのままにしないで、「0」を表示させるようにしてください。

まず、集計された数値のセルの上で右クリックし、「ピボットテーブルオプション」をクリックします。

次に「空白セルに表示する値」のボックス内に、数値の「0」ゼロを入力します。

ピボットテーブル内のすべての空白セルに、ゼロの値が表示されました。

合計 / 売上金額	列ラベル				
行ラベル	⊞4月	⊞5月	⊞6月	⊞7月	総計
レーザープリンタ	640000	256000	1280000	1024000	3200000
インクジェットプリンタ	99200	74400	198400	396800	768800
複合機	1170000	1014000	312000	0	2496000
総計	**1909200**	**1344400**	**1790400**	**1420800**	**6464800**

注　意

ピボットテーブルの内の空白のセルには、自分で「0」の数値を入力するのではなく、必ず「ピボットテーブルオプション」から「0」を表示させてください。

3-1-7 ピボットテーブルで集計した数値を、集計表にコピー・貼り付ける

「1 ピボットテーブル」のシート「売上集計」を開いてください。

前問で作成したピボットテーブルを元にして、シート「売上集計」にある、以下の表を完成させましょう。

月別売上金額集計表

	4月	5月	6月	7月
レーザープリンタ				
インクジェットプリンタ				
複合機				

担当者別　売上金額

	伊藤	清水	津田	野崎	山下
レーザープリンタ					
インクジェットプリンタ					
複合機					

担当者別　売上数量

	伊藤	清水	津田	野崎	山下
レーザープリンタ					
インクジェットプリンタ					
複合機					

ポイント

集計表は、全部で3つあります。
表ごとに集計する項目が違うため、表に合わせてピボットテーブルのフィールド（集計する項目）を変更していく必要があります。

シート「売上集計」にある「月別売上金額集計表」を完成させるために、ピボットテーブルで集計した「月ごとの売上金額」をコピーします。「4月」から「7月」までの売上金額をドラッグして「コピー」ボタンをクリックします。

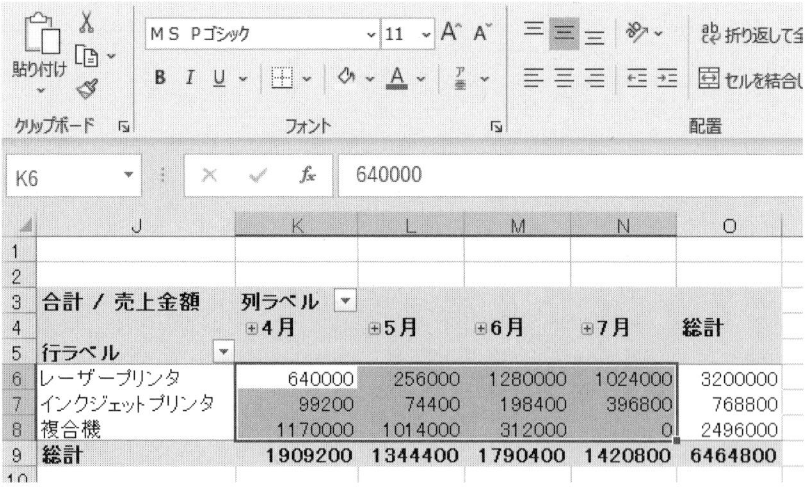

コピーした数値を貼り付ける開始位置として、シート「売上集計」のセル「B3」をクリックしておきます。

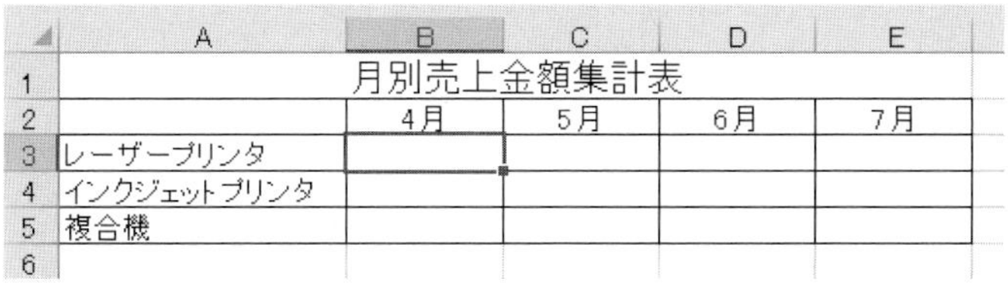

	A	B	C	D	E
1	月別売上金額集計表				
2		4月	5月	6月	7月
3	レーザープリンタ				
4	インクジェットプリンタ				
5	複合機				
6					

コピーした数値をそのまま貼り付けると、計算式（ピボットテーブルの内容を参照した式）が残ってしまいます。ピボットテーブルは、業務上変更されたり削除されたりする可能性があるので、（試験問題でも、後で変更される可能性があります）ピボットテーブルで集計された数字のみを貼り付けるために、「値の貼り付け」という方法を使います（「形式を選択して貼り付け」から「値」を選択しても可）。

! 注意　試験の練習問題では、常に「値の貼り付け」を使うようにしてください。

「貼り付け」ボタンの下にある「∨」をクリックし、「値」をクリックします。

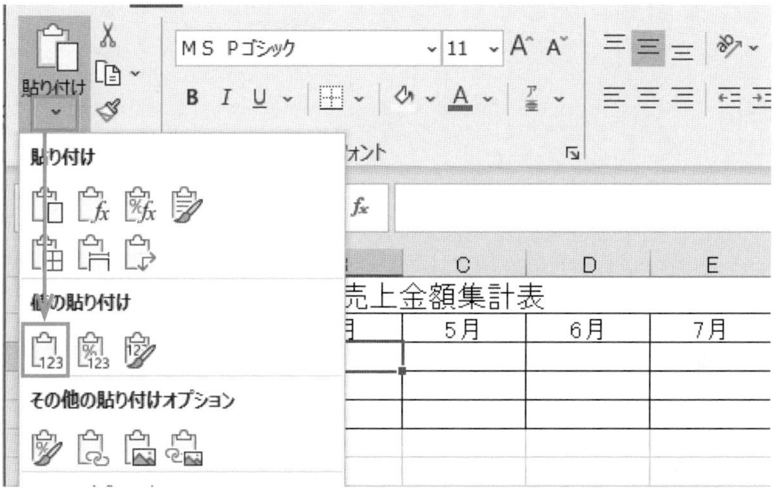

値の貼り付けができたら、「桁区切りスタイル」を設定しておきます（以降、単に「桁区切り」と表記します）。

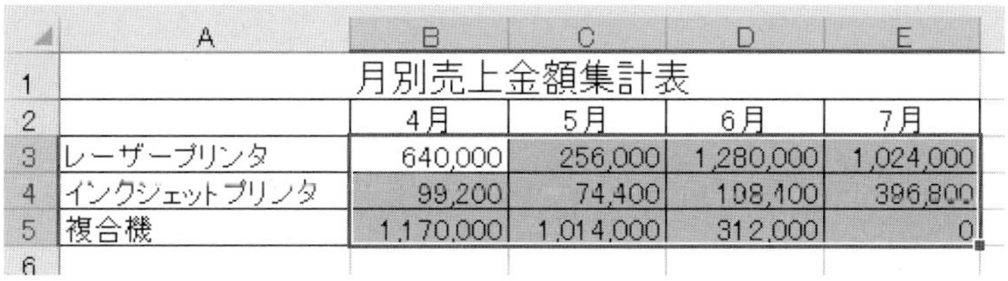

	A	B	C	D	E
1	月別売上金額集計表				
2		4月	5月	6月	7月
3	レーザープリンタ	640,000	256,000	1,280,000	1,024,000
4	インクジェットプリンタ	99,200	74,400	108,100	396,800
5	複合機	1,170,000	1,014,000	312,000	0
6					

「月別売上金額集計表」が完成しました。次に、「担当者別　売上金額」を集計します。

8	担当者別　売上金額					
9		伊藤	清水	津田	野崎	山下
10	レーザープリンタ					
11	インクジェットプリンタ					
12	複合機					

「月別」の売上集計から、「担当者別」の売上集計にフィールド（項目）を変更します。最初に、「日付」と「月」の両方のチェックを外します。

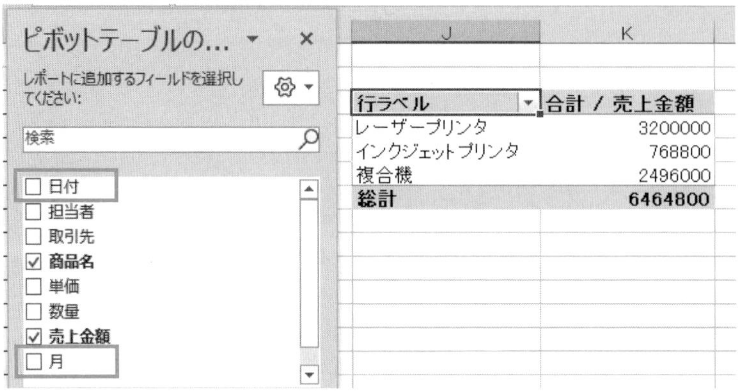

Excel 2019のポイント	Excel 2019では、日付が自動でグループ化になるため、「日付」フィールド以外に「月」というフィールドが表示されています。この「月」のフィールドのチェックも外してください。

次に、「担当者」の項目を「列」へドラッグします。

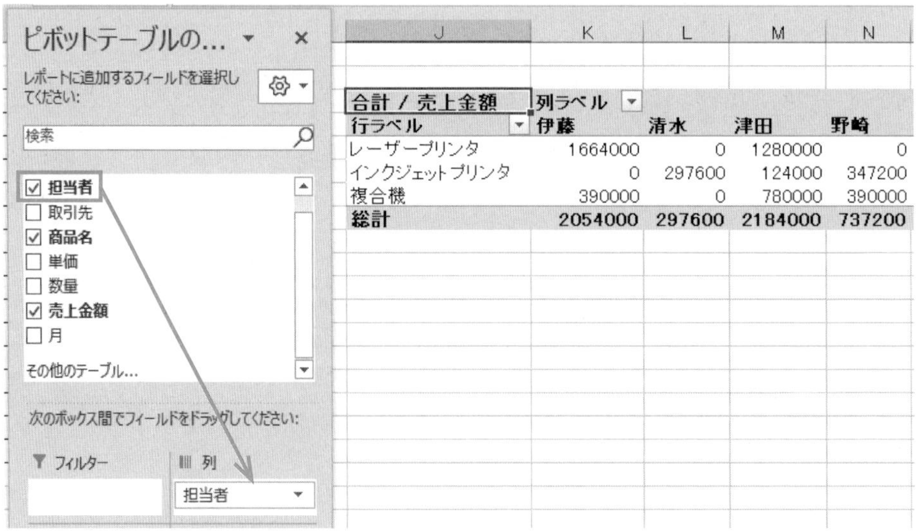

「担当者」別に集計をするピボットテーブルに変わりました。担当者別に集計されたピボットテーブルの値をコピーします。

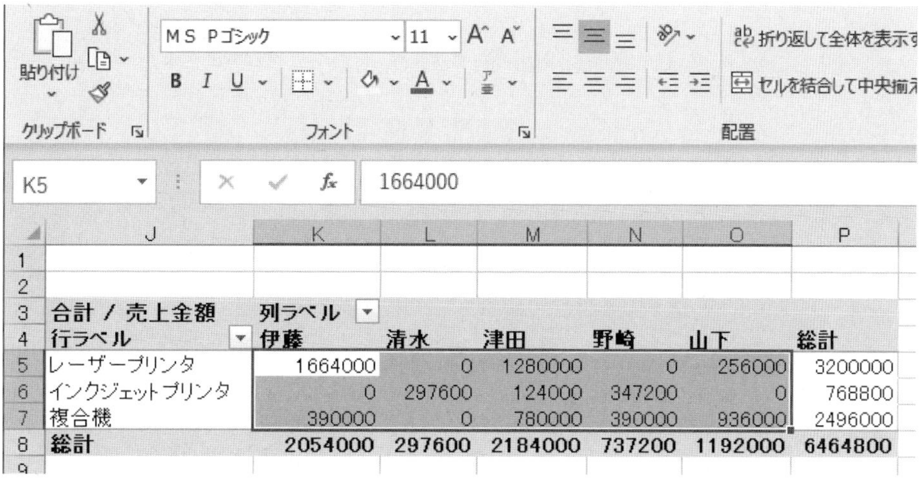

シート「売上集計」の「担当者別売上金額」の表のセル「B10」に、値を貼り付けます。貼り付けた値には、「桁区切り」を設定します。

次に、「売上金額」から「売上数量」を集計するために、フィールド（項目）を変更します。「売上金額」のチェックを外して「数量」を「値」にドラッグしてください。

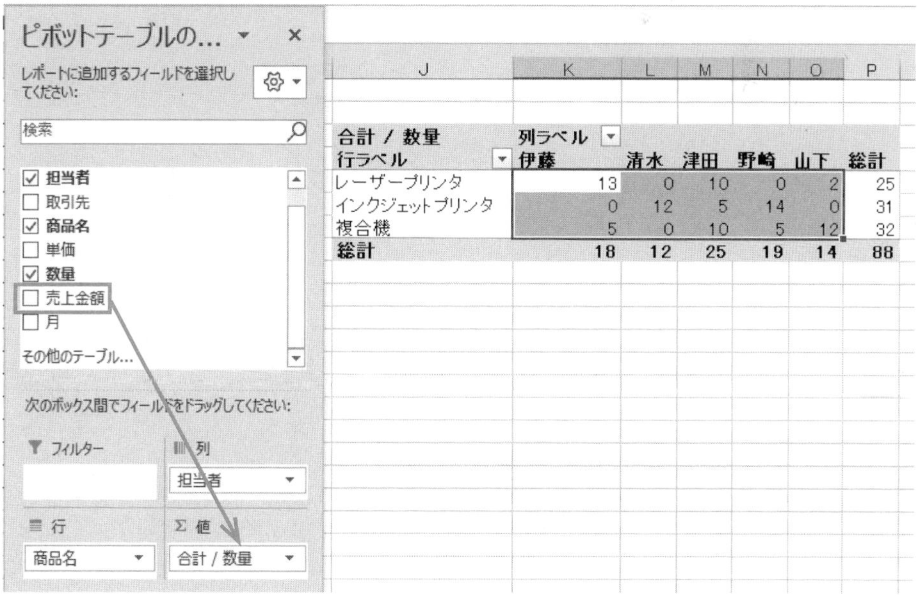

集計した値をコピーします。

J	K	L	M	N	O	P
合計 / 数量	**列ラベル** ▼					
行ラベル ▼	**伊藤**	**清水**	**津田**	**野崎**	**山下**	**総計**
レーザープリンタ	13	0	10	0	2	25
インクジェットプリンタ	0	12	5	14	0	31
複合機	5	0	10	5	12	32
総計	**18**	**12**	**25**	**19**	**14**	**88**

「担当者別売上数量」の表のセル「B17」をクリックして、値を貼り付けます。

	A	B	C	D	E	F
15	担当者別　売上数量					
16		伊藤	清水	津田	野崎	山下
17	レーザープリンタ	13	0	10	0	2
18	インクジェットプリンタ	0	12	5	14	0
19	複合機	5	0	10	5	12

●ピボットテーブル作成の流れは、学習できましたか?

元データ

	A	B	C	D	E	F
1						
2						
3	日付	担当者	取引先	商品名	単価	数量
4	[illegible]日	伊藤	ABC株式会社	レーザープリンタ	128,000	5
5	4[illegible]日	清水	有限会社STU	インクジェットプリンタ	24,800	4
6	4[illegible]日	津田	株式会社MPC	複合機	78,000	10

ピボットテーブル

J	K	L	M	N	O
合計 / 売上金額	**列ラベル** ▼				
	⊞4月	**⊞5月**	**⊞6月**	**⊞7月**	**総計**
行ラベル ▼					
レーザ[illegible]リンタ	640000	256000	1280000	1024000	3200000
インク[illegible]トプリンタ	99200	74400	198400	396800	768800
複合[illegible]	1170000	1014000	312000	0	2496000
総計	**1909200**	**1344400**	**1790400**	**1420800**	**6464800**

解答の集計表

	A	B	C	D	E
1		月別売上金額集計表			
2		4月	5月	6月	7月
3	レーザープリンタ	640,000	256,000	1,280,000	1,024,000
4	インクジェットプリンタ	99,200	74,400	198,400	396,800
5	複合機	1,170,000	1,014,000	312,000	0

✓ チェック

- 解答となる集計表に必要なデータをそろえる
- ピボットテーブルを解答の表の形に合わせて作成できる
- ピボットテーブル内で並べ替えができる
- ピボットテーブルのフィールド（項目）の変更ができる
- ピボットテーブル内のデータをグループ化できる
- 空白セルの扱い
- 値の貼り付け

3-1-8 ピボットテーブルの集計　練習問題

「1 ピボットテーブル」のシート「美容品売上データ」を開いてください。

先ほど練習したピボットテーブルの作成を、別のデータを使って練習してみましょう。

まず、集計に必要なデータを追加します。「セット商品担当者別売上実績表」を元に、営業所ごとの商品の売上高を集計してください。その際、集計に必要なピボットテーブルは、セル「J3」を開始位置として作成してください。

	A	B	C	D	E	F
1	セット商品担当者別売上実績表					
2						（単位円）
3	日　付	営業所	担当者	商品名	数量	単価
4	4月1日	東京	渡辺　恵子	美白セットA	1	39,800
5	4月1日	東京	下中　喜美子	メイクアップセット	1	78,000
6	4月1日	大阪	松野　栄子	メイクアップセット	1	78,000
7	4月1日	名古屋	岡本　順子	ホームエステセット	1	49,800
8	4月1日	東京	渡辺　恵子	スペシャルパックセット	2	36,000
9	4月1日	大阪	篠田　ゆきえ	美白セットA	1	39,800
10	4月1日	東京	下中　喜美子	メイクアップセット	1	78,000
11	4月1日	東京	渡辺　恵子	美白セットA	1	39,800
12	4月1日	大阪	松野　栄子	ホームエステセット	2	49,800
13	4月1日	東京	下中　喜美子	美白セットA	1	39,800
14	4月1日	名古屋	岡本　順子	美白セットA	2	39,800
15	4月1日	大阪	篠田　ゆきえ	スペシャルパックセット	1	36,000
16	4月1日	東京	渡辺　恵子	美白セットA	1	39,800
17	4月1日	名古屋	岡本　順子	ホームエステセット	1	49,800
18	4月2日	東京	渡辺　恵子	美白セットA	3	39,800
19	4月2日	東京	下中　喜美子	スペシャルパックセット	2	36,000
20	4月2日	東京	清水　真世	メイクアップセット	1	78,000
21	4月2日	大阪	篠田　ゆきえ	メイクアップセット	1	78,000
22	4月2日	名古屋	岡本　順子	美白セットA	2	39,800
23	4月3日	東京	清水　真世	ホームエステセット	1	49,800

列「G」に「売上金額」の項目を追加して、売上金額の計算をします。計算式は「=数量×単価」です。

	A	B	C	D	E	F	G
1	セット商品担当者別売上実績表						
2						（単位円）	
3	日　付	営業所	担当者	商品名	数量	単価	売上金額
4	4月1日	東京	渡辺　恵子	美白セットA	1	39,800	=E4*F4
5	4月1日	東京	下中　喜美子	メイクアップセット	1	78,000	
6	4月1日	大阪	松野　栄子	メイクアップセット	1	78,000	

計算式は、セル「G23」までオートフィルしておきます。

●ピボットテーブルの作成をしてみましょう。

集計の対象となるデータ範囲「A3 ： G23」をドラッグしてから、ピボットテーブルを作成します（表のタイトルと「単位 ： 円」を範囲に含めないためです）。

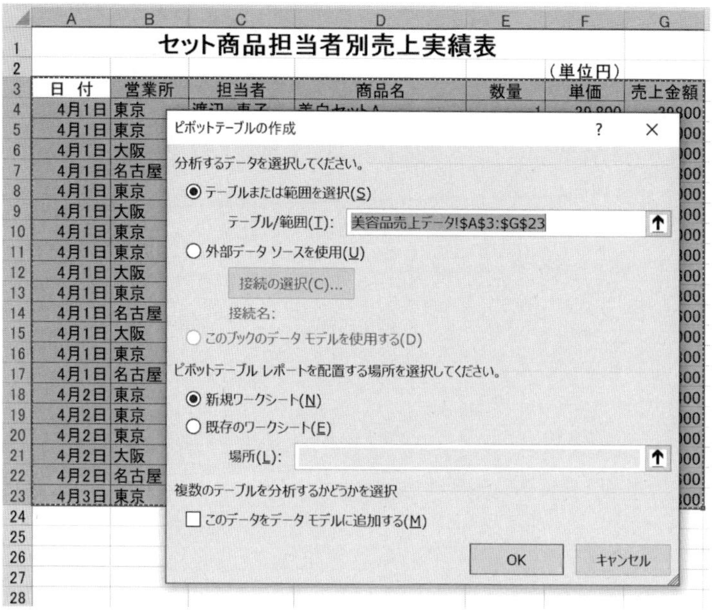

ポイント

データ範囲にタイトルや単位、合計行があると正しい集計ができません。範囲に含めないように、先にデータ範囲をドラッグしてからピボットテーブルを作成しましょう。

ピボットテーブルの作成場所は、セル「J3」を開始位置として作成します。

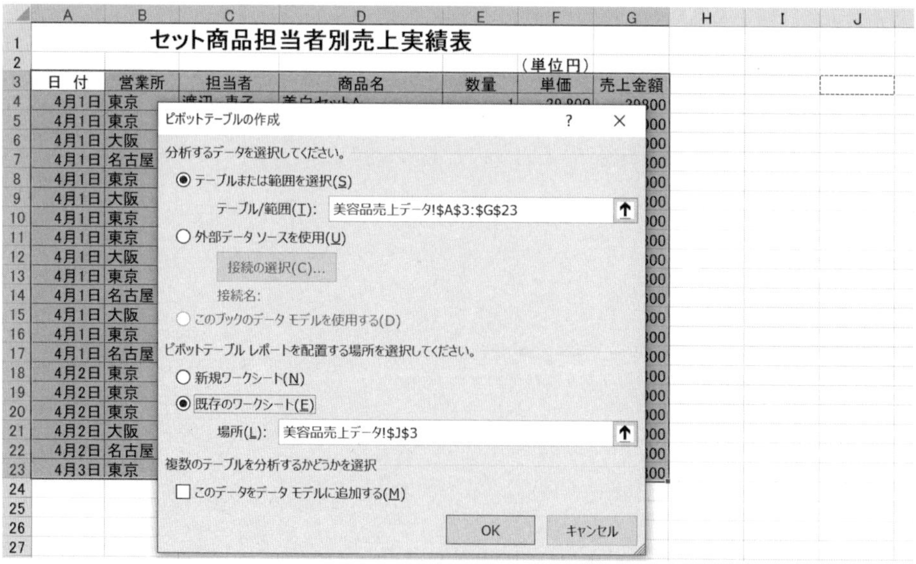

営業所を「行」に、商品名を「列」に、売上金額を「値」にドラッグしてください。

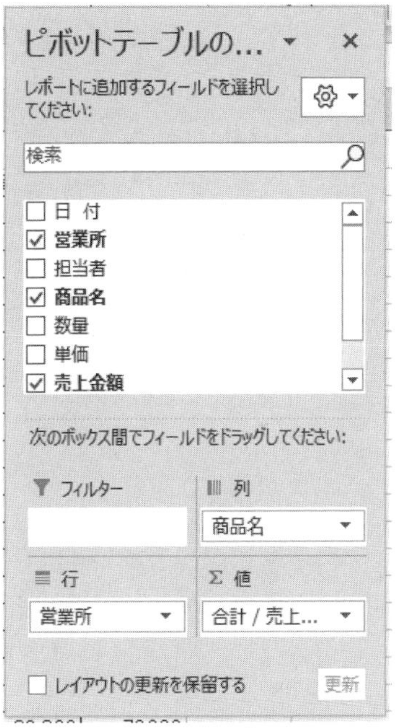

営業所別に商品の売上金額を集計したピボットテーブルができました。

合計 / 売上金額	列ラベル				
行ラベル	スペシャルパックセット	ホームエステセット	メイクアップセット	美白セットA	総計
大阪	36000	99600	156000	39800	331400
東京	144000	49800	234000	278600	706400
名古屋		99600		159200	258800
総計	**180000**	**249000**	**390000**	**477600**	**1296600**

●ピボットテーブル内でデータを並べ替えましょう。

ピボットテーブルの商品名の並び順を、「美白セットA」が一番左端になるように並べ替えてください。また、営業所の並び順を、「東京」が一番上になるように並べ替えてください。

商品名の「美白セットA」が一番左端になるように並べ替えます。セル「美白セットA」の枠線上にマウスを合わせ、一番左端までドラッグします。

J	K	L	M	N	O
合計 / 売上金額	列ラベル				
行ラベル	スペシャルパックセット	ホームエステセット	メイクアップセット	美白セットA	総計
大阪	36000	99600	156000	39800	331400
東京	144000	49800	234000	278600	706400
名古屋		99600		159200	258800
総計	**180000**	**249000**	**390000**	**477600**	**1296600**

営業所の「東京」が一番上になるように並べ替えます。セル「東京」の枠線上にマウスを合わせ、一番上までドラッグします。

合計 / 売上金額	列ラベル				
行ラベル	美白セットA	スペシャルパックセット	ホームエステセット	メイクアップセット	総計
大阪	39800	36000	99600	156000	331400
東京	278600	144000	49800	234000	706400
名古屋	159200		99600		258800
総計	**477600**	**180000**	**249000**	**390000**	**1296600**

●ピボットテーブルのフィールド（項目）を変更しましょう。

営業所ごとの集計を、「担当者」ごとの集計に変更してください。

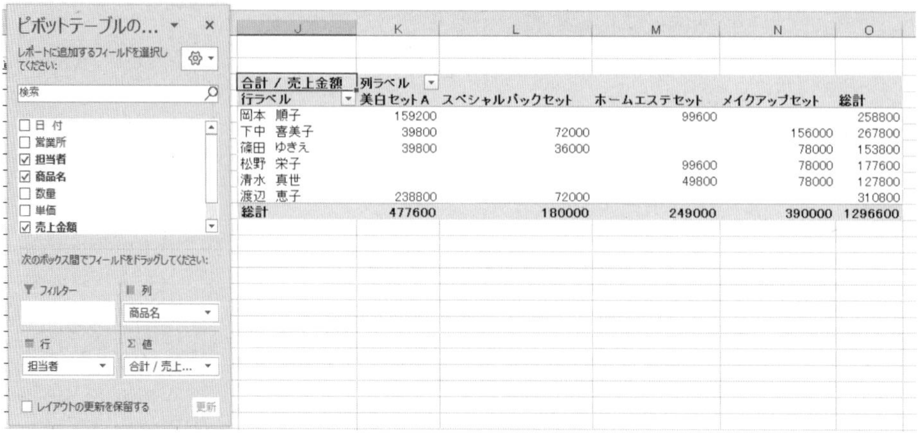

合計 / 売上金額	列ラベル				
行ラベル	美白セットA	スペシャルパックセット	ホームエステセット	メイクアップセット	総計
岡本 順子	159200		99600		258800
下中 喜美子	39800	72000		156000	267800
篠田 ゆきえ	39800	36000		78000	153800
松野 栄子			99600	78000	177600
清水 真世			49800	78000	127800
渡辺 恵子	238800	72000			310800
総計	477600	180000	249000	390000	1296600

●ピボットテーブルの空白セルに「0」を表示しましょう。

ピボットテーブル内の空白セルの上で右クリックし、「ピボットテーブルオプション」をクリックし、「空白セルに表示する値」の欄に、「0」と入力して「OK」をクリックします。

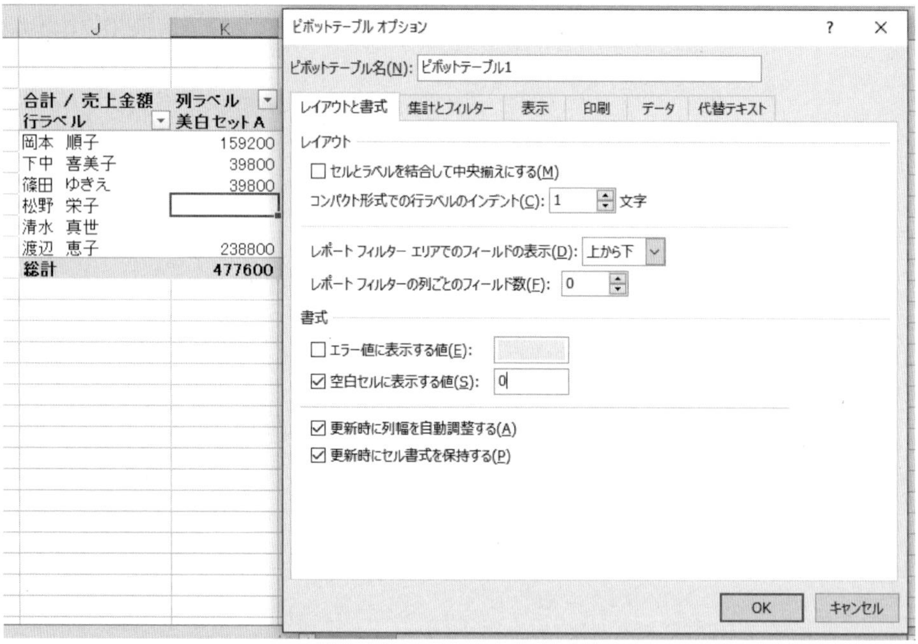

●ピボットテーブルで集計した数値を、集計表にコピー・貼り付けしましょう。

作成したピボットテーブルを元に、シート「売上金額集計」にある「担当者別売上金額集計表」を完成させてください。

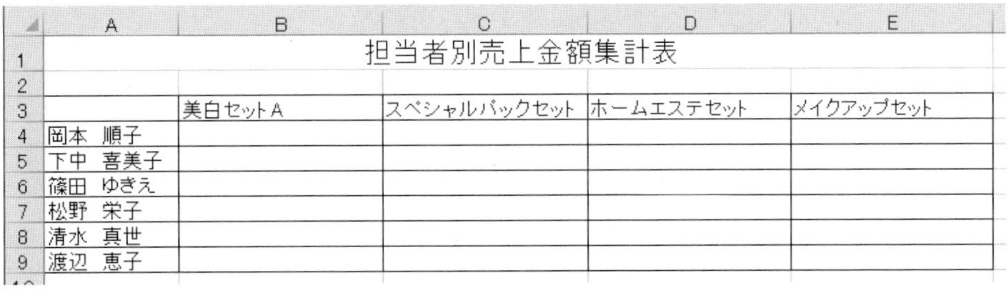

	A	B	C	D	E
1	担当者別売上金額集計表				
2					
3		美白セットA	スペシャルパックセット	ホームエステセット	メイクアップセット
4	岡本　順子				
5	下中　喜美子				
6	篠田　ゆきえ				
7	松野　栄子				
8	清水　真世				
9	渡辺　恵子				

ピボットテーブルで集計した数値をコピーします。

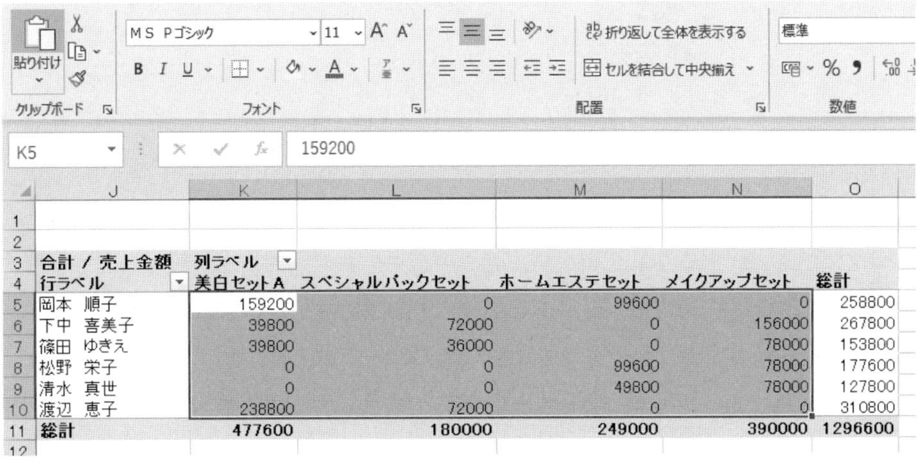

	J	K	L	M	N	O
1						
2						
3	合計 / 売上金額	列ラベル				
4	行ラベル	美白セットA	スペシャルパックセット	ホームエステセット	メイクアップセット	総計
5	岡本　順子	159200	0	99600	0	258800
6	下中　喜美子	39800	72000	0	156000	267800
7	篠田　ゆきえ	39800	36000	0	78000	153800
8	松野　栄子	0	0	99600	78000	177600
9	清水　真世	0	0	49800	78000	127800
10	渡辺　恵子	238800	72000	0	0	310800
11	総計	477600	180000	249000	390000	1296600

ポイント

ピボットテーブルで集計した数値をコピー・貼り付けする際は、ピボットテーブルの項目の並び順と、集計する表の項目の並び順が合っていることを確認しましょう。
今回の問題では、担当者と商品名の並び順が集計先の表と合っていることを確認してからコピー・貼り付けをします。違う場合は、並べ替えてからコピーします。

シート「売上金額集計」のセル「B4」をクリックして、「貼り付け」ボタンの三角をクリックし、「値」をクリックします。

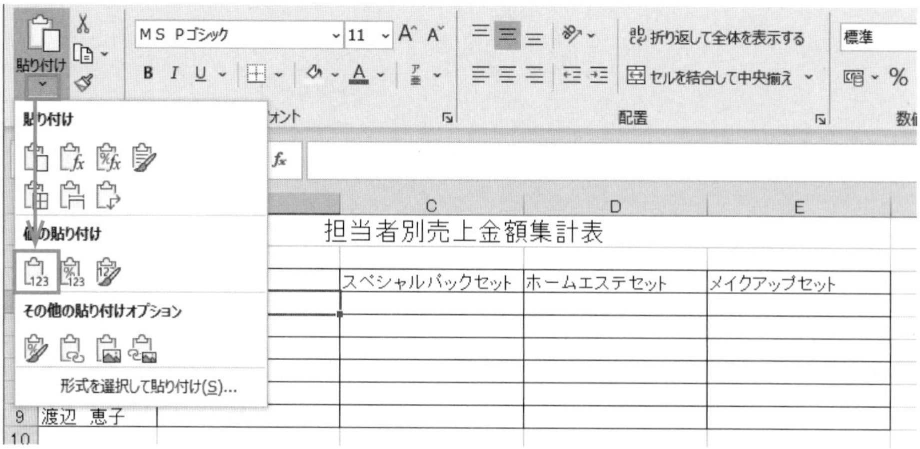

貼り付けた数値には、「桁区切り」を設定してください。担当者別売上金額集計表が完成しました。

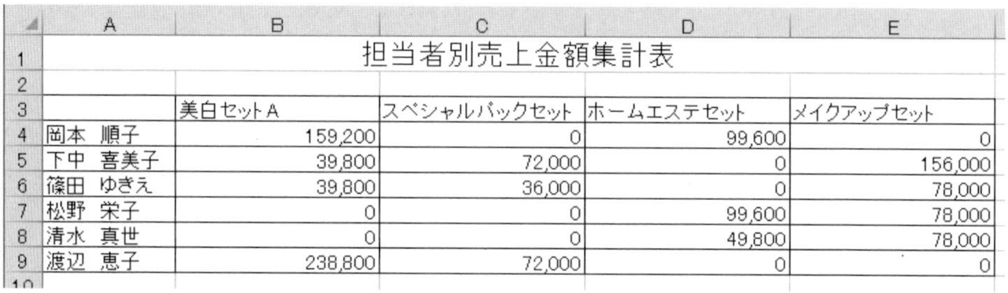

担当者別売上金額集計表

	美白セットA	スペシャルパックセット	ホームエステセット	メイクアップセット
岡本 順子	159,200	0	99,600	0
下中 喜美子	39,800	72,000	0	156,000
篠田 ゆきえ	39,800	36,000	0	78,000
松野 栄子	0	0	99,600	78,000
清水 真世	0	0	49,800	78,000
渡辺 恵子	238,800	72,000	0	0

✓ チェック

- 解答となる集計表に必要なデータをそろえる!
- ピボットテーブルを解答の表の形に合わせて作成できる!
- ピボットテーブル内で並べ替えができる!
- ピボットテーブルのフィールド（項目）の変更ができる!
- ピボットテーブル内のデータをグループ化できる!
- 空白セルに「0」を表示することができる!
- 値の貼り付けができる!

3-1-9 アンケートの回答結果を集計するためのピボットテーブル

「1 ピボットテーブル」のシート「集計結果」を開いてください。

アンケート結果を集計する方法を練習します。今までに練習したピボットテーブルとは集計方法が異なります。違いをしっかり覚えてください。

セル「A6」から「C26」には、20人の人に、ある飲食店の「味について」と「店内の雰囲気」についてアンケートを実施した回答結果を表示しています。回答結果は、「1.良い」「2.普通」「3.悪い」の数字を使って表示しています。例えば、回答者No.1の人は、「味について」は「2.普通」、「店内の雰囲気」は「3.悪い」と回答していたということです。

	A	B	C	D	E
1	集計結果				
2		1. 良い	2. 普通	3. 悪い	回答人数
3	味について				20
4					
5					
6	回答者No.	味について	店内の雰囲気		
7	1	2	3		
8	2	3	2		
9	3	1	3		
10	4	1	3		
11	5	2	2		
12	6	2	1		
13	7	3	3		
14	8	1	2		

●このアンケート結果を元に、「味について」の回答を集計してみましょう。

「味について」の回答結果を集計してください。それぞれの回答を出した人数は何人でしょうか？　回答結果は、セル「B3」から「D3」に集計してください。なお、集計の元になるピボットテーブルは、セル「F8」を開始位置として作成してください。

●ピボットテーブルを作成しましょう。

回答結果の表内をクリックして、「挿入」タブより「ピボットテーブル」をクリックします。作成場所は「既存のワークシート」にチェックを入れ、セル「F8」をクリックします。

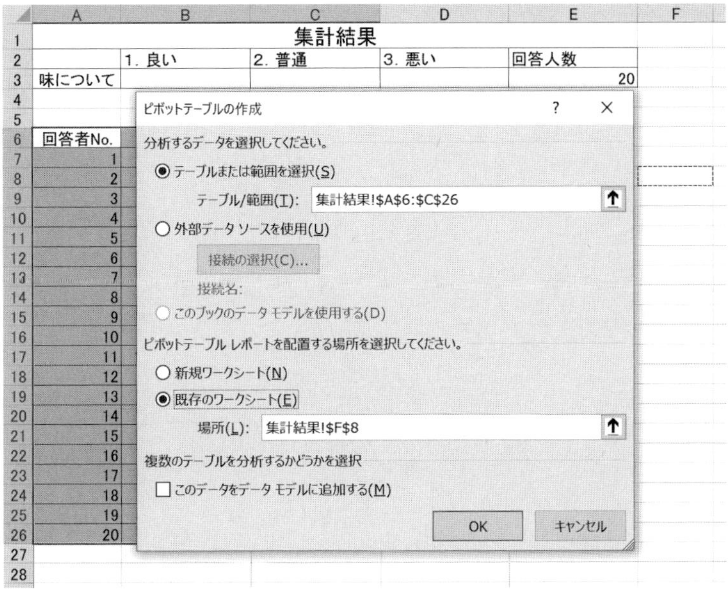

3-1-10　アンケート結果の集計に使うフィールド（項目）

集計したい項目は、「味について」です。使うフィールド（項目）は、ひとつだけです。

この問題では、「味について」を「列」と「値」の両方へドラッグします。

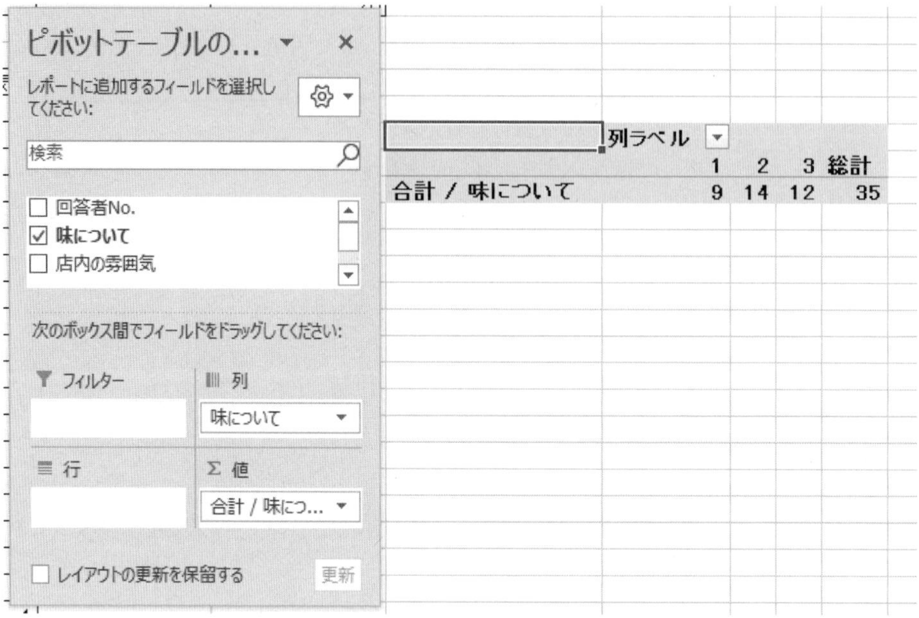

ポイント

アンケートを集計する問題では、集計に使う項目は「ひとつだけ」です。今回は、「味について」だけを使います。

3-1-11　集計方法を「個数」に変更する

アンケートの回答人数は「20人」なので、総計は「20」になるはずですが、総計欄を見ると、「35」となっています。これは、回答した答の「2」という番号を、数字の「2」という意味にとり、「1」「2」「3」の数字をすべて合計（たし算）してしまうからです。そこで…回答した数字「1」「2」「3」がそれぞれいくつあるのか、その数字の個数を数えるという集計方法に変更しなければなりません。

ピボットテーブルの「合計／味について」のセルの上で右クリックして、「値の集計方法」にマウスを合わせ、「データの個数」を選択します。

注　意　右クリックするのは、必ず「合計/味について」のセルの上で右クリックするようにしてください。他のセルで右クリックすると、別の右クリックメニューが表示されてしまい、「値の集計方法」が表示されません。

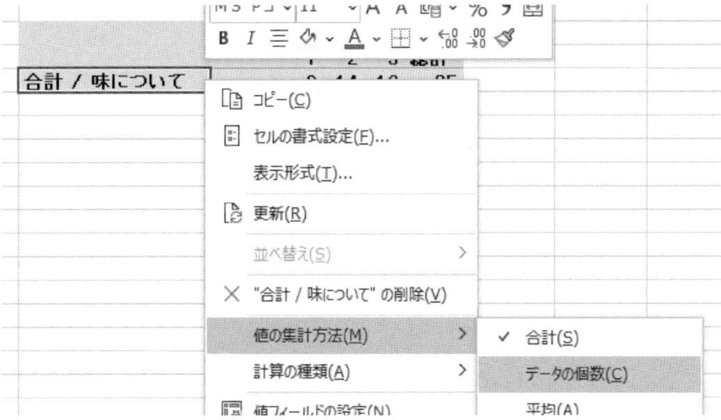

アンケートの集計結果が正しく表示されました。総計が「20人」になっていることを確認してください。

注　意　アンケート結果を集計する問題は、「データの個数」という集計方法を使います。「合計」は使わないように!

3-1-12　集計結果を解答の表にコピーして値を貼り付ける

集計した数値をコピーして、セル「B3」から「D3」に値を貼り付けます。

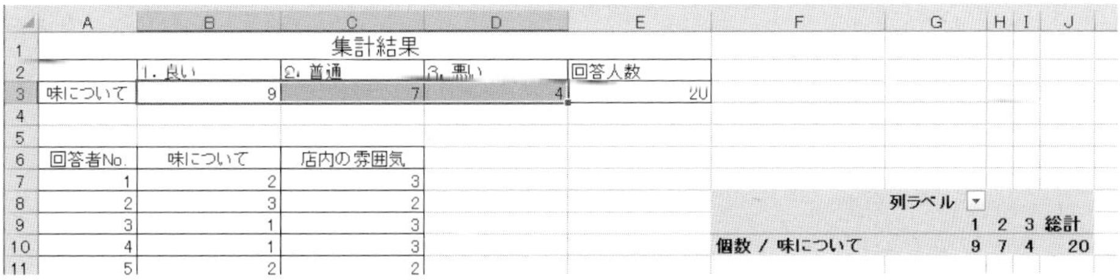

アンケートの回答結果の集計ができました。

	A	B	C	D	E
1	集計結果				
2		1. 良い	2. 普通	3. 悪い	回答人数
3	味について	9	7	4	20

✓ チェック

- 集計に使うフィールド（項目）はひとつだけ!
- 集計方法を「データの個数」に変更する!
- 売上金額を集計する場合との違いをしっかり覚えましょう!

3-1-13 アンケートの集計方法　練習問題

「1 ピボットテーブル」のシート「インターネット利用状況」を開いてください。

アンケートの集計方法を、別のデータを使ってもう一度練習してみましょう。以下の表は、インターネット利用状況のアンケート結果を表したものです。回答No.は、「1.パソコン」「2.携帯電話」「3.その他の機器」「0.利用していない」の4項目を「1」「2」「3」「0」の数字で表示しています。

	A	B	C	D	E	F	G	H	I
1	インターネット利用状況アンケート結果								
2	受付No	性別	年齢	職業別	回答No.				
3	1	男性	58	自営業	0		インターネット利用状況集計表		
4	5	女性	18	高校生	1				
5	7	男性	18	高校生	1		回答No.		人数
6	10	男性	22	大学生	2		1	パソコン	
7	16	男性	46	その他	0		2	携帯電話	
8	23	男性	47	自営業	0		3	その他の機器	
9	34	女性	21	大学生	2		0	利用していない	
10	39	女性	18	高校生	2				
11	45	男性	30	会社員	3				
12	49	女性	21	大学生	2				
13	50	女性	31	主婦	2				
14	55	男性	52	会社員	0				
15	67	男性	48	会社員	1				
16	71	女性	28	会社員	1				
17	77	女性	22	大学生	2				
18	80	男性	34	会社員	3				
19	85	男性	45	自営業	0				
20	89	男性	26	会社員	1				
21	91	女性	46	主婦	0				
22	92	男性	34	自営業	0				
23	103	男性	45	自営業	0				
24	110	男性	32	自営業	1				
25	116	男性	30	会社員	0				
26	125	男性	22	その他	1				
27	131	男性	50	自営業	1				
28	145	女性	39	主婦	0				
29	166	男性	51	自営業	1				
30	172	男性	42	自営業	0				
31	184	男性	52	自営業	1				
32	189	男性	46	会社員	0				
33	回答者合計人数								
34									

●適切な関数を使って、セル「C33」に回答者の合計人数を求めてください。

「数値の個数」を求める関数「COUNT関数」の使い方を練習します。セル「C33」をクリックして、ホームタブの「オートSUM」の横にある「∨」をクリック、「数値の個数」を選択すると、「=COUNT」という関数が挿入されます。

データ範囲が「C3 : C32」となっていることを確認して、Enterキーを押します。「=COUNT（C3 : C32）」という計算式が入ります。セル「C3」から「C32」までの範囲内に、いくつの数値があるでしょうか？

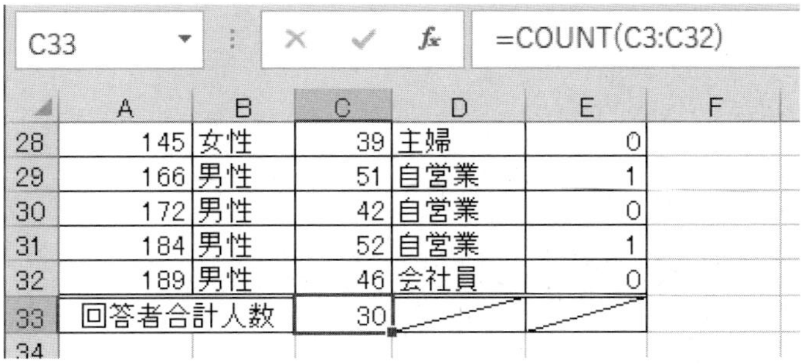

セル「C33」に「30」と表示されました。アンケートに回答した人数は、「30人」ということです。

●インターネット利用状況の集計をしてみましょう。

集計結果は、セル「I6」から「I9」に表示させてください。ピボットテーブルの作成場所は、任意のセルとします。

ピボットテーブルを作成します。セル「A2」から「E32」をドラッグしてから、「挿入」より「ピボットテーブル」をクリックします。表のタイトルと合計行を、ピボットテーブルの範囲に含めないよう、先に集計するデータ範囲をドラッグで選択してからピボットテーブルを作成します。

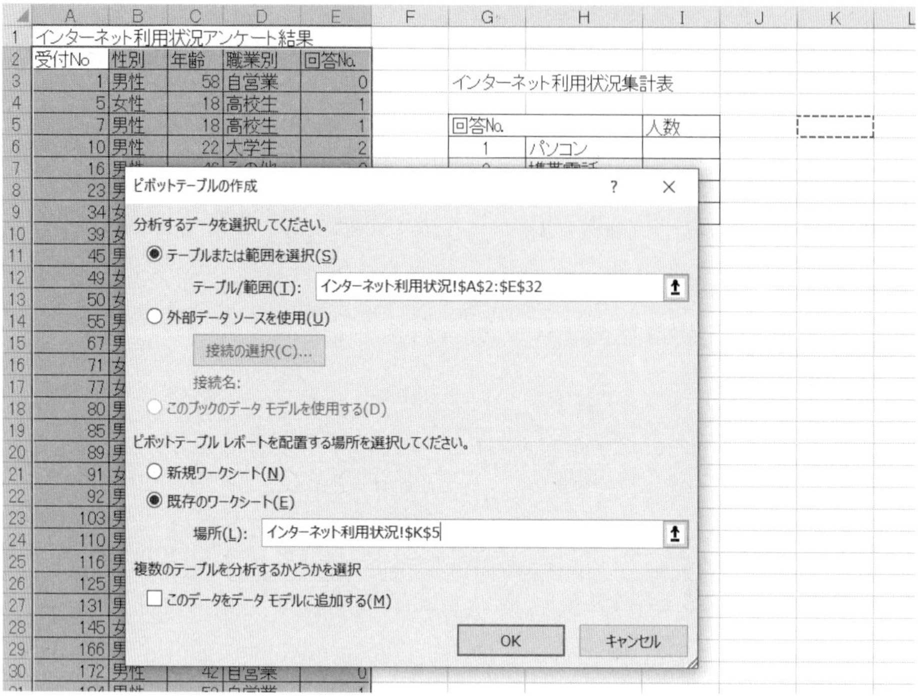

ポイント

作成場所について指示がなければ、任意のセルに作成します。その際、解答の表の下に作成すると、ピボットテーブルの項目によっては、列幅が変わってしまいますので、列幅に関係しない、右横の空いているセルを使うようにしてください。解答となる表の大きさを変えないことがポイントです。

「行」と「値」の両方に、「回答No.」の項目をドラッグします。

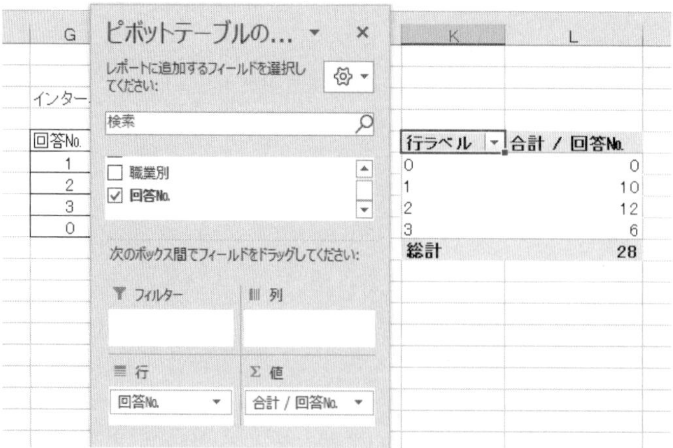

総計を確認すると「30人」になっていません。集計方法を「データの個数」に変更する必要があります。

「合計／回答No.」のセルの上で右クリックして、「値の集計方法」にマウスを合わせ、「データの個数」をクリックします。

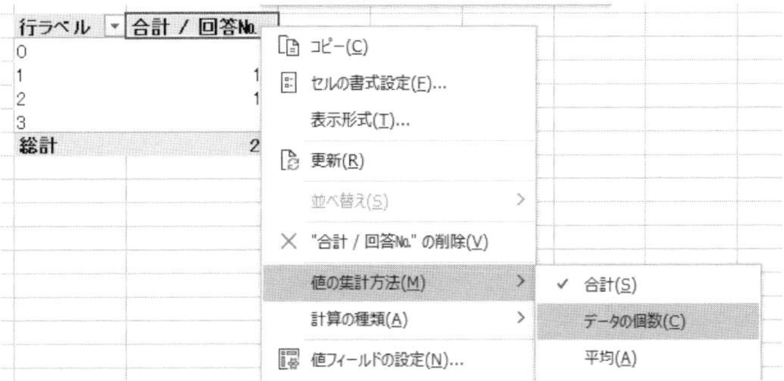

回答した総計が「30人」になったことを確認してください。

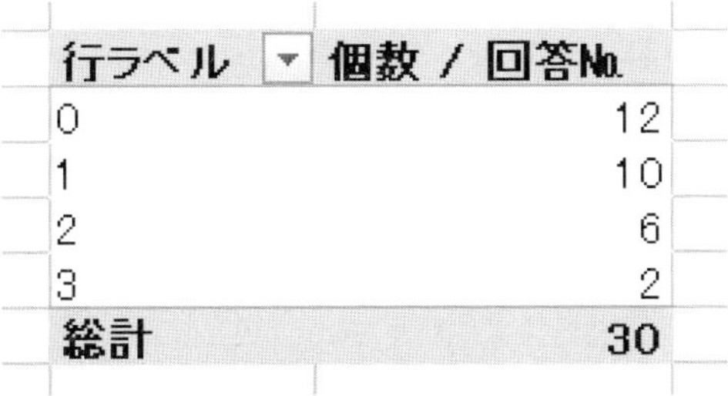

回答No.の並び順を、解答の表の順番と同じになるように並べ替えます。「0」を一番下に移動します。

●集計した数値を、解答の表にコピー・値の貼り付けをします。

集計表のセル「I6」から「I9」に、値を貼り付けて完成です。

G	H	I	J	K	L
インターネット利用状況集計表					
回答No.		人数		行ラベル ▼	個数 / 回答No.
1	パソコン	10		1	10
2	携帯電話	6		2	6
3	その他の機器	2		3	2
0	利用していない	12		0	12
				総計	30

3-1-14 「請求書」を作成するためのピボットテーブルを作る

「1 ピボットテーブル」のシート「菓子売上データ」を開いてください。

「請求書」を作成するためのピボットテーブルの使い方を練習します。今まで練習してきた「売上金額の集計」「アンケート結果の集計」と、どのように違うのか、違いをしっかり覚えましょう。列「F」には、売上金額を計算してください。

	A	B	C	D	E	F
1						
2	日付	商品名	商品コード	数量	単価	売上金額
3	2月1日	ショートケーキ	S25	3	450	=D3*E3
4	2月2日	チョコレートケーキ	C20	10	380	
5	2月2日	モンブラン	M32	2	400	
6	2月2日	プリン	P37	2	280	
7	2月3日	ミルフィーユ	R42	2	480	
8	2月3日	ショートケーキ	S25	3	450	
9	2月3日	ミルフィーユ	R42	2	480	
10	2月4日	ショートケーキ	S25	4	450	
11	2月4日	ミルフィーユ	R42	3	480	
12	2月4日	ミルフィーユ	R42	5	480	
13	2月5日	チョコレートケーキ	C20	5	380	
14	2月5日	プリン	P37	3	280	
15	2月5日	ショートケーキ	S25	3	450	
16	2月6日	プリン	P37	5	280	

16行目までオートフィルしてください。

	A	B	C	D	E	F
1						
2	日付	商品名	商品コード	数量	単価	売上金額
3	2月1日	ショートケーキ	S25	3	450	1,350
4	2月2日	チョコレートケーキ	C20	10	380	3,800
5	2月2日	モンブラン	M32	2	400	800
6	2月2日	プリン	P37	2	280	560
7	2月3日	ミルフィーユ	R42	2	480	960
8	2月3日	ショートケーキ	S25	3	450	1,350
9	2月3日	ミルフィーユ	R42	2	480	960
10	2月4日	ショートケーキ	S25	4	450	1,800
11	2月4日	ミルフィーユ	R42	3	480	1,440
12	2月4日	ミルフィーユ	R42	5	480	2,400
13	2月5日	チョコレートケーキ	C20	5	380	1,900
14	2月5日	プリン	P37	3	280	840
15	2月5日	ショートケーキ	S25	3	450	1,350
16	2月6日	プリン	P37	5	280	1,400

●「請求書」を作成するためのピボットテーブルを作る

シート「菓子売上データ」を元に、シート「請求書」にある、以下の表を完成させてみましょう。

上のように、請求書の問題では、「日付」「商品名」「単価」が横並びになっています。 この表を完成させるためのピボットテーブルは、どのようにして作ったらよいでしょうか?

「行」の欄に1「日付」2「商品名」3「単価」の順番に、3つのフィールド（項目）をドラッグ、「値」には、「数量」のみをドラッグしたピボットテーブルを作成してください。

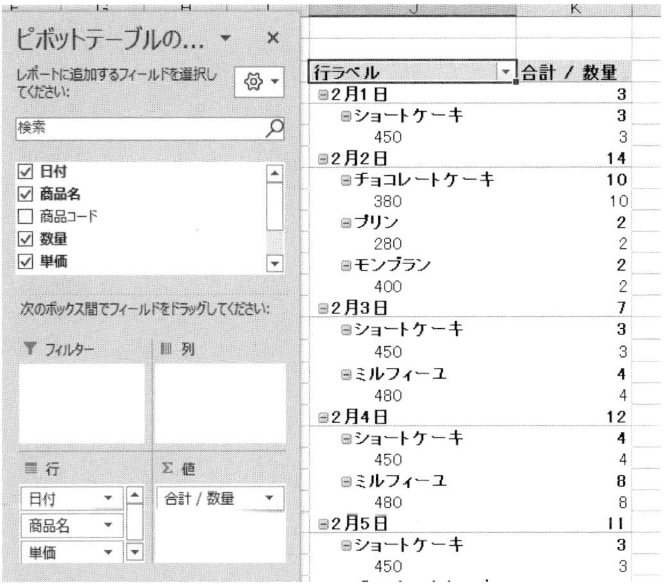

! 注意

請求書を集計する問題では、ピボットテーブルに「売上金額」を使わないようにしましょう。

このままのピボットテーブルでは、請求書の表に集計した値をコピー・貼り付けするのに適していません。

そんなときは、ピボットテーブルのデザインで、「表形式」という方法を使います。

「デザイン」タブ→「レポートのレイアウト」→「表形式で表示」をクリックします。

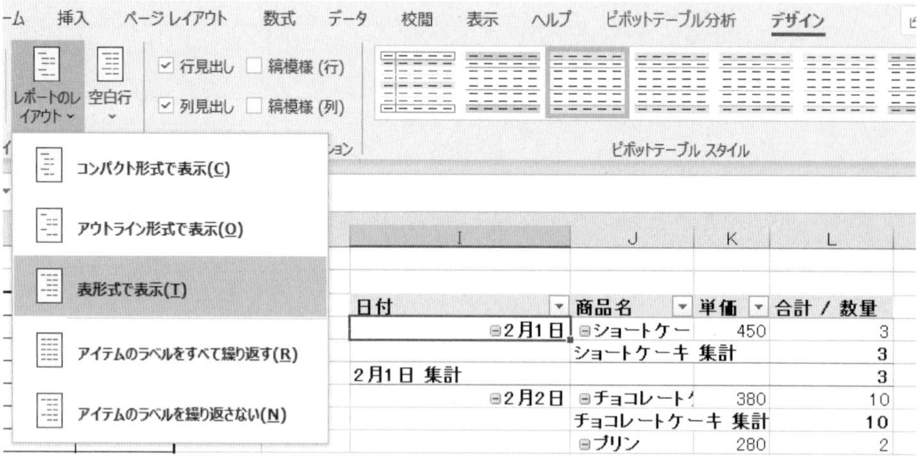

ポイント

> 請求書を集計する問題をする時に限って、ピボットテーブルのデザインを「表形式で表示」に変更します（請求書を集計する問題以外の場合は、変更する必要はありません）。

請求書の表と同じように、ピボットテーブルの行ラベルの項目が横方向に並びました。これで、集計した値のコピー・貼り付けができるようになります。

注意

集計した「日付」の列が「#####」の表示になってしまうのは、列の幅が狭くて日付の数字を表示できないためです。列の幅を広げれば、表示されるようになります。

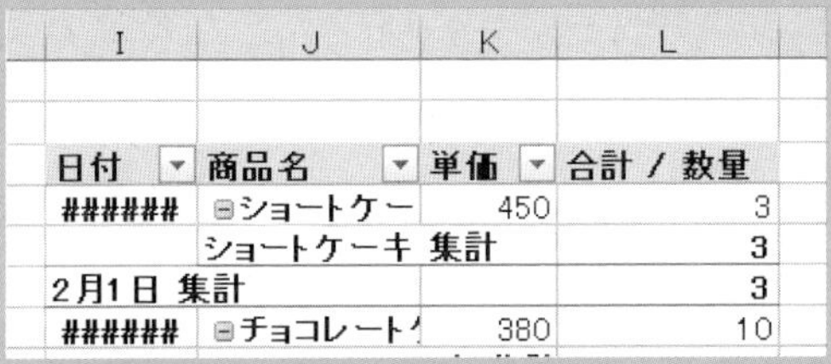

I	J	K	L
日付	商品名	単価	合計 / 数量
######	⊟ショートケー	450	3
	ショートケーキ 集計		3
2月1日 集計			3
######	⊟チョコレートケ	380	10

列「I」の幅を広げてみましょう。

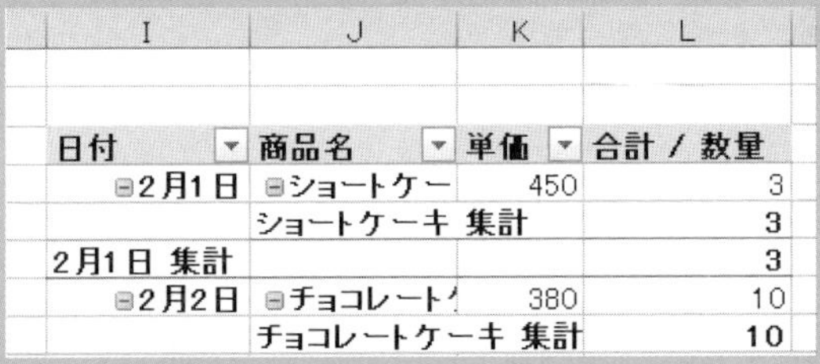

I	J	K	L
日付	商品名	単価	合計 / 数量
⊟2月1日	⊟ショートケー	450	3
	ショートケーキ 集計		3
2月1日 集計			3
⊟2月2日	⊟チョコレートケ	380	10
	チョコレートケーキ 集計		10

日付が表示されました。

3-1-15 ピボットテーブルの小計を非表示にする

できたピボットテーブルの表は、日付や商品名ごとの「小計」が入っていて、一度にコピーして請求書に貼り付けるのに適していません。集計欄「2月1日集計」のセルの上で右クリックして、「“日付”の小計」のチェックを外します。日付ごとの小計行を、非表示にすることができます。

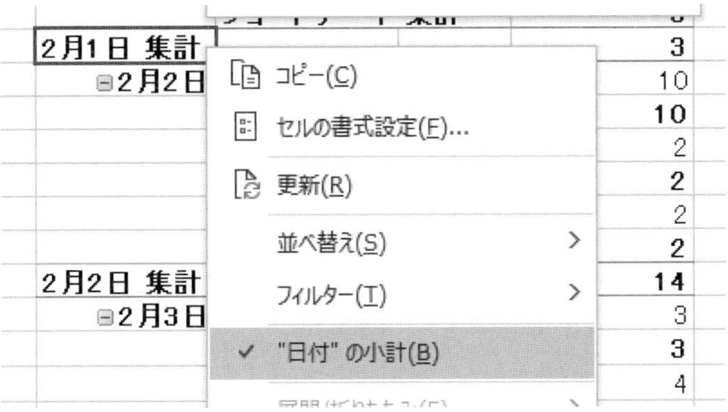

同様に、商品名の集計も「“商品名”の小計」をクリックし、チェックを外します。

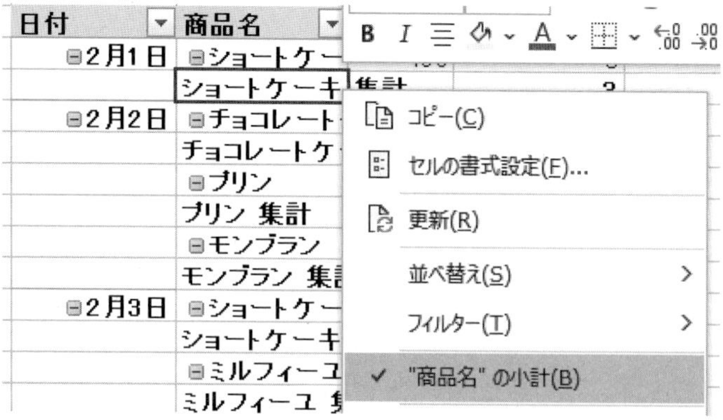

これで、コピーするのに必要なデータのみが、ピボットテーブルに表示されました。

注意

日付や商品名の左にある折りたたみボタン「−」はクリックしないように!

日付	商品名	単価	合計 / 数量
⊟2月1日	⊟ショートケーキ	450	3
⊟2月2日	⊟チョコレートケーキ	380	10
	⊟プリン	280	2
	⊟モンブラン	400	2
⊟2月3日	⊟ショートケーキ	450	3
	⊟ミルフィーユ	480	4
⊟2月4日	⊟ショートケーキ	450	4
	⊟ミルフィーユ	480	8
⊟2月5日	⊟ショートケーキ	450	3
	⊟チョコレートケーキ	380	5
	⊟プリン	280	3
⊟2月6日	⊟プリン	280	5
総計			52

「−」の表示が「+」になり、後ろのデータが非表示になってしまいます。再度「+」のボタンをクリックすると表示されます。

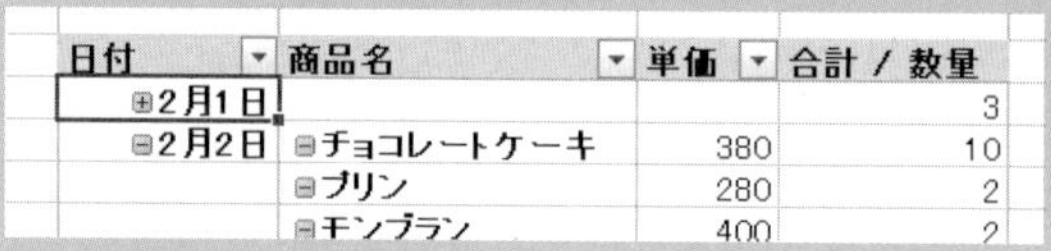

日付	商品名	単価	合計 / 数量
⊞2月1日			3
⊟2月2日	⊟チョコレートケーキ	380	10
	⊟プリン	280	2
	⊟モンブラン	400	2

完成したピボットテーブルのデータをコピーし、値を請求書に貼り付けます。

	B	C	D	E	F
4	下記のとおり、ご請求申し上げます				
5					
6	日付	商品名	単価	数量	金額
7	39845	ショートケーキ	450	3	
8	39846	チョコレートケーキ	380	10	
9		プリン	280	2	
10		モンブラン	400	2	
11	39847	ショートケーキ	450	3	
12		ミルフィーユ	480	4	
13	39848	ショートケーキ	450	4	
14		ミルフィーユ	480	8	
15	39849	ショートケーキ	450	3	
16		チョコレートケーキ	380	5	
17		プリン	280	3	
18	39850	プリン	280	5	
19				合計	
20					

日付	商品名	単価	合計 / 数量
⊟2月1日	⊟ショートケーキ	450	3
⊟2月2日	⊟チョコレートケーキ	380	10
	⊟プリン	280	2
	⊟モンブラン	400	2
⊟2月3日	⊟ショートケーキ	450	3
	⊟ミルフィーユ	480	4
⊟2月4日	⊟ショートケーキ	450	4
	⊟ミルフィーユ	480	8
⊟2月5日	⊟ショートケーキ	450	3
	⊟チョコレートケーキ	380	5
	⊟プリン	280	3
⊟2月6日	⊟プリン	280	5
総計			52

3-1-16 日付の表示形式を変更する

日付をコピーして値を貼り付けると、図のように日付欄が数値になっている場合があります。 これはシリアル値と呼ばれる日付の2進法による表示結果です。「セルの書式設定」で、表示形式を「日付」に変更する必要があります。

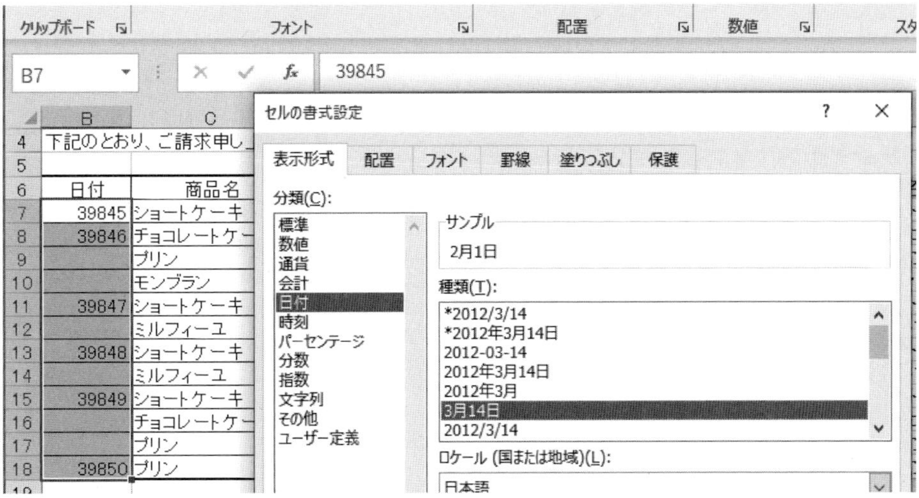

金額は「単価×数量」で計算し、合計金額を計算して完成です。 桁区切りを設定します。

	A	B	C	D	E	F
4		下記のとおり、ご請求申し上げます				
5						
6		日付	商品名	単価	数量	金額
7		2月1日	ショートケーキ	450	3	1,350
8		2月2日	チョコレートケーキ	380	10	3,800
9			プリン	280	2	560
10			モンブラン	400	2	800
11		2月3日	ショートケーキ	450	3	1,350
12			ミルフィーユ	480	4	1,920
13		2月4日	ショートケーキ	450	4	1,800
14			ミルフィーユ	480	8	3,840
15		2月5日	ショートケーキ	450	3	1,350
16			チョコレートケーキ	380	5	1,900
17			プリン	280	3	840
18		2月6日	プリン	280	5	1,400
19					合計	20,910
20						

✓ チェック

- 数値を集計するピボットテーブル
- アンケート結果を集計するピボットテーブル
- 請求書を作成するためのピボットテーブル

日商PC検定では、以上の3パターンのピボットテーブルの使い方が問われます。違いをしっかり理解し、繰り返し練習してパターンを覚えるようにしましょう。

3-2 ROUND関数、ROUNDDOWN関数、ROUNDUP関数

3-2-1 四捨五入の計算

「2 関数」のシート「関数」を開いてください。

数値を「四捨五入」するには、「ROUND（ラウンド）関数」を使います。

●数値「1.5678」を、小数点以下第2位を四捨五入して小数点以下第1位までの表示にしてみましょう。

答えを出すセル「C3」→「関数の挿入」（fx）ボタンの順にクリックしてください。

続いて、「関数名」の一覧から「ROUND」を選択します。
この際、「関数の分類」で「最近使った関数」の中に「ROUND」があれば、「ROUND」を選択します（現在お使いのパソコンで最近使った関数が一覧で表示されています）。

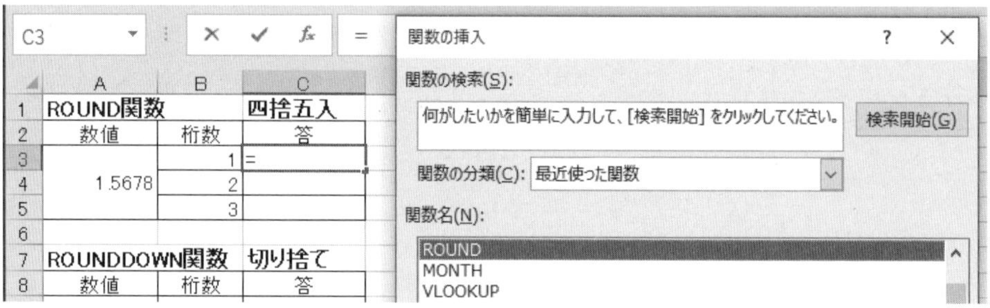

「最近使った関数」の一覧の中に「ROUND」がない場合は、「関数の分類」を「すべて表示」にすると、すべての関数がABC順に表示されます。「R」までスクロールして「ROUND」を探してください。関数「ROUND」を選んだら、「OK」をクリックします。

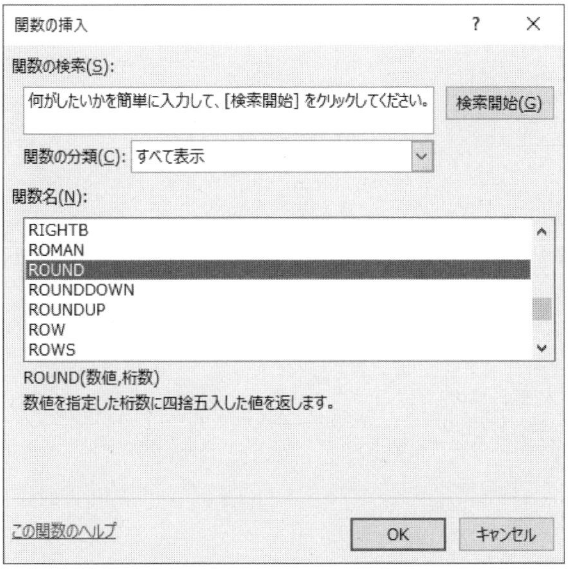

関数のダイアログボックスが表示されました。「数値」の欄をクリックして、「1.5678」の数値が入力されているセル「A3」をクリックすると、セル番号「A3」が表示されます。

「桁数」の欄をクリックして、数字の「1」を入力します。「桁数1」というのは、小数点以下第1位までの表示、という意味です。

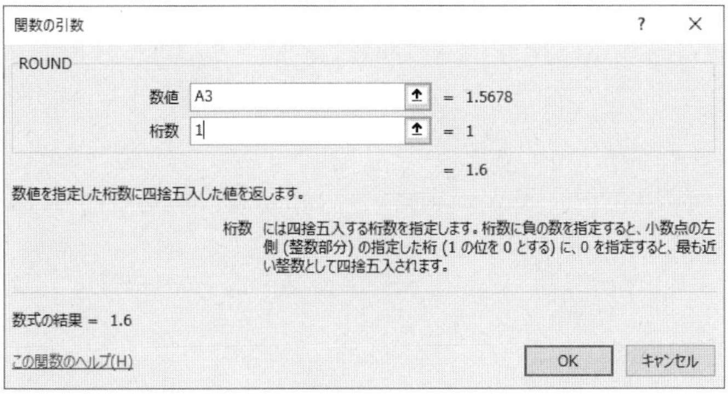

計算結果に「1.6」と表示されました。「OK」ボタンをクリックし、ダイアログボックスを閉じます。

「数値」には、四捨五入したいセルや数値、または計算式を入力します。「桁数」には、表示させたい「小数点以下の桁」の「数」を入力します。

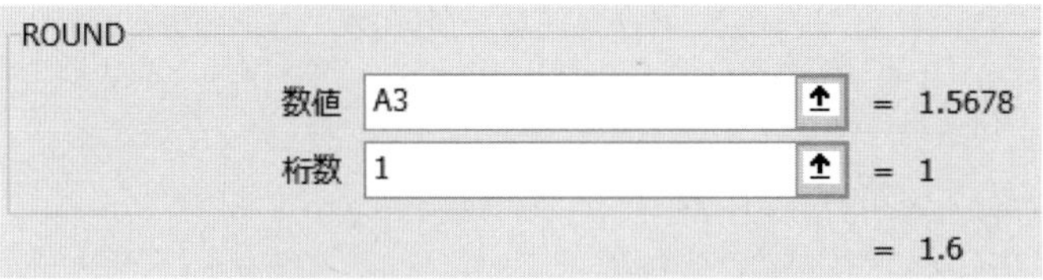

同様に、ROUND関数を使って、「桁数」を「2」にした計算をしてみましょう。セル「C4」をクリックして「ROUND関数」を選択し、「数値」の欄にカーソルを置いて「A3」をクリック、「桁数」の欄をクリックして「2」と入力、「OK」をクリックします。

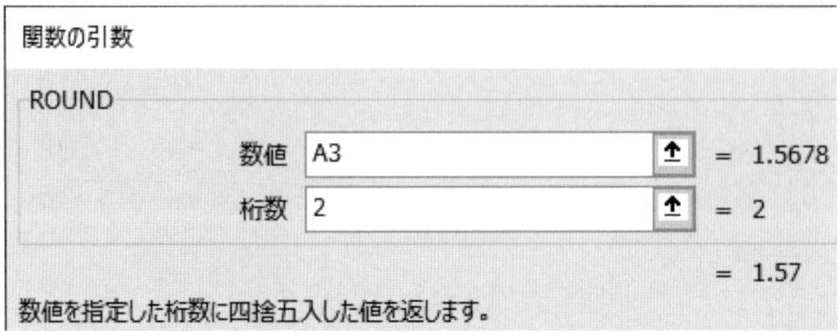

「桁数」を「3」にして計算してみましょう。セル「C5」をクリックして「ROUND関数」を選択し、「数値」の欄にカーソルを置いて「A3」をクリック、「桁数」の欄をクリックして「3」と入力、「OK」をクリックしてください。

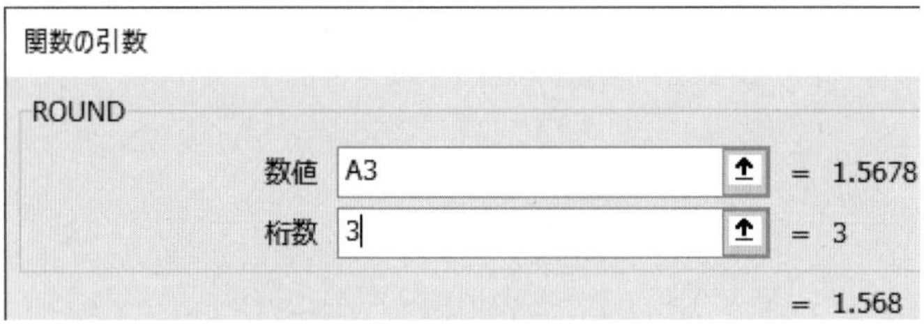

小数点以下の表示桁数の違いがわかりましたか?

✓ チェック

- 「桁数2」は、小数点以下第3位を四捨五入して、小数点以下第2位までの表示となる。
- 「桁数3」は、小数点以下第4位を四捨五入して、小数点以下第3位までの表示となる。

	A	B	C
1	ROUND関数		四捨五入
2	数値	桁数	答
3		1	1.6
4	1.5678	2	1.57
5		3	1.568

3-2-2 切り捨ての計算

数値を「切り捨て」にするには、「ROUNDDOWN（ラウンドダウン）関数」を使います。

●セル「A9」の数値「1.5678」を、小数点以下第2位を切り捨てにして、小数点以下第1位までの表示とします。

まず、セル「C9」→「関数の挿入」→関数の一覧から「ROUNDDOWN」を選択してください。

関数のダイアログボックスが表示されました。

「数値」の欄をクリックして、「1.5678」の数値が入力されているセル「A9」をクリックすると、セル番号「A9」が表示されます。「桁数」の欄には数字の「1」を入力します。小数点以下第1位までを表示する、という意味です。

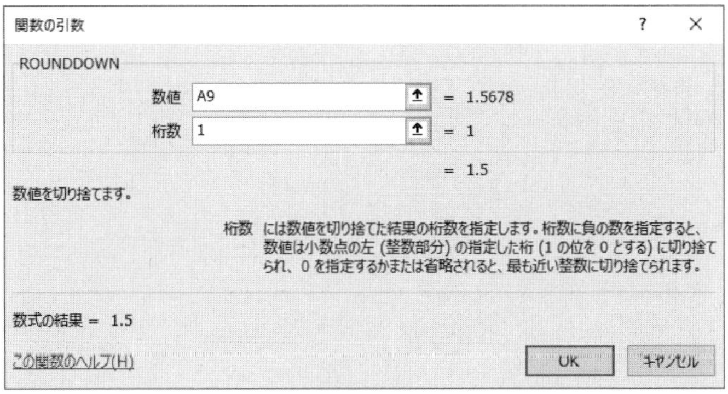

数値「1.5678」を、小数点以下第2位を切り捨てて小数点以下第1位までの表示としました。

同様に、ROUNDDOWN関数を使って、「桁数」を「2」にした計算をしてみましょう。セル「C10」をクリックして「ROUNDDOWN」を選択し、「数値」の欄にカーソルを置いて「A9」をクリック、「桁数」の欄をクリックして「2」と入力、「OK」をクリックします。

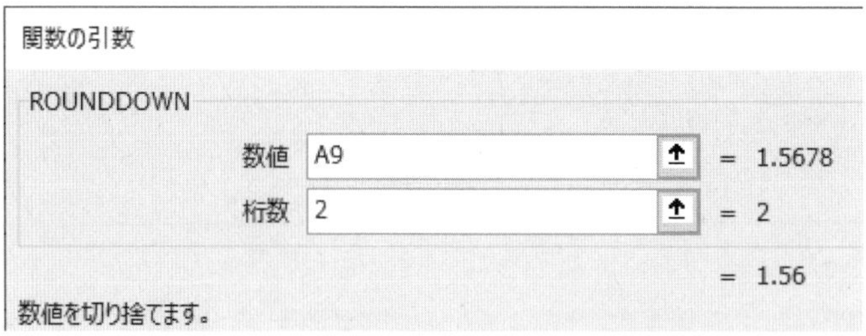

小数点以下第3位を切り捨てにして、小数点以下第2位までの表示となりました。

ROUND関数（四捨五入）とROUNDDOWN関数（切り捨て）の違いは以下のようになります。

	A	B	C
1	ROUND関数		四捨五入
2	数値	桁数	答
3		1	1.6
4	1.5678	2	1.57
5		3	1.568
6			
7	ROUNDDOWN関数		切り捨て
8	数値	桁数	答
9	1.5678	1	1.5
10		2	1.56

3-2-3 切り上げの計算

数値を「切り上げ」にするには、「ROUNDUP（ラウンドアップ）関数」を使います。

	A	B	C
12	ROUNDUP関数		切り上げ
13	数値	桁数	答
14	1.5678	1	
15		2	

セル「A14」の数値「1.5678」を、小数点以下第2位を切り上げにして、小数点以下第1位までの表示とします。

セル「C14」→「関数の挿入」→関数の一覧から「ROUNDUP」を選択してください。

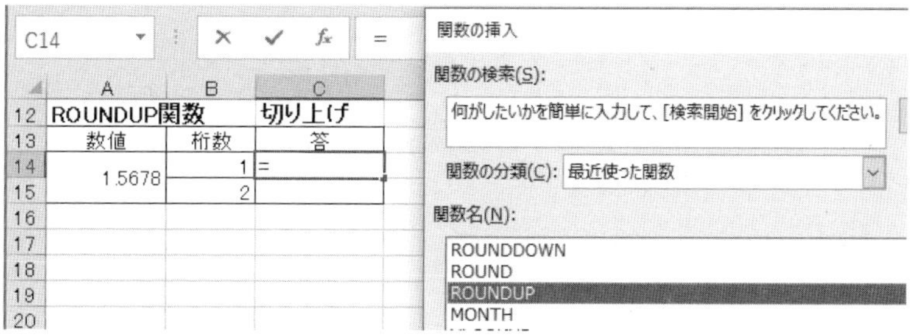

関数のダイアログボックスが表示されました。

「数値」の欄をクリックして、「1.5678」の数値が入力されているセル「A14」をクリックします。「桁数」の欄には数字の「1」を入力します。 小数点以下第1位までを表示する、という意味です。

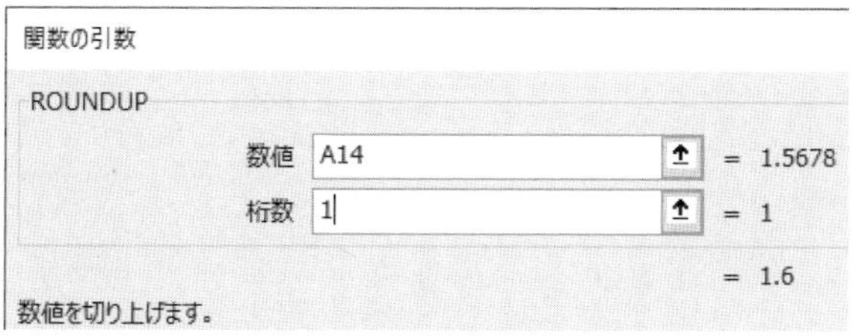

数値「1.5678」を、小数点以下第2位を切り上げて小数点以下第1位までの表示としました。

同様に、ROUNDUP関数を使って、「桁数」を「2」にした計算をしてみましょう。 セル「C15」をクリックして「ROUNDUP」を選択し、「数値」の欄にカーソルを置いて「A14」をクリック、「桁数」の欄をクリックして「2」と入力、「OK」をクリックします。

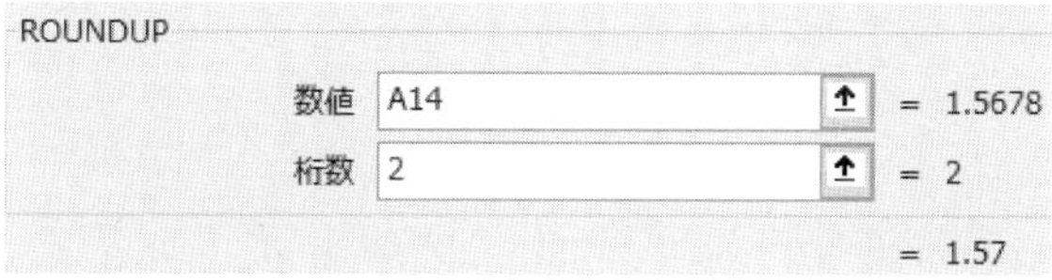

小数点以下第3位を切り上げにして、小数点以下第2位までの表示となりました。

ROUND関数、ROUNDDOWN関数、ROUNDUP関数と桁数の関係は以下のようになります。

ROUND関数		四捨五入
数値	桁数	答
1.5678	1	1.6
	2	1.57
	3	1.568

ROUNDDOWN関数		切り捨て
数値	桁数	答
1.5678	1	1.5
	2	1.56

ROUNDUP関数		切り上げ
数値	桁数	答
1.5678	1	1.6
	2	1.57

3-2-4　「千」の位までを表示するには？

小数点以下の桁数を表示させたい場合には、「1,2,3,...」という数字を使います。では計算結果を「千の位」「百の位」までの表示にするには、どうしたらよいのでしょうか？

●計算結果を「千」の位までの表示にしてみましょう。

「980円」の商品が「27個」売れたとします。売上金額を計算するには「980×27」ですが、計算した売上金額を「百の位を切り上げて千円単位の金額」で表示してみましょう。

どこでもいいので、任意のセルをクリックして、「ROUNDUP」を選択します。数値の欄には、計算式「980*27」と入力します。かけ算の答えは「26460」と表示されます。桁数の欄には、「-3」と入力してみてください。計算結果はどうなりましたか？

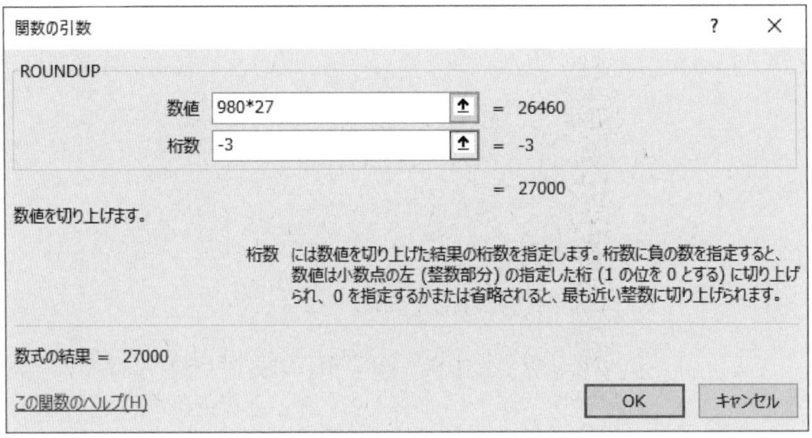

関数の引数
?
×
ROUNDUP
数値　980*27　= 26460
桁数　-3　= -3
= 27000
数値を切り上げます。
桁数　には数値を切り上げた結果の桁数を指定します。桁数に負の数を指定すると、数値は小数点の左 (整数部分) の指定した桁 (1 の位を 0 とする) に切り上げられ、0 を指定するかまたは省略されると、最も近い整数に切り上げられます。
数式の結果 = 27000
この関数のヘルプ(H)
OK
キャンセル

ポイント

> 桁数に「-」（マイナス）の記号をつけることで、「十の位」「百の位」「千の位」までの表示にすることができます。

3-2-5　ROUND・ROUNDDOWN・ROUNDUP 関数の練習問題

「2 関数」のシート「練習問題」を開いてください。

以下のデータを使って、「売上金額」「小計」「消費税額」「税込金額」を計算してみましょう。なお、「消費税」は10%とし、小数点以下を切り捨てて1円の位までで計算してください。金額の数値には桁区切りを設定してください。

	A	B	C	D
1		単価	数量	売上金額
2	みかん1袋	298	20	
3	いちご1パック	498	16	
4		小　計		
5		消費税(10%)		
6		税込金額		
7				

「単価×数量」で「売上金額」を計算します。

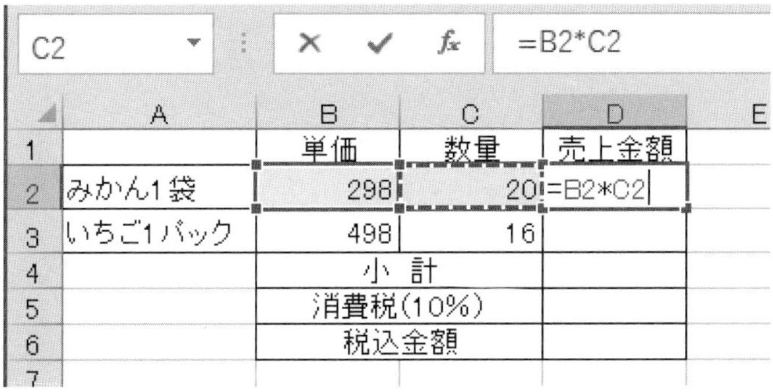

セル「D3」までオートフィルします。

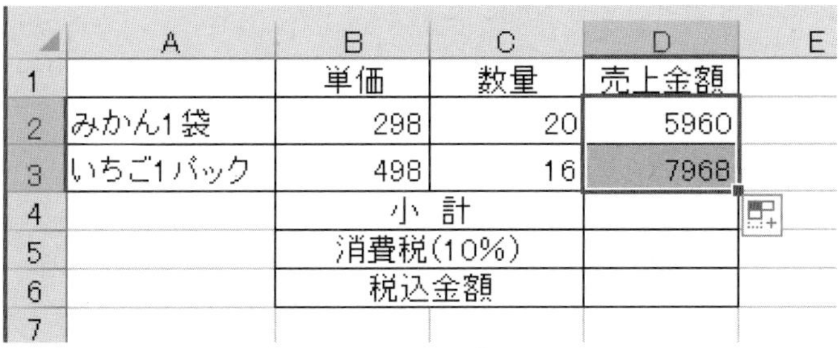

セル「D4」の「小計」は、オートSUMを使って計算します。

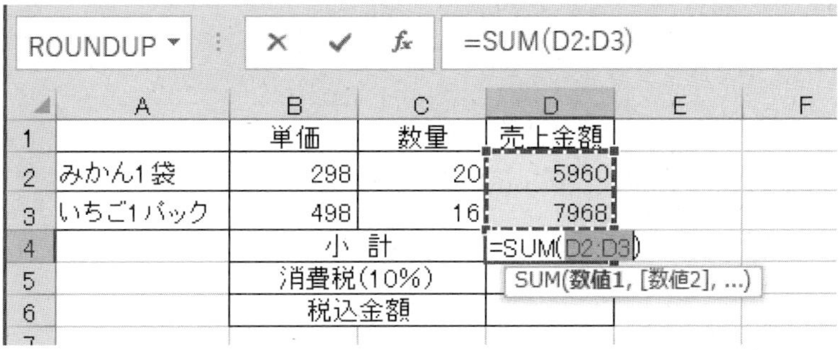

「消費税（10%）」の金額を計算します。 計算式は「小計×10%」です。 このとき、ROUNDDOWN関数を使って、小数点以下を切り捨てにした計算をします。

「数値」欄には「D4*10%」という計算式を入力し、「桁数」欄には「0」と入力します。

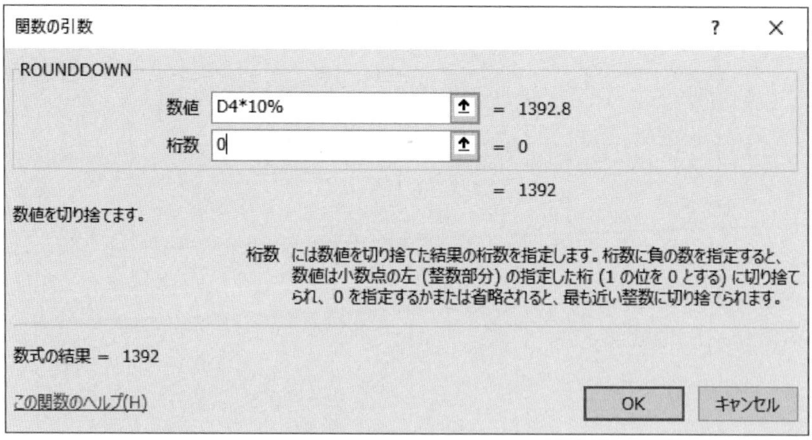

「1392.8」円の小数点以下の数値が切り捨てになり、「1392」円となりました。

ポイント

消費税の計算を、ROUNDDOWN関数を使わずに、かけ算で「D4*10%」と計算すると「桁区切り」にした際に、四捨五入されて1円繰り上がってしまう場合があります。 それを避けるために、切り捨てにするROUNDDOWN関数を使います。

「税込金額」は、オートSUMを使って計算します。 セル「D6」をクリックして、オートSUMボタンをクリック、セル「D4」から「D5」までをドラッグして、Enterキーを押します。

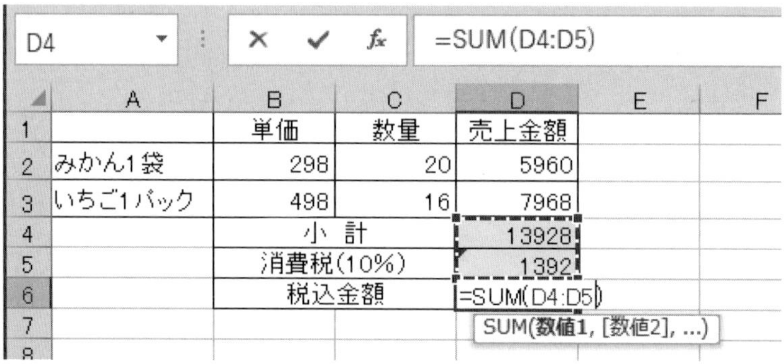

税込金額が計算できました。

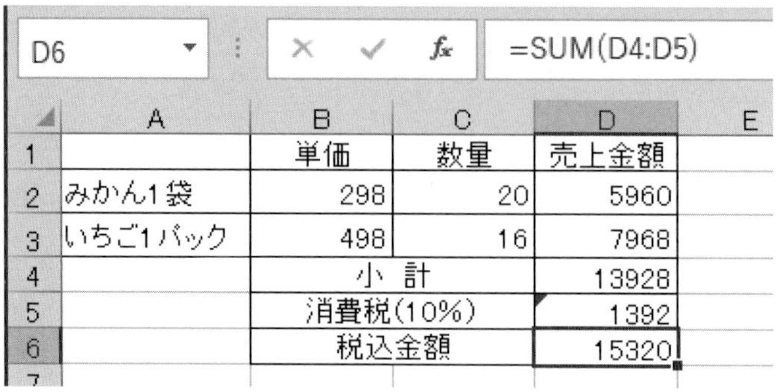

金額の数値に「桁区切り」を設定します。

	A	B	C	D	E
1		単価	数量	売上金額	
2	みかん1袋	298	20	5,960	
3	いちご1パック	498	16	7,968	
4		小　計		13,928	
5		消費税(10%)		1,392	
6		税込金額		15,320	
7					

確　認

Excelを使って、次のような計算が正しくできますか?

- セールで20%OFFは何割引ですか?　　答 ： 2割引
- 1,000円の商品の2割引はいくらですか?　　答 ： 800円
- 1,000円の2割引を求める計算をExcelを使ってできますか?

B2　fx　=A2*0.8

	A	B	C	D
1	定価	2割引の計算		
2	1000	800		
3				
4				

- 2割増を求めるのはどんな計算式になるでしょうか?

B2　fx　=A2*1.2

	A	B	C	D
1	定価	2割増の計算		
2	1000	1200		
3				
4				

✓チェック

「○割」「○%」「小数」、それぞれの表示方法を整理しておきましょう。

- 2割=20%=0.2
- 5割=50%=0.5
- 100%は ○割?　　答 ： 10割
- 1.2は　○○○%　　答 ： 120%

3-3 試験によく出る値の計算

日商PC検定では、割合の計算は小数点以下第1位までの表示とします。

3-3-1 対前年比の計算

「3 計算」のシート「対前年比」を開いてください。

	A	B	C	D
1	2006年度　出荷数			
2				
3		前年度実績	本年度実績	対前年比
4	バラ	1,680	1,950	
5	カーネーション	2,680	2,400	
6	ユリ	1,940	1,980	
7	パンジー	1,300	1,450	
8				

今年度の数字と前年度の数字を使って、「対前年比」を計算してみましょう。対前年比は「本年度実績÷前年度実績」で求められます。

B4　=C4/B4

	A	B	C	D
1	2006年度　出荷数			
2				
3		前年度実績	本年度実績	対前年比
4	バラ	1,680	1,950	=C4/B4
5	カーネーション	2,680	2,400	
6	ユリ	1,940	1,980	
7	パンジー	1,300	1,450	
8				

ポイント

- 対前年比　「前年」の数字で割る　=今年÷前年
- 対前月比　「前月」の数字で割る　=今月÷前月
- 対前期比　「前期」の数字で割る　=今期÷前期

「前」の数字で割る、と覚えましょう!

セル「D4」の計算式を、セル「D7」までオートフィルして、小数点以下第1位までのパーセントスタイルにしてください。

D4　=C4/B4

	A	B	C	D
1	2006年度　出荷数			
2				
3		前年度実績	本年度実績	対前年比
4	バラ	1,680	1,950	116.1%
5	カーネーション	2,680	2,400	89.6%
6	ユリ	1,940	1,980	102.1%
7	パンジー	1,300	1,450	111.5%

3-3-2 達成率の計算

「3 計算」のシート「達成率」を開いてください。

	A	B	C	D
1	4月　販売台数実績			
2				
3		販売目標台数	販売台数実績	目標達成率(%)
4	軽自動車	250	289	
5	普通乗用車	200	197	
6	ワゴン車	130	146	
7				

●販売目標台数に対して実際にどれだけ販売したか？　目標達成率を計算してみましょう。

目標達成率は「実績÷目標」で求められます。

B4 | =C4/B4

	A	B	C	D
1	4月　販売台数実績			
2				
3		販売目標台数	販売台数実績	目標達成率(%)
4	軽自動車	250	289	=C4/B4
5	普通乗用車	200	197	
6	ワゴン車	130	146	

今回の問題では、「D3」のセルに「目標達成率（%）」と「%」が入力されています。この場合、達成率の数字には「○○.○%」のように「%」の記号は付けないで、「○○.○」と数字のみを表示させます。どのような計算をすれば、「%」の記号を付けなくてもいい計算ができるでしょうか？

D4 | =C4/B4*100

	A	B	C	D
1	4月　販売台数実績			
2				
3		販売目標台数	販売台数実績	目標達成率(%)
4	軽自動車	250	289	=C4/B4*100
5	普通乗用車	200	197	
6	ワゴン車	130	146	
7				

ポイント

表の項目に「%」があるときは「×100」をします。

できあがった計算式をセル「D6」までオートフィルします。

	A	B	C	D
1	4月　販売台数実績			
2				
3		販売目標台数	販売台数実績	目標達成率(%)
4	軽自動車	250	289	115.6
5	普通乗用車	200	197	98.5
6	ワゴン車	130	146	112.3076923
7				
8				

●小数点以下の桁数を、第1位までの表示にしてみましょう。

「小数点以下の表示桁数を増やす」ボタンを1回クリックすると、全体の桁が揃います。

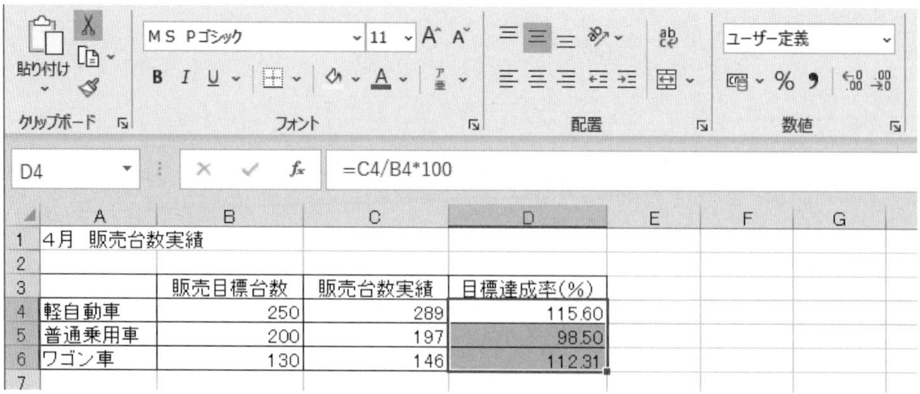

	A	B	C	D
1	4月 販売台数実績			
2				
3		販売目標台数	販売台数実績	目標達成率(%)
4	軽自動車	250	289	115.60
5	普通乗用車	200	197	98.50
6	ワゴン車	130	146	112.31

続けて、「小数点以下の表示桁数を減らす」ボタンを1回クリックして桁を減らします。

	A	B	C	D
1	4月 販売台数実績			
2				
3		販売目標台数	販売台数実績	目標達成率(%)
4	軽自動車	250	289	115.6
5	普通乗用車	200	197	98.5
6	ワゴン車	130	146	112.3

3-3-3 伸び率の計算

「3 計算」のシート「対前年比」を開いてください。

セル「E3」に「伸び率（%）」と入力して、伸び率を計算してみましょう。

	A	B	C	D	E
1	2006年度　出荷数				
2					
3		前年度実績	本年度実績	対前年比	伸び率(%)
4	バラ	1,680	1,950	116.1%	
5	カーネーション	2,680	2,400	89.6%	
6	ユリ	1,940	1,980	102.1%	
7	パンジー	1,300	1,450	111.5%	
8					

「伸び率」とは、本年度の実績から前年度の実績を引いて、その差が前年度の実績に対して、どれくらい伸びたか、または減ったか、を割合で表したものをいいます。 計算式は、「（本年度実績-前年度実績）÷前年度実績×100」です。 伸び率（%）の計算式は、以下の通りになります。

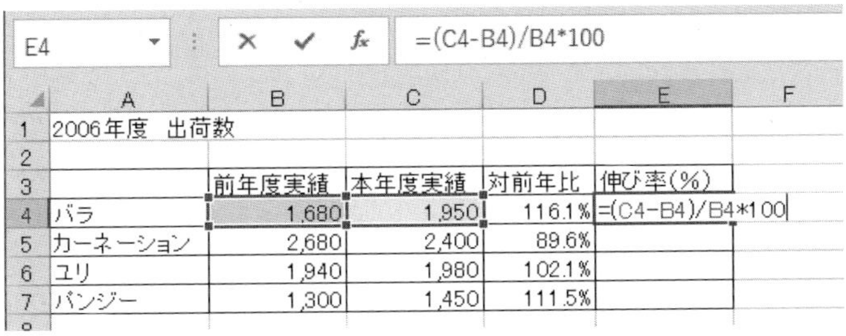

	A	B	C	D	E	F
1	2006年度　出荷数					
2						
3		前年度実績	本年度実績	対前年比	伸び率(%)	
4	バラ	1,680	1,950	116.1%	=(C4-B4)/B4*100	
5	カーネーション	2,680	2,400	89.6%		
6	ユリ	1,940	1,980	102.1%		
7	パンジー	1,300	1,450	111.5%		

セル「E7」までオートフィルして、小数点以下の桁数を第1位までの表示にします。

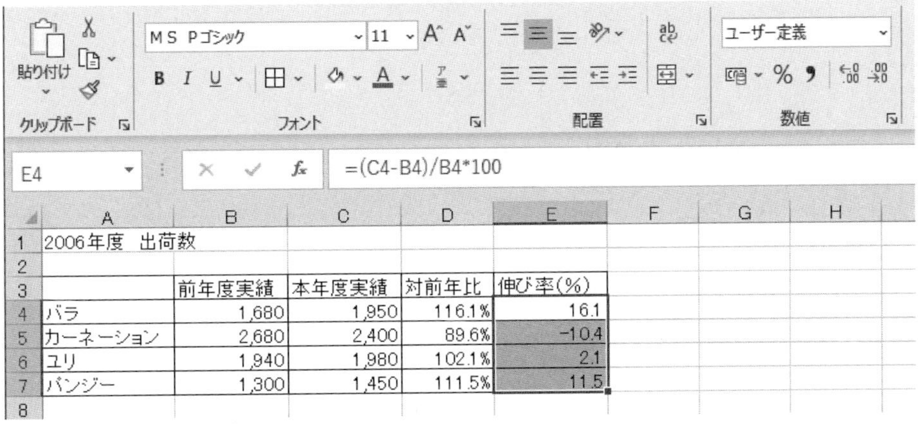

	A	B	C	D	E	F	G	H
1	2006年度　出荷数							
2								
3		前年度実績	本年度実績	対前年比	伸び率(%)			
4	バラ	1,680	1,950	116.1%	16.1			
5	カーネーション	2,680	2,400	89.6%	-10.4			
6	ユリ	1,940	1,980	102.1%	2.1			
7	パンジー	1,300	1,450	111.5%	11.5			
8								

本年度の実績の方が多ければ、伸び率は「プラス」になります。 逆に、本年度の実績が前年度よりも少ないと、伸び率は「マイナス」となります。

3-3-4 構成比の計算

「3 計算」のシート「達成率」を開いてください。

●セル「E3」に「構成比（%）」と入力して、販売台数実績の構成比（%）を計算してみましょう。

	A	B	C	D	E
1	4月　販売台数実績				
2					
3		販売目標台数	販売台数実績	目標達成率(%)	構成比(%)
4	軽自動車	250	289	115.6	
5	普通乗用車	200	197	98.5	
6	ワゴン車	130	146	112.3	
7					

構成比（%）を計算する際に、必ず必要なものである「販売台数実績」の「合計」を計算します。表に、下図のように「合計」の行を追加します。セル「C7」には、オートSUMを使って販売台数実績の合計を計算してください。

C7　=SUM(C4:C6)

	A	B	C	D	E
1	4月　販売台数実績				
2					
3		販売目標台数	販売台数実績	目標達成率(%)	構成比(%)
4	軽自動車	250	289	115.6	
5	普通乗用車	200	197	98.5	
6	ワゴン車	130	146	112.3	
7	合計		632		

セル「E4」に、構成比の計算をします。「合計」のセルは「絶対参照」にします。

E4　=C4/$C$7*100

	A	B	C	D	E	F
1	4月　販売台数実績					
2						
3		販売目標台数	販売台数実績	目標達成率(%)	構成比(%)	
4	軽自動車	250	289	115.6	=C4/$C$7*100	
5	普通乗用車	200	197	98.5		
6	ワゴン車	130	146	112.3		
7	合計		632			
8						

注意　「合計」のセルには絶対参照の「$」を忘れないようにしましょう。

セル「E7」までオートフィルして、小数点以下の桁数を第1位までの表示にします。

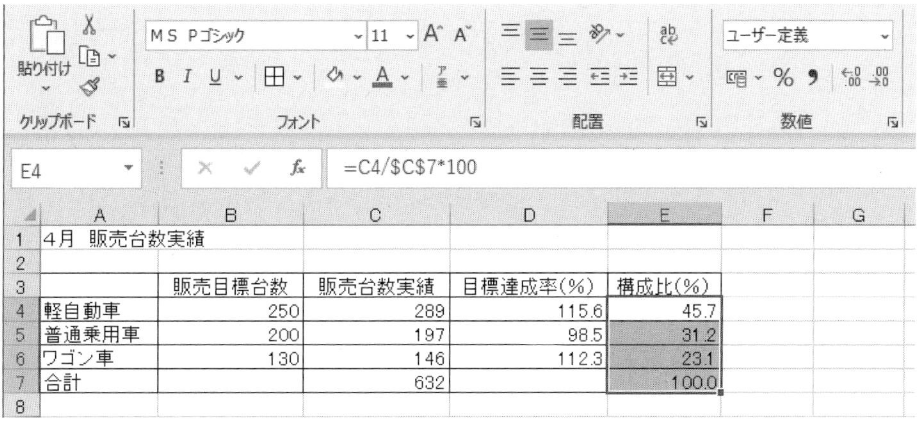

	A	B	C	D	E	F	G
1	4月 販売台数実績						
2							
3		販売目標台数	販売台数実績	目標達成率(%)	構成比(%)		
4	軽自動車	250	289	115.6	45.7		
5	普通乗用車	200	197	98.5	31.2		
6	ワゴン車	130	146	112.3	23.1		
7	合計		632		100.0		
8							

3-3-5 原価率の計算

「3 計算」のシート「原価と利益」を開いてください。

「利益」「原価」「売上金額」を計算してみましょう。

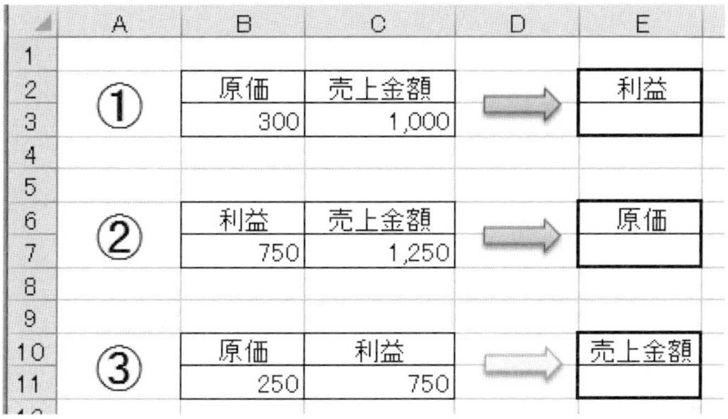

	A	B	C	D	E
1					
2	①	原価	売上金額	→	利益
3		300	1,000		
4					
5					
6	②	利益	売上金額	→	原価
7		750	1,250		
8					
9					
10	③	原価	利益	→	売上金額
11		250	750		

それぞれの計算式は、以下の通りになります。原価と利益・売上金額の関係を覚えましょう。

- 利益=売上金額－原価
- 原価=売上金額－利益
- 売上金額=原価＋利益

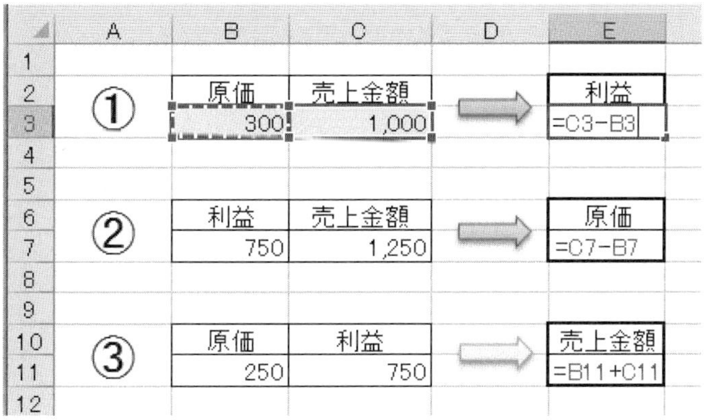

	A	B	C	D	E
1					
2	①	原価	売上金額	→	利益
3		300	1,000		=C3-B3
4					
5					
6	②	利益	売上金額	→	原価
7		750	1,250		=C7-B7
8					
9					
10	③	原価	利益	→	売上金額
11		250	750		=B11+C11
12					

計算結果は、次の通りです。正しい計算ができましたか?

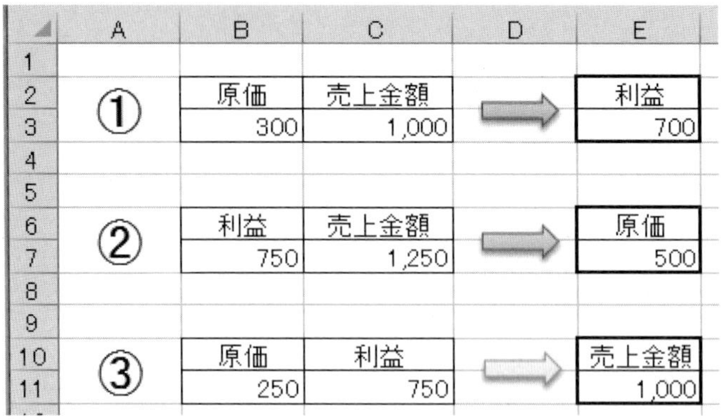

次に、以下の表を使って、「原価率（%）」を計算してみましょう。

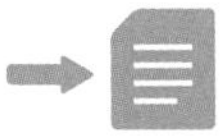

「3 計算」のシート「原価率」を開いてください。

原価率とは　原価を売上金額で割ったもの。「売上原価÷売上金額」で計算します。

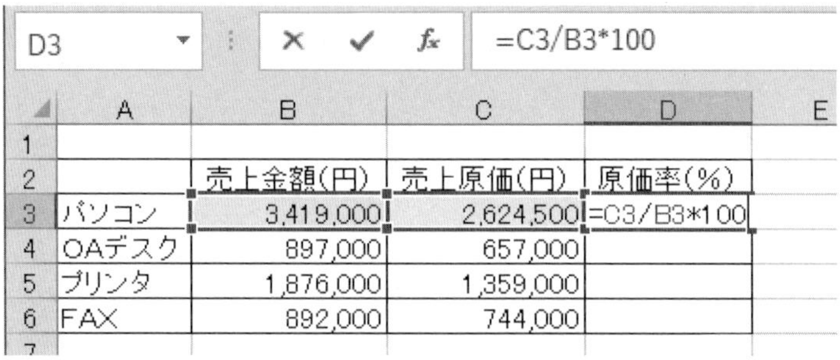

セル「D6」までオートフィルして、小数点以下第1位までの表示にしてください。

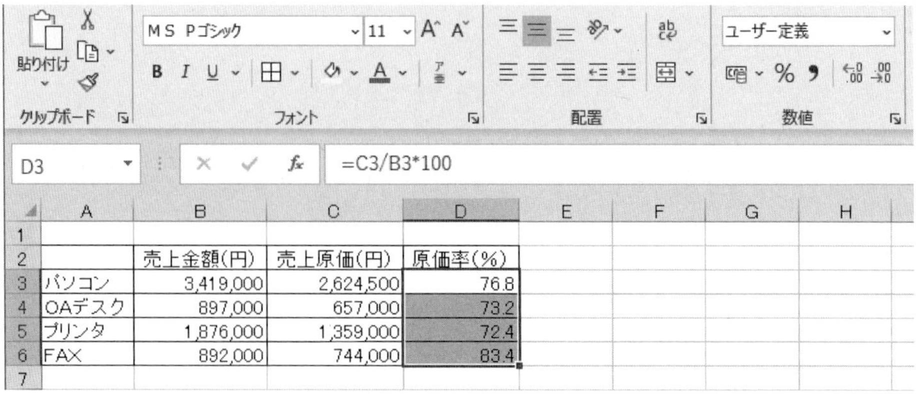

3-3-6 利益率の計算

列「E」に、「利益率（%）」の項目を追加して、利益率を計算してみましょう。

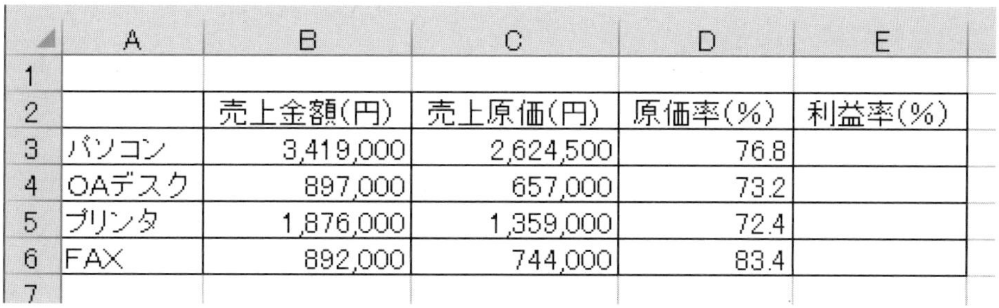

	A	B	C	D	E
1					
2		売上金額(円)	売上原価(円)	原価率(%)	利益率(%)
3	パソコン	3,419,000	2,624,500	76.8	
4	OAデスク	897,000	657,000	73.2	
5	プリンタ	1,876,000	1,359,000	72.4	
6	FAX	892,000	744,000	83.4	
7					

利益率とは、利益を売上金額で割ったものです。「利益÷売上金額」という計算式になります。今回の表は、売上金額と売上原価しかわかっていません。まず、利益金額を計算しなければいけません。利益の計算式は「売上金額ー売上原価」です。利益率は「（売上金額ー売上原価）÷売上金額×100」で求めます。

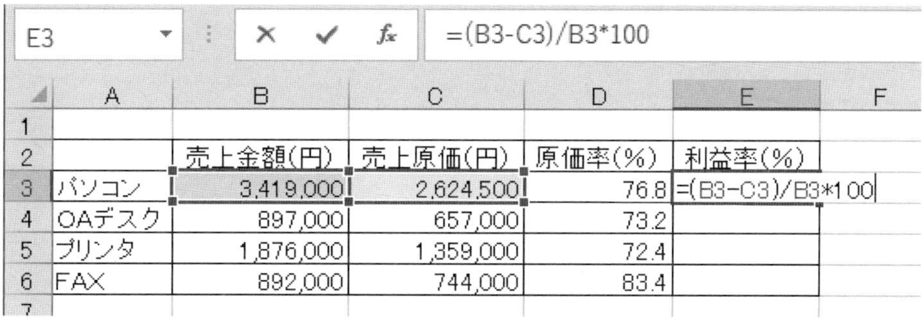

	A	B	C	D	E	F
1						
2		売上金額(円)	売上原価(円)	原価率(%)	利益率(%)	
3	パソコン	3,419,000	2,624,500	76.8	=(B3-C3)/B3*100	
4	OAデスク	897,000	657,000	73.2		
5	プリンタ	1,876,000	1,359,000	72.4		
6	FAX	892,000	744,000	83.4		
7						

セル「E6」までオートフィルして、小数点以下第1位までの表示にしてください。

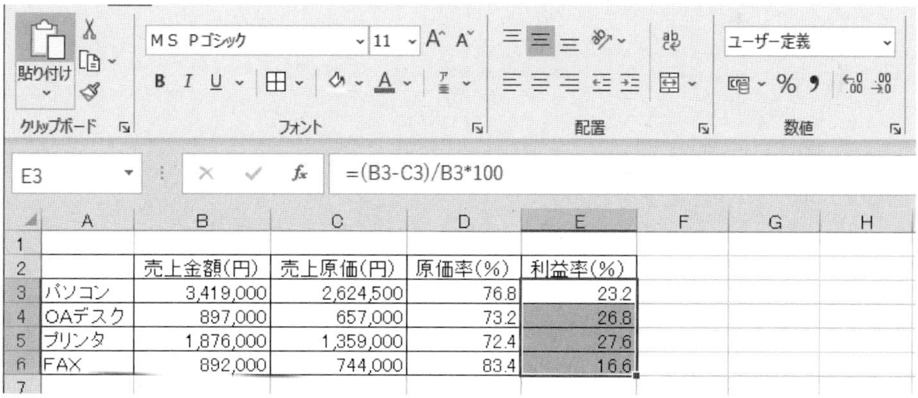

	A	B	C	D	E	F	G	H
1								
2		売上金額(円)	売上原価(円)	原価率(%)	利益率(%)			
3	パソコン	3,419,000	2,624,500	76.8	23.2			
4	OAデスク	897,000	657,000	73.2	26.8			
5	プリンタ	1,876,000	1,359,000	72.4	27.6			
6	FAX	892,000	744,000	83.4	16.6			
7								

3-4 IF関数

3-4-1 IF関数とは？

「4 IF関数」のシート「テスト判定」を開いてください。

「IF」には「もし…ならば」という意味があります。「IF」関数は、「もし…ならば、こうしなさい、そうでなければこうしましょう」というように、指定された条件に対して、条件に当てはまる場合とそうでない場合の結果を表示させます。

●得点が「50」以上の科目には「合格」と表示してください。また、そうでない（得点が50よりも少ない）科目には「再テスト」と表示させてみましょう。

セル「C3」→「関数の挿入」→「IF」を選択してください。

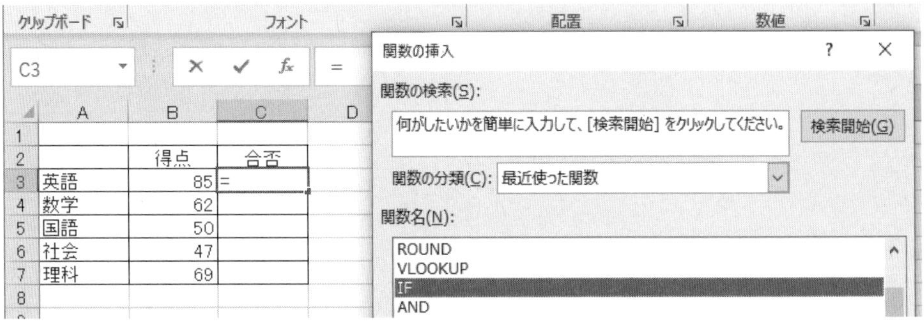

続いて、「論理式」→セル「B3」をクリックしてください。キーボードのShiftキーを押しながら「>」と「=」と数字で「50」と入力してください。これで、「B3>=50」という条件が入力されました。この式は、「セル「B3」の数値が50以上」という意味です。

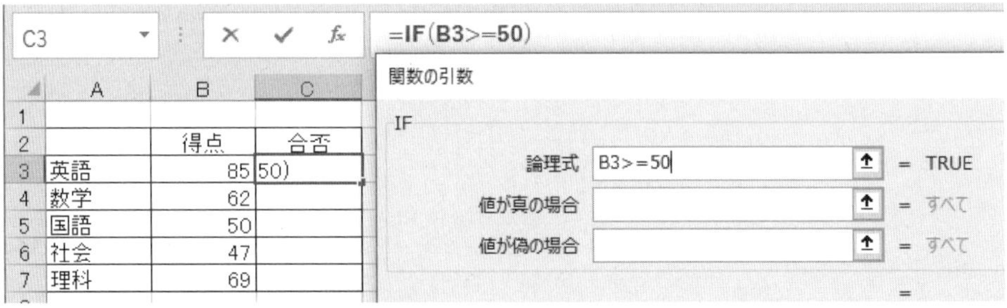

続けて、「値が真の場合」の欄をクリックして、「合格」と入力します。

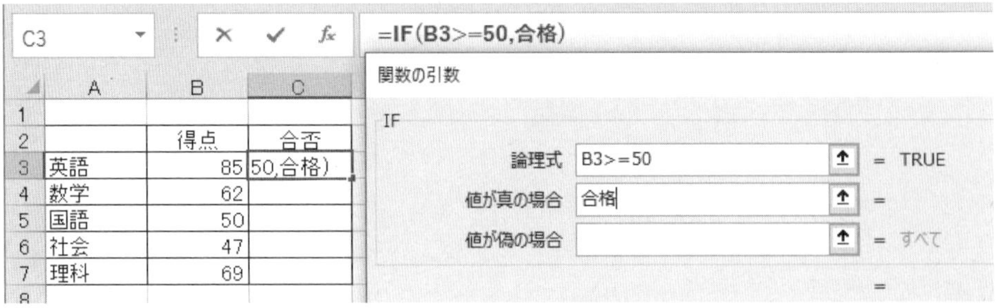

「値が偽の場合」の欄をクリックし、「再テスト」と入力します。「OK」をクリックして完了です。

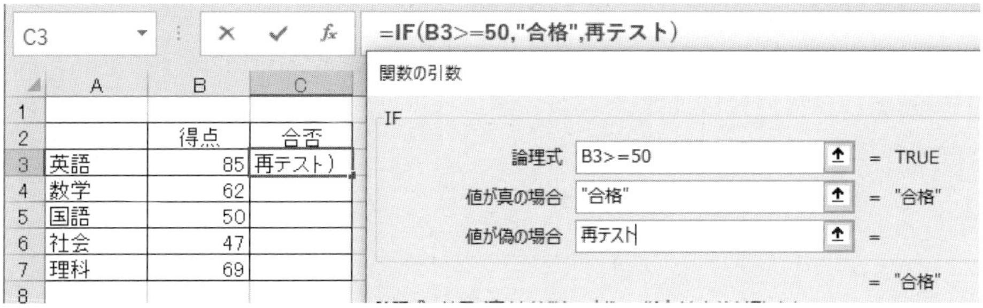

セル「C7」までオートフィルしましょう。得点に応じて、「合格」か「再テスト」の文字が表示されました。

確認

得点が「50以上」の科目は「合格」となり、「50よりも少ない」得点の科目は、「再テスト」との結果が表示されました。「論理式」の条件を元に、条件に合う場合と合わない場合の結果を表示させる関数が「IF関数」の使い方です。

論理式に使う記号とその意味は、以下の通りです。

論理式に使う記号	条件	意味
>=50	「50」以上	「以上」「以下」という場合は、その数字も含まれます。「50以上」は「50」も該当します。「=」が必要です。
<=50	「50」以下	
>50	「50」より大きい（を超える）	条件式に「=」をつけないと、その数字は含まれません。「50より大きい」場合は、「50」は含まれません。
<50	「50」より小さい（未満）	

3-4-2 IF関数を使った計算式

「4 IF関数」のシート「販売実績」を開いてください。

	A	B	C	D	E
1	4月 販売台数実績				
2					
3		販売目標台数	販売台数実績	目標達成率(%)	評価
4	軽自動車	250	289	115.6	
5	普通乗用車	200	197	98.5	
6	ワゴン車	130	146	112.3	

●目標達成率が「100」を超えるものは、「◎」、そうでないものは「×」を表示させてください。

セル「E4」をクリックして、「fx」関数の挿入をクリックします。一覧から「IF」を選択します。

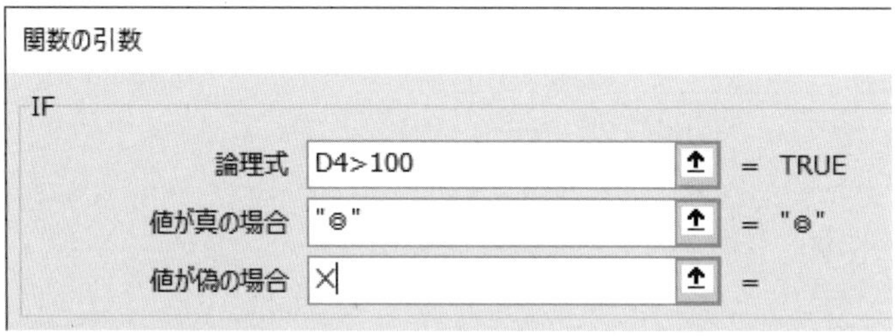

	A	B	C	D	E
1	4月 販売台数実績				
2					
3		販売目標台数	販売台数実績	目標達成率(%)	評価
4	軽自動車	250	289	115.6	◎
5	普通乗用車	200	197	98.5	×
6	ワゴン車	130	146	112.3	◎

確　認

- 論理式…D4>100
- 値が真の場合…◎
- 値が偽の場合…×

同じデータを使って、次のようなIF関数の使い方をしてみましょう。

●販売台数実績が販売目標台数を上回っている場合は「○」、そうでない場合は「●」を表示させてください。

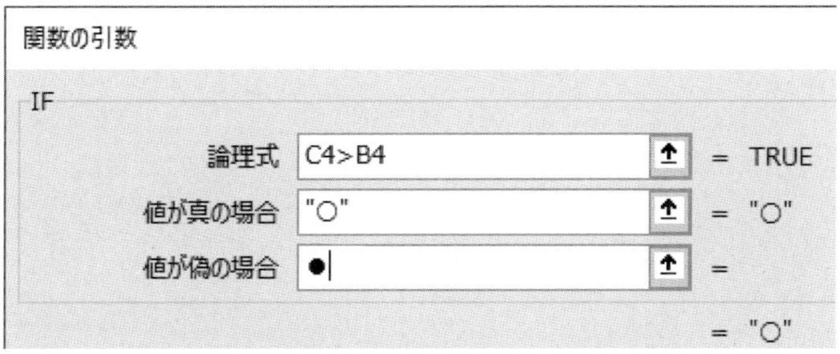

	A	B	C	D	E
1	4月　販売台数実績				
2					
3		販売目標台数	販売台数実績	目標達成率(%)	評価
4	軽自動車	250	289	115.6	○
5	普通乗用車	200	197	98.5	●
6	ワゴン車	130	146	112.3	○
7					

確　認

- 論理式…C4>B4　（C4の数値がB4の数値よりも大きければ）
- 値が真の場合…○
- 値が偽の場合…●

3-4-3

IF関数のネスト

列「D」に「レベル」の項目を追加してください。

「4 IF関数」のシート「テスト判定」を開いてください。

	A	B	C	D
1				
2		得点	合否	レベル
3	英語	85	合格	
4	数学	62	合格	
5	国語	50	合格	
6	社会	47	再テスト	
7	理科	69	合格	
8				

●レベルの欄に、得点が80点以上なら「☆☆☆」、80点未満65点以上なら「☆☆」、65点より低い場合は「☆」と表示させてください。

結果を3つ（以上）に分けて表示させたい場合、IF関数を「ネスト」して使います。「ネスト」とは、関数の中に関数を使う方法です。

セル「D3」をクリックして、関数「IF」を選択します。「論理式」の欄に「B3>=80」と入力、「値が真の場合」には、「☆☆☆」と入力（「ほし」と入力して変換し「☆」の記号を選択）してください。「値が偽の場合」の欄をクリックしたら、ここで2つ目のIF関数を使います。

関数の名前ボックスの横にある三角ボタンをクリックし、関数の一覧が表示されたら、「IF」をクリックして選択します（一覧に「IF」が見つからない場合は、「その他の関数」をクリックして一覧から探します）。

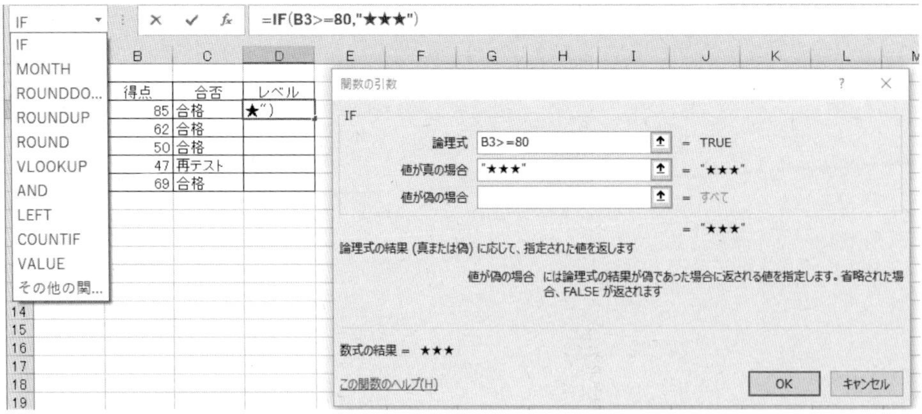

確認

論理式の条件は
「得点>=80」なら「☆☆☆」
「得点>=65」なら「☆☆」
「得点<65」なら「☆」
の3つに分かれます。

2つ目のIF関数のダイアログボックスが開きました。

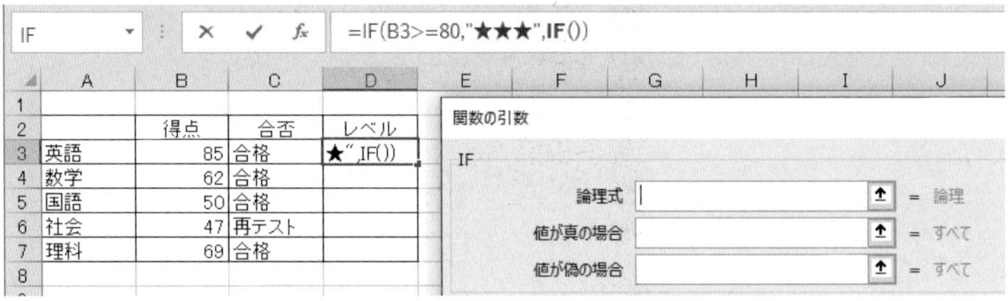

2つ目のIF関数の「論理式」「真の場合」「偽の場合」は、以下のように入力します。 入力できたら、「OK」をクリックします。

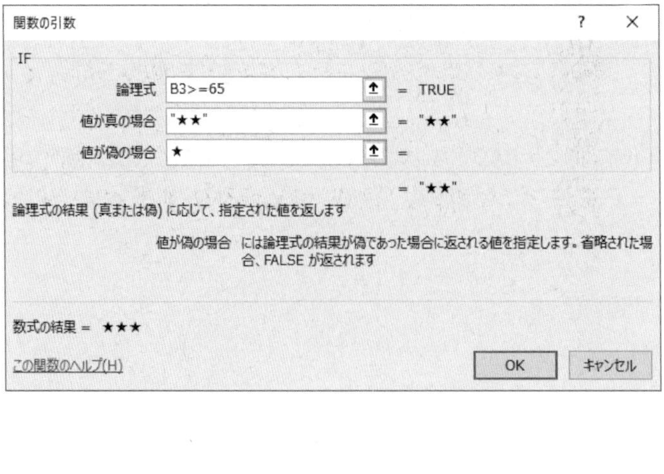

確　認

- 論理式「B3＞=65」
- 値が真の場合「☆☆」
- 値が偽の場合「☆」

1つ目のIF関数で、「80点以上」を条件にしているので、2つ目のIF関数の条件は「65点以上」とします。 すると、2つ目の「偽の場合」は、自動的に「65点よりも少ない」場合となります。 計算式をオートフィルすると、結果は以下の通りとなります。

	A	B	C	D
1				
2		得点	合否	レベル
3	英語	85	合格	★★★
4	数学	62	合格	★
5	国語	50	合格	★
6	社会	47	再テスト	★
7	理科	69	合格	★★
8				

IF関数をネストした計算式を数式バーで確認すると、以下のようになります。 数式バー上にある計算式をクリックして、左の「fx」ボタンをクリックすると、IF関数のダイアログボックスが再度開くので、計算式を確認 ・ 修正することができます。

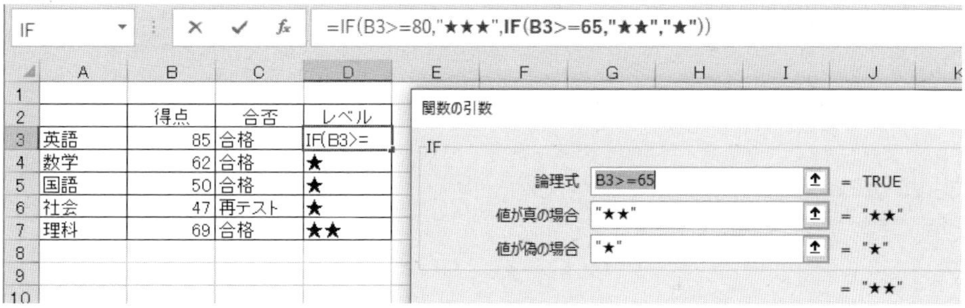

ポイント

IF関数の結果を、「3つ以上」に分けて表示したい場合は、IF関数をネスト（組み合わせ）して、使います。

3-4-4　IF 関数と AND 関数を使う

関数「IF」に、「AND関数」を組み合わせて使う計算方法を練習しましょう。 列「E」に「評価」の項目を追加してください。

	A	B	C	D	E
1					
2		得点	合否	レベル	評価
3	英語	85	合格	★★★	
4	数学	62	合格	★	
5	国語	50	合格	★	
6	社会	47	再テスト	★	
7	理科	69	合格	★★	
8					

●合否欄が「合格」で、なおかつレベルが「☆☆☆」の科目には、「優」と表示させてください。 そうでない科目には、何も表示されないように設定してください。

今回の問題では、論理式に使う条件が「2つ」あります。 このように条件が複数になる場合は、IF関数に「AND関数」をネストして使います。 セル「E3」→「関数の挿入」→「IF」を選択してください。 関数の名前ボックスの右の三角をクリックし、「AND」を選択します（ANDが見つからない場合は、「その他の関数」をクリック）。

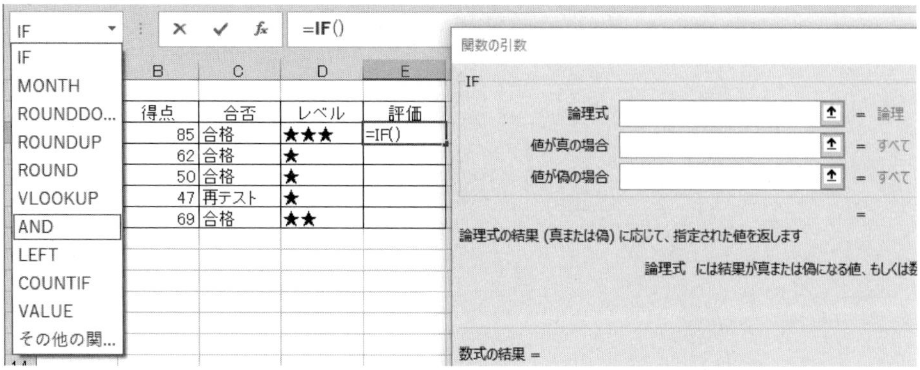

「AND」関数のダイアログボックスが開きます。 それぞれの条件を入力します。 論理式1 には「C3」をクリック、「=」を入力、「“合格”」と入力し、論理式2には「D3」をクリック、「=」を入力、「“☆☆☆”」と入力します。

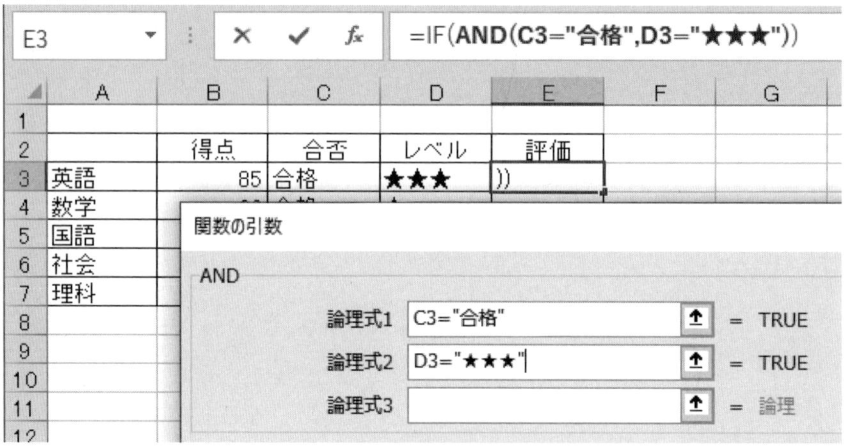

2つの条件が入力できたら、「OK」を押さず、最初の「IF関数に戻る」ため、数式バーの「IF」の文字の間をクリックします。

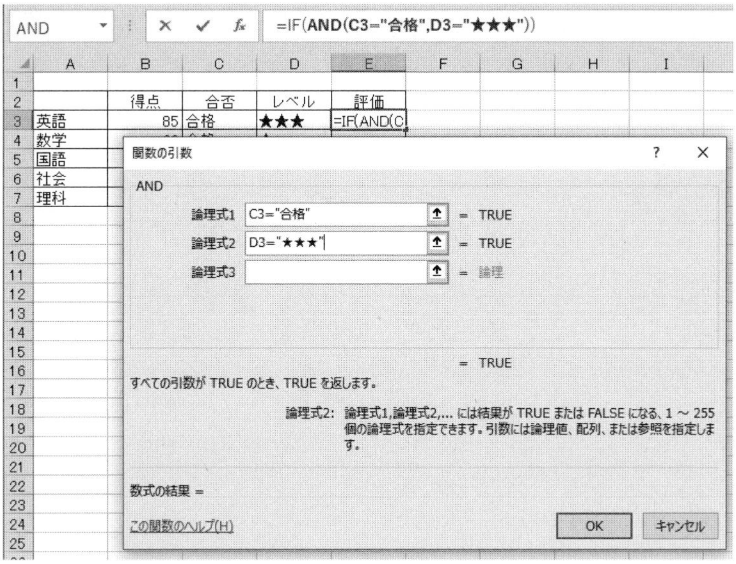

関数の引数ダイアログボックスが、「IF」に戻りました。

確　認

- 値が真の場合…「優」と入力
- 値が偽の場合…　「 “” 」ダブルクォーテーションの記号を2つ入力（「何も表示しない」という意味）

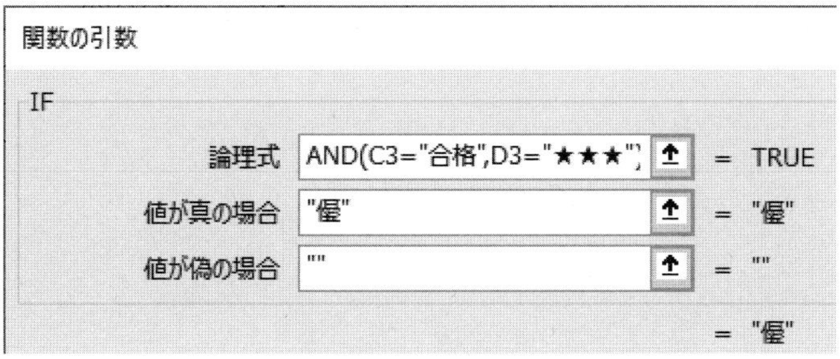

ポイント

「値が真の場合」「値が偽の場合」の文字を入力すると、自動的に「 “” 」で囲んでくれます。 ただ、何も表示しない、という場合は、空白にするのではなくて、「何の文字も入力しません」という意味で、「 “” 」だけを入力します。 これは「IF関数」の決まり事です。

「OK」ボタンをクリックして、IF関数とAND関数の完成です。 オートフィルしてみましょう。

E4 =IF(AND(C4="合格",D4="★★★"),"優","")

	A	B	C	D	E
1					
2		得点	合否	レベル	評価
3	英語	85	合格	★★★	優
4	数学	62	合格	★	
5	国語	50	合格	★	
6	社会	47	再テスト	★	
7	理科	69	合格	★★	

何も表示されていませんが、セル「E4」から「E7」は空白セルではありません。

3-5 VLOOKUP関数

「5 VLOOKUP関数」のシート「原価」を開いてください。

検索する関数「VLOOKUP」（ブイルックアップ）の使い方を練習します。

	A	B	C	D	E	F	G	H
1							原価率表	
2	商品名	販売単価	原価(円)			商品コード	商品名	原価率
3	焼酎	1,800				AC-0023	ビール	40%
4	ウィスキー	3,800				AC-0045	発泡酒	35%
5	吟醸酒	4,200				BD-0112	吟醸酒	50%
6	ビール	250				BD-0134	焼酎	43%
7	ブランデー	5,600				CE-0223	ブランデー	30%
8	発泡酒	180				CE-0245	ウィスキー	35%
9	ウォッカ	4,000				CE-0267	ウォッカ	38%

3-5-1 VLOOKUP 関数の使い方

原価率表を元に、「原価（円）」を計算してみましょう。右の原価率表と左の表では、商品名の並び順が違うことに着目してください。原価（円）は、「販売単価×原価率」で計算しますが、「C3」の計算式をオートフィルすると、違う商品の原価率を使って計算されてしまいます。この方法では、ひとつずつ「販売単価×原価率」の計算をしなければいけません。

H6　=B3*H6

	A	B	C	D	E	F	G	H
1							原価率表	
2	商品名	販売単価	原価(円)			商品コード	商品名	原価率
3	焼酎	1,800	=B3*H6			AC-0023	ビール	40%
4	ウィスキー	3,800				AC-0045	発泡酒	35%
5	吟醸酒	4,200				BD-0112	吟醸酒	50%
6	ビール	250				BD-0134	焼酎	43%
7	ブランデー	5,600				CE-0223	ブランデー	30%
8	発泡酒	180				CE-0245	ウィスキー	35%
9	ウォッカ	4,000				CE-0267	ウォッカ	38%

ここで使うのが 「VLOOKUP関数」です。各商品名に応じた「原価率」を使って計算することができます。関数の挿入より、「VLOOKUP」を選択します。

C3　=

	A	B	C
1			
2	商品名	販売単価	原価(円)
3	焼酎	1,800	=
4	ウィスキ	3,800	
5	吟醸酒	4,200	
6	ビール	250	
7	ブランデー	5,600	
8	発泡酒	180	
9	ウォッカ	4,000	
10			

関数の挿入

関数の検索(S):

何がしたいかを簡単に入力して、[検索開始] をクリックしてください。

関数の分類(C): 最近使った関数

関数名(N):

ROUNDDOWN
ROUNDUP
ROUND
VLOOKUP
LEFT

「検索値」のボックスの中をクリックして、セル「A3」をクリックしてください。

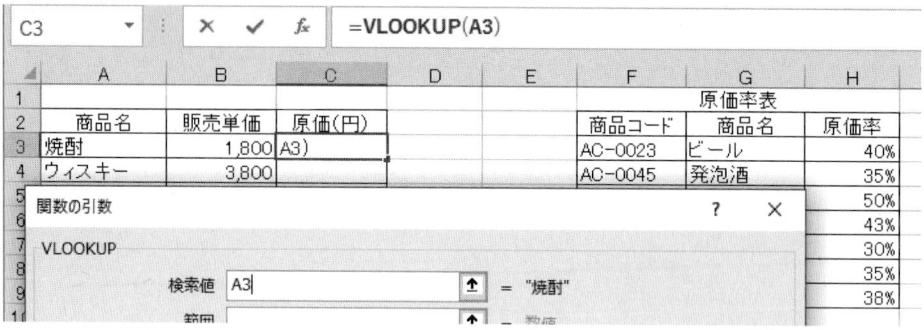

確認

A列の商品名を元に原価率を検索するので、検索に使うセルには「A3」を選択します。

続けて、「範囲」のボックスの中をクリックして、セル「G3」から「H9」までをドラッグし、F4キーを押して絶対参照にします。

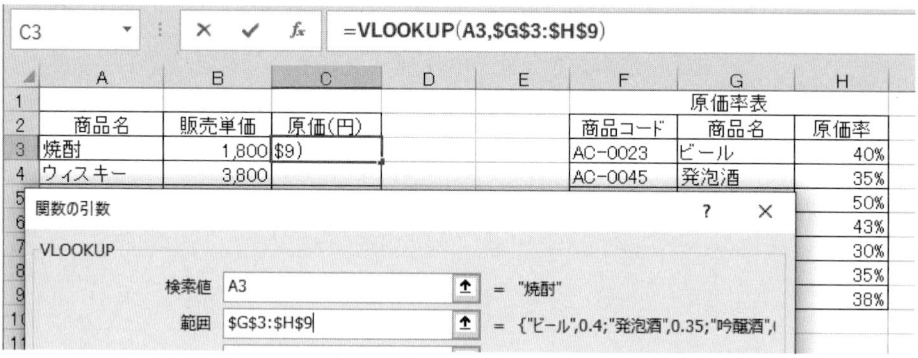

「範囲」には「商品コード」の列は含みません。 商品名を元に原価率を検索するので商品コードは不要です。

「列番号」のボックスの中をクリックして、数値の「2」を入力し、「検索方法」のボックスには、数値の「0」を入力し、「OK」をクリックします。

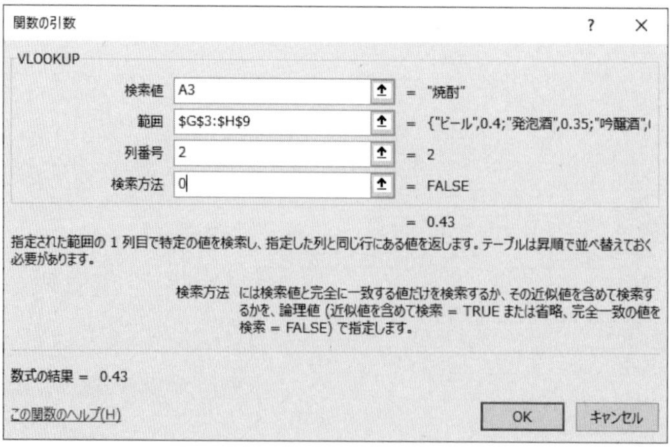

確認

- 列番号…選択した範囲の中の左から何列目のデータを検索するか、を指定します。今回、原価率は「2列目」にあるので、列番号は「2」と入力します。
- 検索方法…3級の試験では、必ず「0」を入力します。「0」以外を使う方法もありますが、3級では必要ありませんので、今は「0」で覚えてください!

セル「C3」には、焼酎の原価率「0.43（43%）」が表示されました。

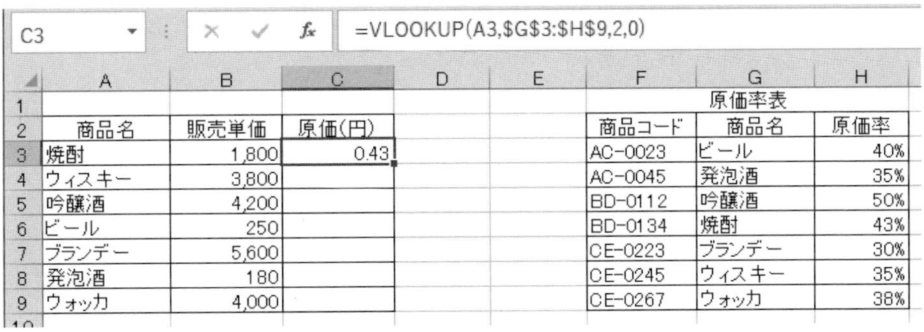

C3 =VLOOKUP(A3,$G$3:$H$9,2,0)

	A	B	C	D	E	F	G	H
1							原価率表	
2	商品名	販売単価	原価(円)			商品コード	商品名	原価率
3	焼酎	1,800	0.43			AC-0023	ビール	40%
4	ウィスキー	3,800				AC-0045	発泡酒	35%
5	吟醸酒	4,200				BD-0112	吟醸酒	50%
6	ビール	250				BD-0134	焼酎	43%
7	ブランデー	5,600				CE-0223	ブランデー	30%
8	発泡酒	180				CE-0245	ウィスキー	35%
9	ウォッカ	4,000				CE-0267	ウォッカ	38%

これで原価率は表示されたのですが、計算したいのは「原価（円）」です。数式バーで、計算式を追加する必要があります。VLOOKUP関数の後ろに「×販売単価」を追加します。

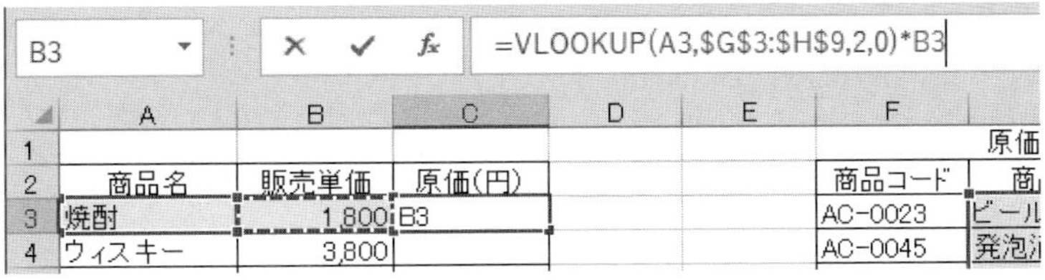

B3 =VLOOKUP(A3,$G$3:$H$9,2,0)*B3

	A	B	C	D	E	F	
1							原価
2	商品名	販売単価	原価(円)			商品コード	商
3	焼酎	1,800	B3			AC-0023	ビール
4	ウィスキー	3,800				AC-0045	発泡酒

計算式を、セル「C9」までオートフィルします。すべての商品の原価が、原価率表の原価率を元に計算されました。金額には、「桁区切り」を設定しておきましょう。

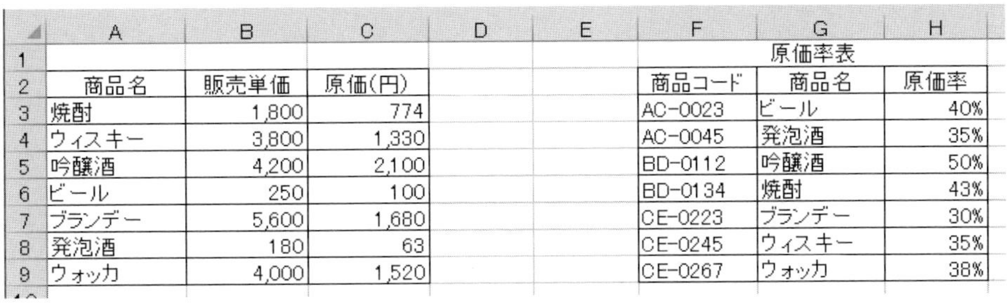

	A	B	C	D	E	F	G	H
1							原価率表	
2	商品名	販売単価	原価(円)			商品コード	商品名	原価率
3	焼酎	1,800	774			AC-0023	ビール	40%
4	ウィスキー	3,800	1,330			AC-0045	発泡酒	35%
5	吟醸酒	4,200	2,100			BD-0112	吟醸酒	50%
6	ビール	250	100			BD-0134	焼酎	43%
7	ブランデー	5,600	1,680			CE-0223	ブランデー	30%
8	発泡酒	180	63			CE-0245	ウィスキー	35%
9	ウォッカ	4,000	1,520			CE-0267	ウォッカ	38%

ポイント

VLOOKUP関数は、「検索値」のセルに入れた文字と同じ文字を、「範囲」の中から探して、範囲内の左から「何列日」にあるデ　タを検索する、という関数です。

3-5-2 VLOOKUP関数を使って、別シートにあるデータを取り込む

●同じファイル内のシート「原価」の原価率表のデータを使って、列「C」に原価率を表示させてください。

「5 VLOOKUP関数」のシート「利益額」を開いてください。

セル「C3」をクリックして、「関数の挿入」ボタンより「VLOOKUP」を選択します。 検索値の欄をクリックして、セル「A3」をクリックします（商品名を元に原価率を検索します）。

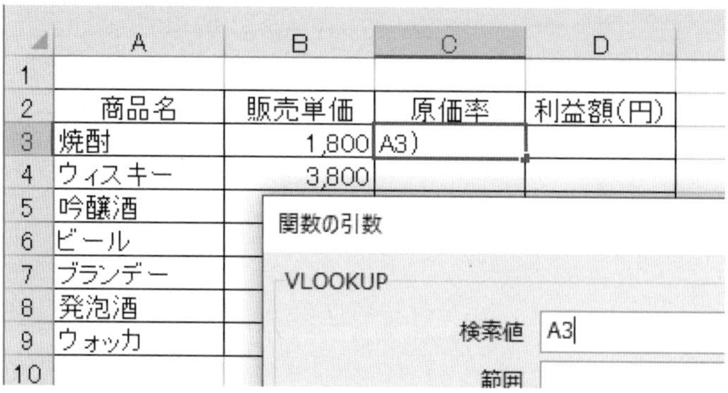

「範囲」の欄をクリックして、シート「原価」をクリックします。

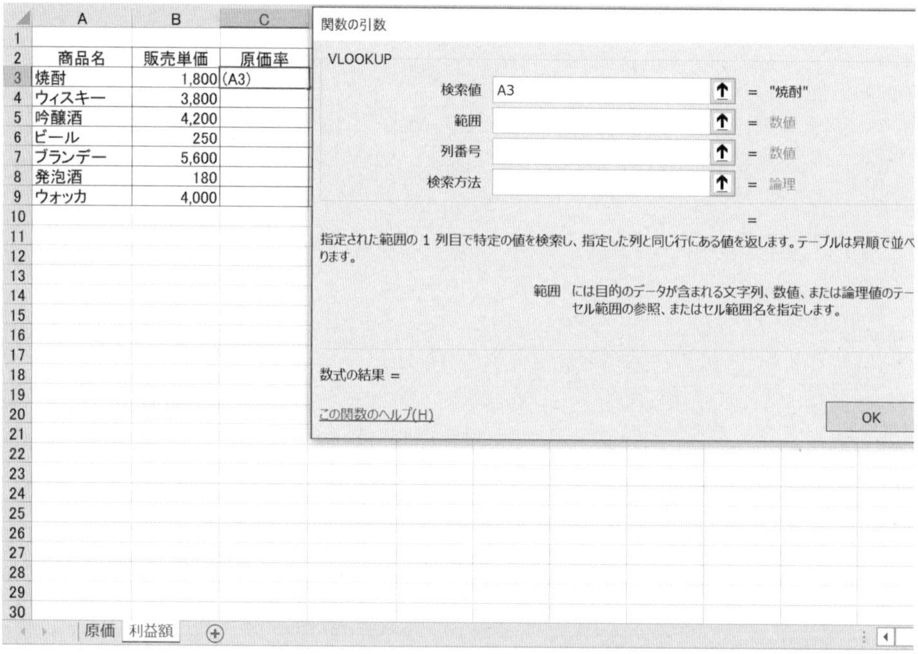

セル「G3」から「H9」までをドラッグして、F4キーで絶対参照にします。

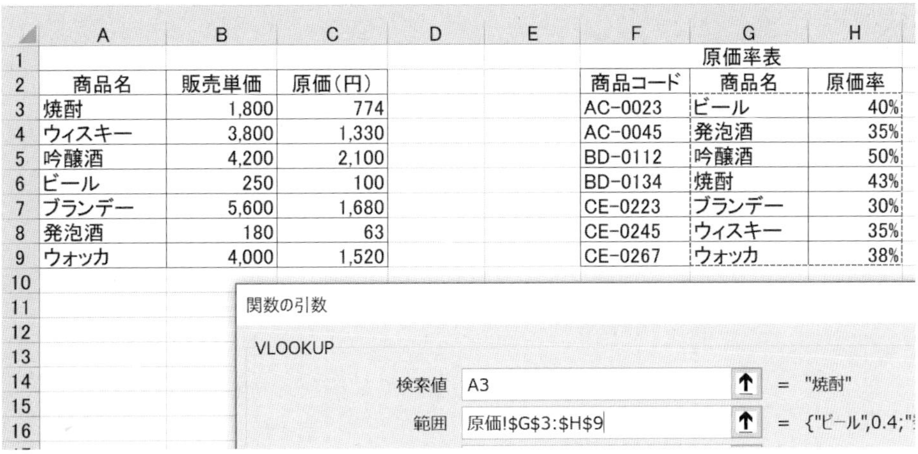

	A	B	C	D	E	F	G	H
1							原価率表	
2	商品名	販売単価	原価（円）			商品コード	商品名	原価率
3	焼酎	1,800	774			AC-0023	ビール	40%
4	ウィスキー	3,800	1,330			AC-0045	発泡酒	35%
5	吟醸酒	4,200	2,100			BD-0112	吟醸酒	50%
6	ビール	250	100			BD-0134	焼酎	43%
7	ブランデー	5,600	1,680			CE-0223	ブランデー	30%
8	発泡酒	180	63			CE-0245	ウィスキー	35%
9	ウォッカ	4,000	1,520			CE-0267	ウォッカ	38%

列番号の欄には、原価率は2列目にあるので、「2」と入力します。 検索方法の欄には、数値の「0」を入力して、「OK」をクリックします。

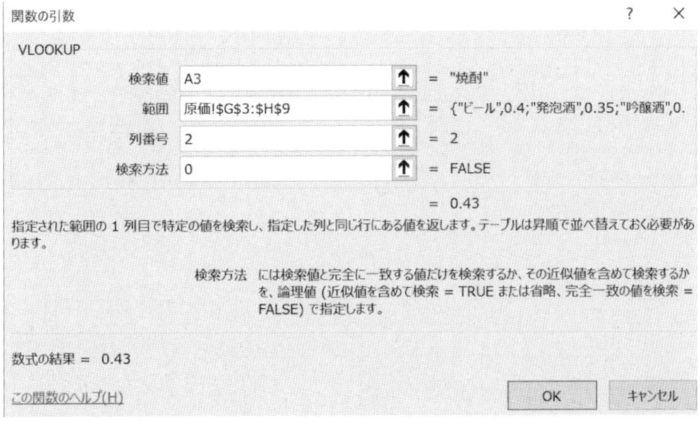

注意

列番号の欄をクリックすると画面が元のシートに自動的に戻るので、後から列番号を確認できなくなります。 前もって何列目のデータが必要か、確認しておきましょう。

利益額の計算に必要な「原価率」が表示されました。 セル「C9」までオートフィルしてください。

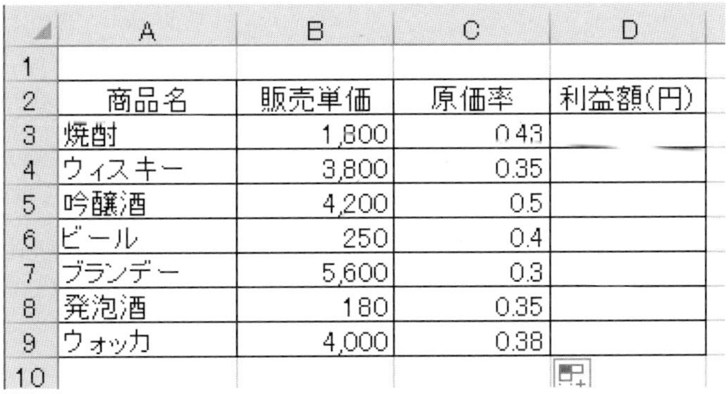

	A	B	C	D
1				
2	商品名	販売単価	原価率	利益額(円)
3	焼酎	1,800	0.43	
4	ウィスキー	3,800	0.35	
5	吟醸酒	4,200	0.5	
6	ビール	250	0.4	
7	ブランデー	5,600	0.3	
8	発泡酒	180	0.35	
9	ウォッカ	4,000	0.38	
10				

パーセントスタイルを設定してください。

	A	B	C	D
1				
2	商品名	販売単価	原価率	利益額(円)
3	焼酎	1,800	43%	
4	ウィスキー	3,800	35%	
5	吟醸酒	4,200	50%	
6	ビール	250	40%	
7	ブランデー	5,600	30%	
8	発泡酒	180	35%	
9	ウォッカ	4,000	38%	

販売単価と原価率を元に、「利益額」を計算してみましょう。「利益額=販売単価-（販売単価×原価率）」で計算します。

D3 fx =B3-(B3*C3)

	A	B	C	D
1				
2	商品名	販売単価	原価率	利益額(円)
3	焼酎	1,800	43%	=B3-(B3*C3)
4	ウィスキー	3,800	35%	

利益額の計算ができました。金額には「桁区切り」を設定してください。

	A	B	C	D
1				
2	商品名	販売単価	原価率	利益額(円)
3	焼酎	1,800	43%	1,026
4	ウィスキー	3,800	35%	2,470
5	吟醸酒	4,200	50%	2,100
6	ビール	250	40%	150
7	ブランデー	5,600	30%	3,920
8	発泡酒	180	35%	117
9	ウォッカ	4,000	38%	2,480

「販売単価」の計算式は「=原価＋利益」です。「販売単価」「原価」「利益」の関係をもう一度おさらいしておきましょう。

3-6 グラフ

3-6-1 第2軸のあるグラフを作る

「6 グラフ」のシート「6-1グラフ」を開いてください。

	A	B	C	D	E	F	G
1	月別売上比較表						
2							単位:円
3		10月	11月	12月	1月	2月	3月
4	2004年	2,031,520	2,155,150	2,351,070	2,249,450	2,166,450	2,056,470
5	2005年	2,520,630	2,381,330	2,469,840	2,518,230	2,177,240	1,998,980
6	伸び率(%)						
7							

2004年に対する伸び率の計算をしてください。その際、小数点以下第2位を四捨五入して、小数点以下第1位までの表示としてください。「伸び率（%）=（2005年-2004年）÷2004年×100」と計算してください。

B6　=(B5-B4)/B4*100

	A	B	C	D	E	F	G
1	月別売上比較表						
2							単位:円
3		10月	11月	12月	1月	2月	3月
4	2004年	2,031,520	2,155,150	2,351,070	2,249,450	2,166,450	2,056,470
5	2005年	2,520,630	2,381,330	2,469,840	2,518,230	2,177,240	1,998,980
6	伸び率(%)	=(B5-B4)/B4*100					
7							

セル「G6」までオートフィルして、小数点以下第1位までの表示に設定します。

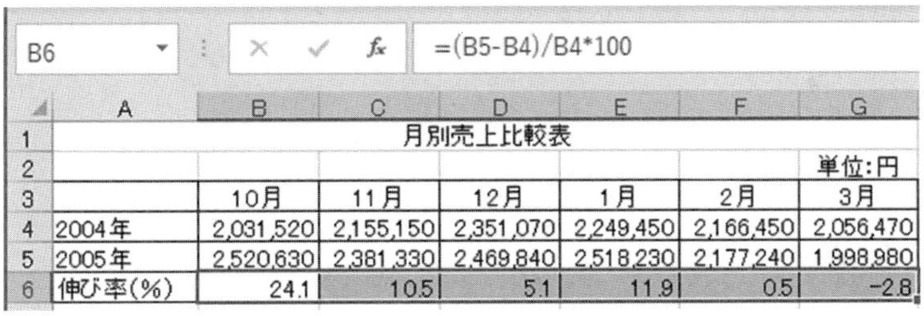

B6　=(B5-B4)/B4*100

	A	B	C	D	E	F	G
1	月別売上比較表						
2							単位:円
3		10月	11月	12月	1月	2月	3月
4	2004年	2,031,520	2,155,150	2,351,070	2,249,450	2,166,450	2,056,470
5	2005年	2,520,630	2,381,330	2,469,840	2,518,230	2,177,240	1,998,980
6	伸び率(%)	24.1	10.5	5.1	11.9	0.5	-2.8

2004年と2005年の売上を縦棒グラフに、伸び率を折れ線グラフにした「複合グラフ」を作成してみましょう。まず、表全体を選択して、「挿入」タブ→「複合グラフの挿入」→「集合縦棒-第2軸の折れ線」を選択します。

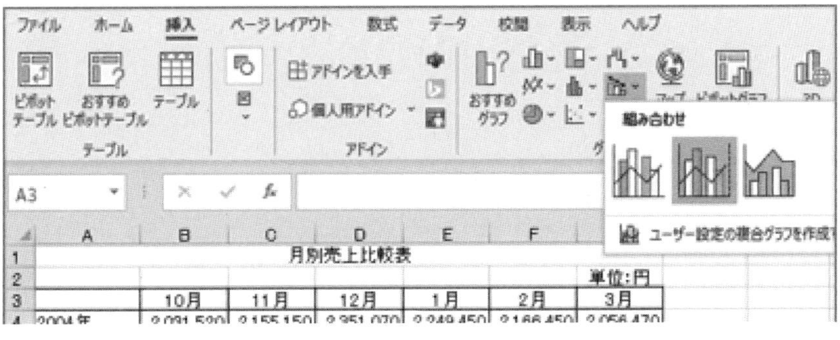

売上高が左側の軸（主軸）を使った縦棒グラフ、伸び率が右側の軸（第2軸）を使った折れ線グラフになりました。

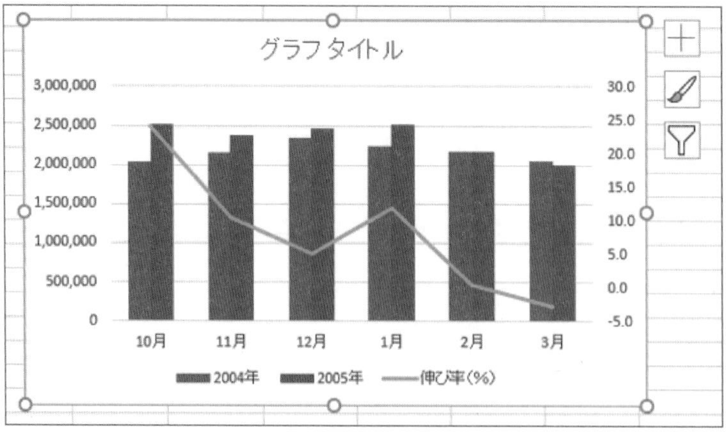

グラフを表の下に移動してみましょう。グラフエリア（グラフ上の何も文字のないところ）にマウスを合わせてドラッグすると、グラフ全体を移動できます。グラフが表の下になるようにドラッグしてください。

実際の試験問題でも、グラフは作成した表の下に配置します。

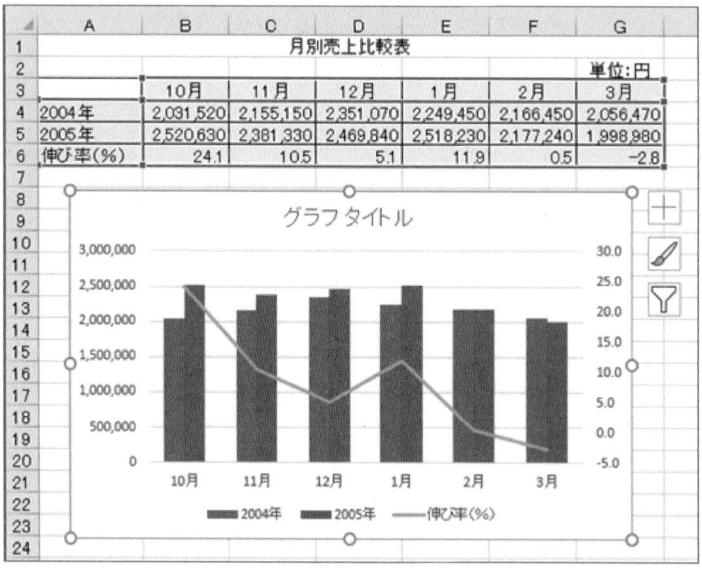

グラフタイトルを「月別売上比較グラフ」としてください。「グラフタイトル」という文字の上をクリックして、グラフタイトルの文字を選択します。

「グラフタイトル」の文字の右をクリックするとカーソルが表示され、文字の入力ができるようになります。Backspaceキーを使って「グラフタイトル」の文字を削除してから、「月別売上比較グラフ」と入力します。

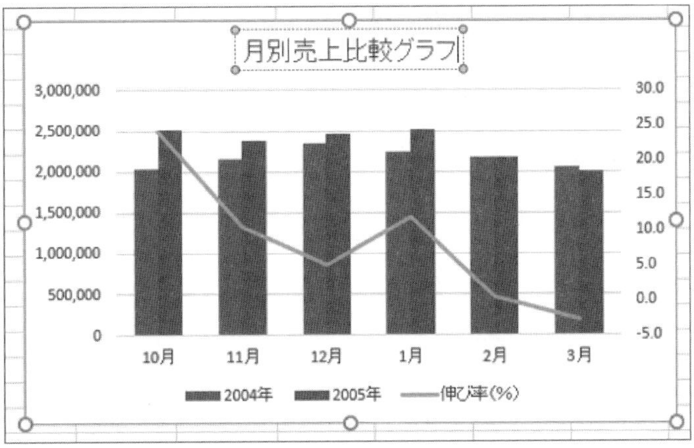

主軸の目盛単位を「千円単位」に設定してください。「縦軸」の数値の上で右クリックをして、「軸の書式設定」をクリックします。

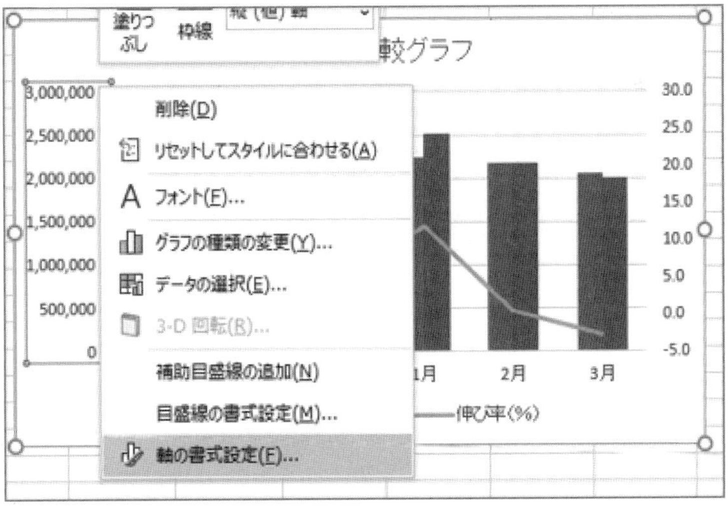

Excelの画面右側に、「軸の書式設定」が表示されます。

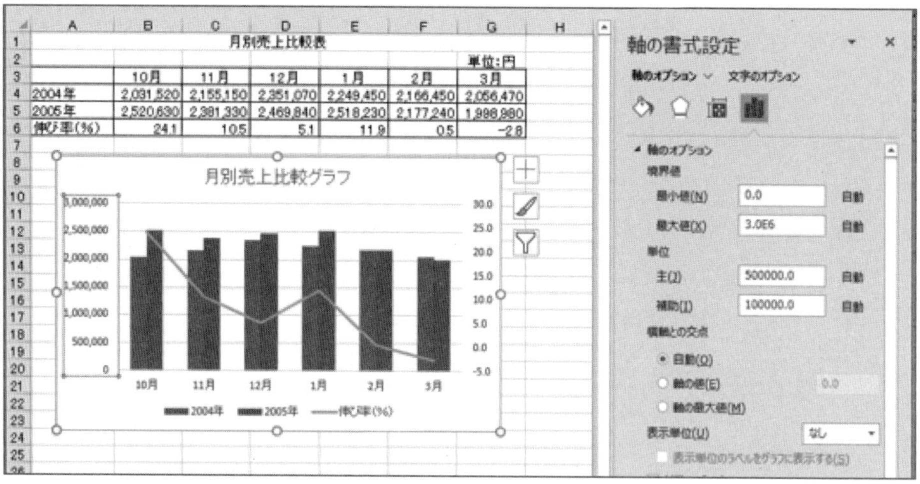

主軸の目盛単位を「千円単位」に設定してください。「軸のオプション」より、表示単位で、「千」を選択します。

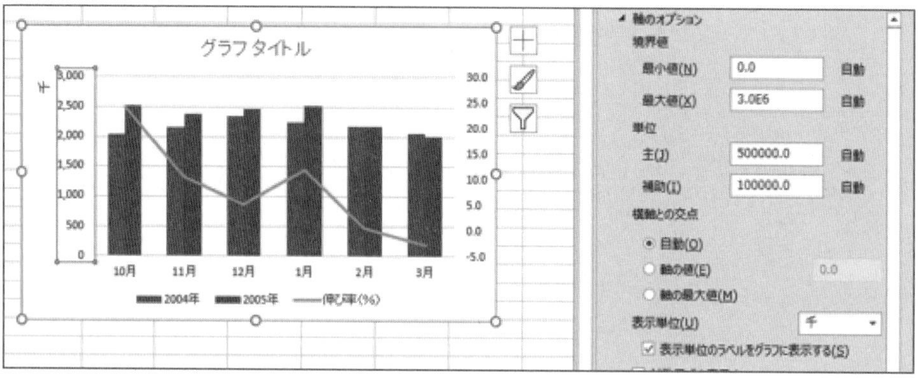

「表示単位のラベルをグラフに表示する」のチェックを外します。

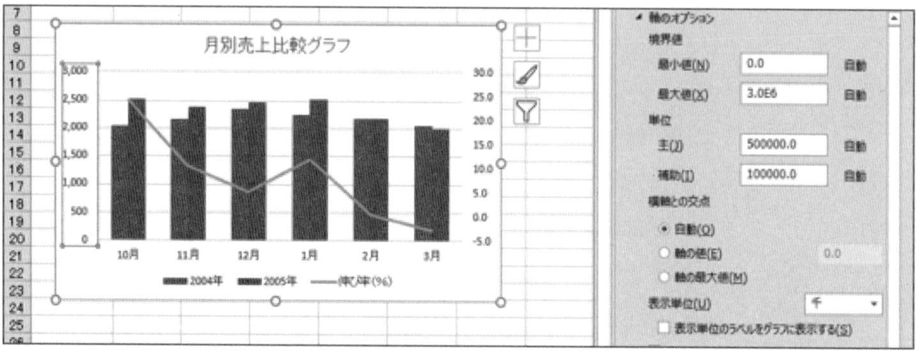

注意

表示単位のラベルは表示しないように!「表示単位」で「千」を選ぶと、自動的に「千」という文字がグラフ上に表示されます。「表示単位のラベルをグラフに表示する」のチェックを外して、「千」の文字は非表示にしておきましょう。

主縦軸の軸ラベルに、「単位 ： 千円」と表示してください。グラフの右側に表示されている「グラフの要素」 ボタンをクリックして、「軸ラベル」にチェックを入れます。グラフの縦軸2ヶ所、横軸1ヶ所に「軸ラベル」という文字が表示されます。

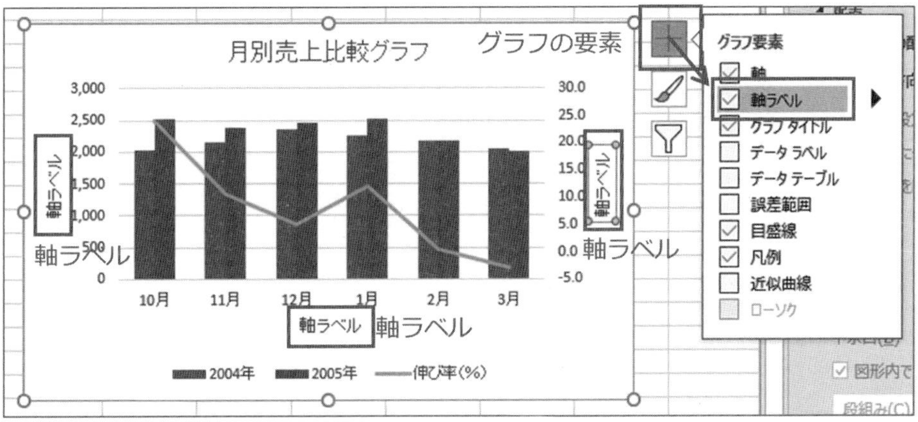

軸ラベルの文字を横書きに設定します。主軸の「軸ラベル」という文字の上で右クリックして、「軸ラベルの書式設定」画面より、「文字列の方向」を「横書き」に設定します。

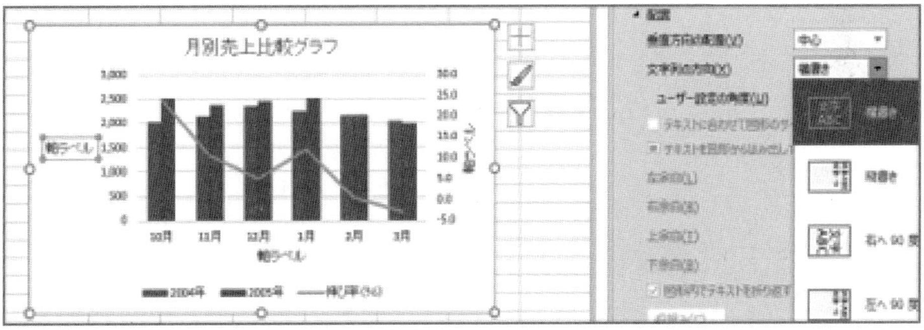

主軸の軸ラベルの文字が横書きになりました。軸ラベルのボックスの中をクリックして、「軸ラベル」の文字を削除して、代わりに「単位 ： 千円」と入力します。

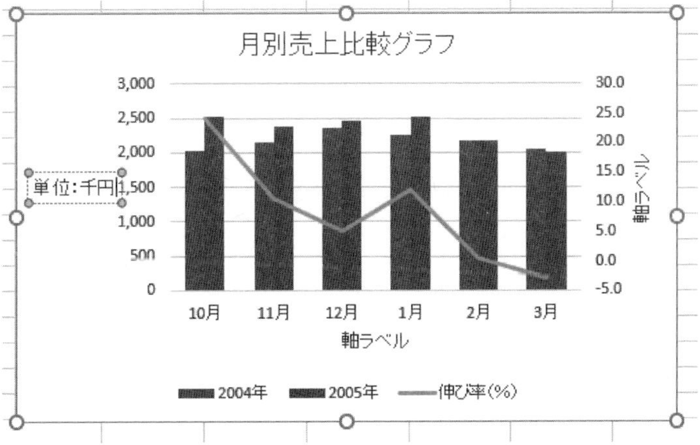

軸ラベルの文字を、主軸の数値の上に移動します。 軸ラベルのボックスの枠線上にマウスを合わせてドラッグすると移動できます。

また続いて、第2縦軸のラベルに、「単位 ： %」と表示させてください。 第2軸の軸ラベルの文字を選択して、「軸の書式設定」→「文字列の方向」→「横書き」を選択します。

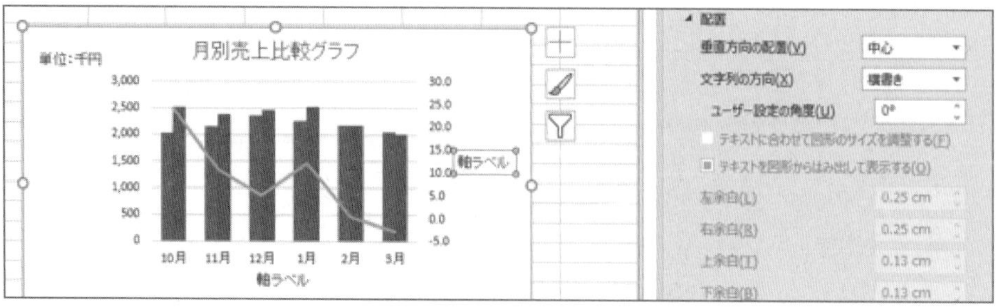

主軸と同様に、軸ラベルの文字に「単位 ： %」と入力し、軸の上側に移動します。

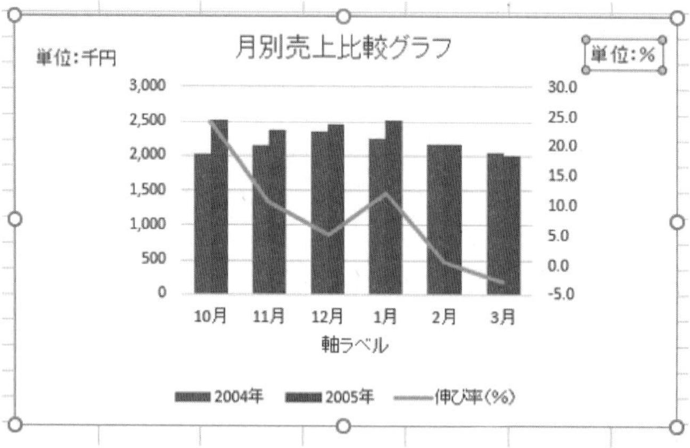

ポイント

軸ラベルの位置は、軸の上側になるようにドラッグして移動しておきます。

さらにグラフを見やすくするために、「プロットエリア」を横に広げてみましょう。 中央にある□で囲まれた部分を「プロットエリア」といいます。 マウスを合わせて「プロットエリア」と表示されるエリアをクリックし、プロットエリアを選択します。

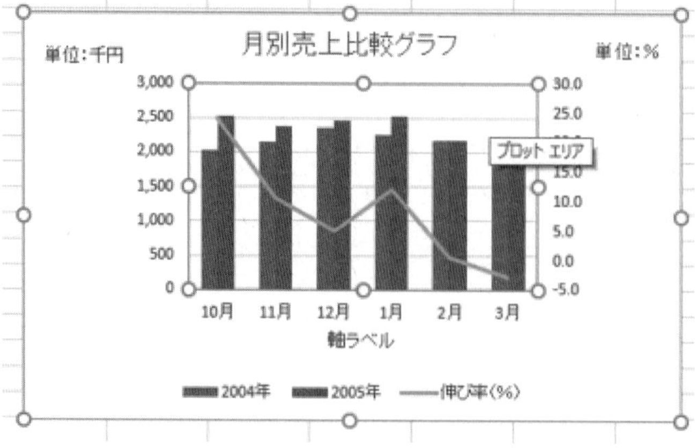

プロットエリアの左右にある○の上にマウスを合わせて、 横方向にドラッグすると、 プロットエリアの横幅を広げることができます。

横軸（項目軸）にある、「軸ラベル」の文字は不要です。 クリックしてDeleteキーで削除しておきましょう。

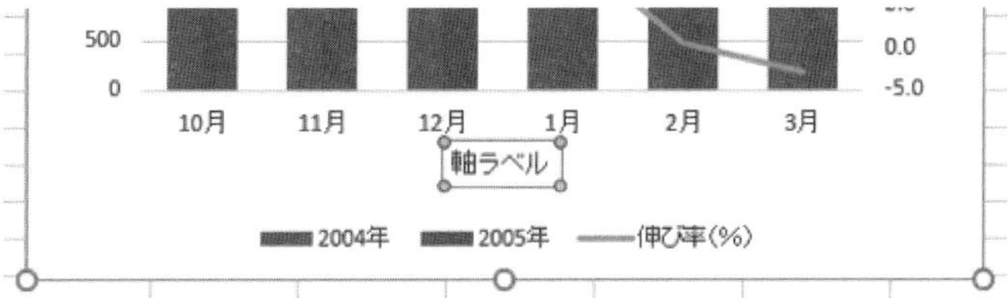

複合グラフの完成です。

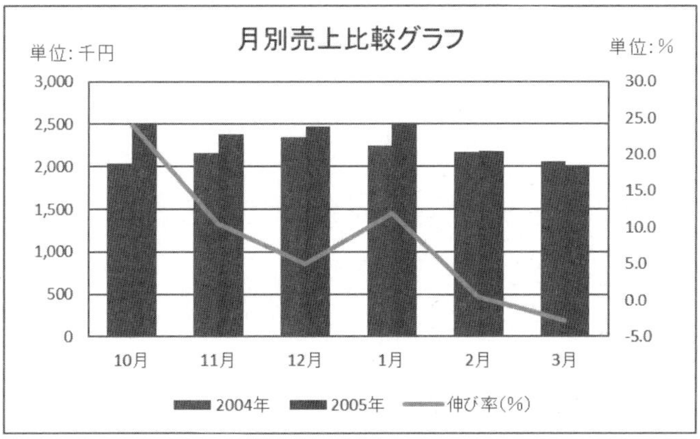

✓ チェック

グラフの各種設定について

- グラフは、見やすい大きさに作成してください。
- 数値軸ラベルの位置は、特に問題文に指示はありませんが、軸の上部分に水平に配置するようにしてください。
- 凡例の位置は、通常「下」に配置されています。 問題文に指示がない限り、移動する必要はありませんが、見やすい位置に配置するようにしてください（問題文に、「凡例は下に配置すること」と指示されている場合は、下に配置してください）。

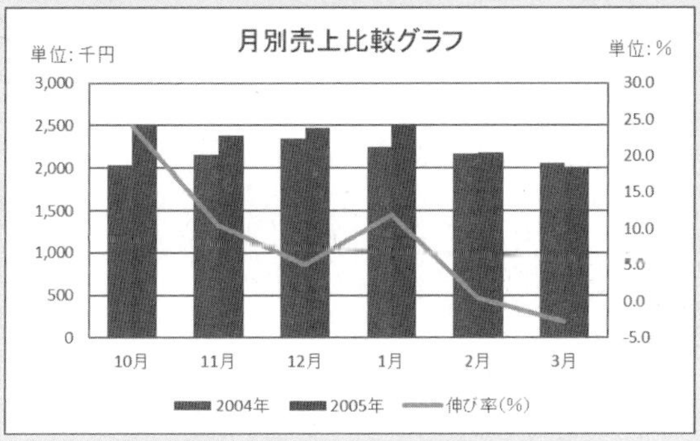

3-6-2 グラフの行と列を入れ替える

「6 グラフ」のシート「6-2 行列の切り替え」を開いてください。

	A	B	C	D
1	降水量比較表			
2				
3		1月	2月	3月
4	東京	120	330	220
5	大阪	220	340	240
6	名古屋	320	310	230

「月」ごとの降水量を表す「折れ線グラフ」を作成してください。セル「A3」から「D6」までをドラッグして、「挿入」タブ→「折れ線」→「マーカー付き折れ線」を選択します。

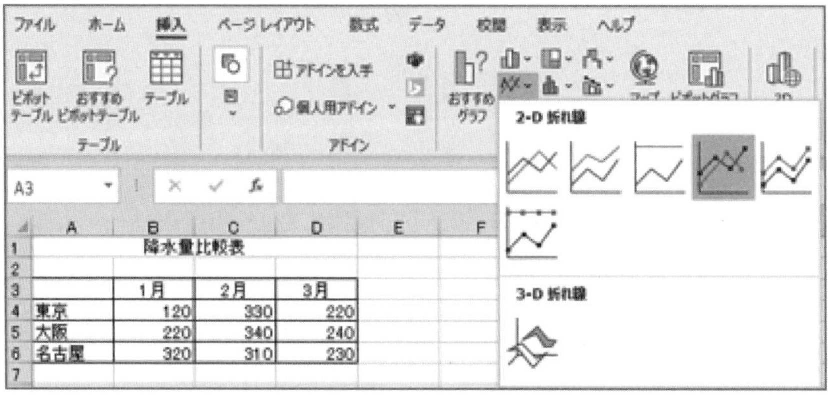

先ほどの折れ線グラフを、「地区」ごとの降水量を表す「縦棒グラフ」に変更してください。月ごとの降水量を比較した折れ線グラフを、「地区」ごとの降水量を表す縦棒グラフに変更してみましょう。「グラフのデザイン」タブ→「グラフの種類の変更」→「縦棒グラフ」を選択、「OK」をクリックします。

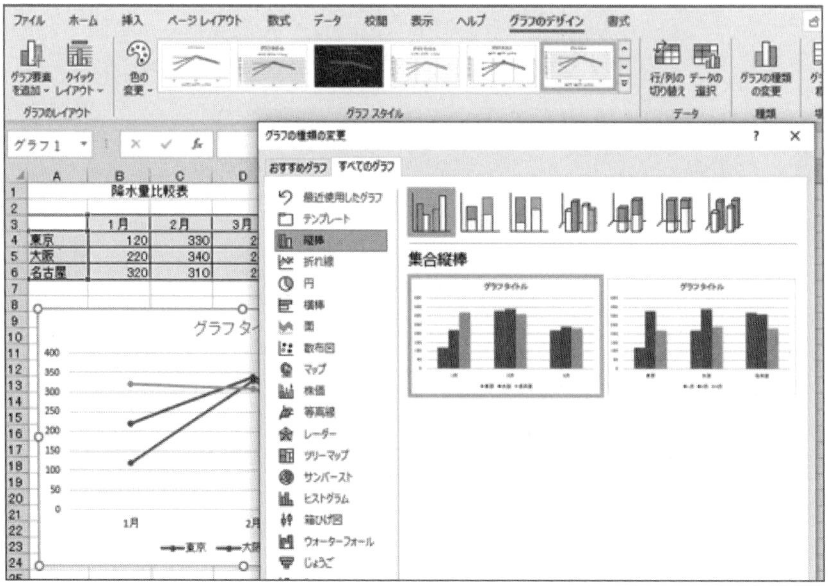

続けて、「グラフのデザイン」タブの「行/列の切り替え」をクリックします。

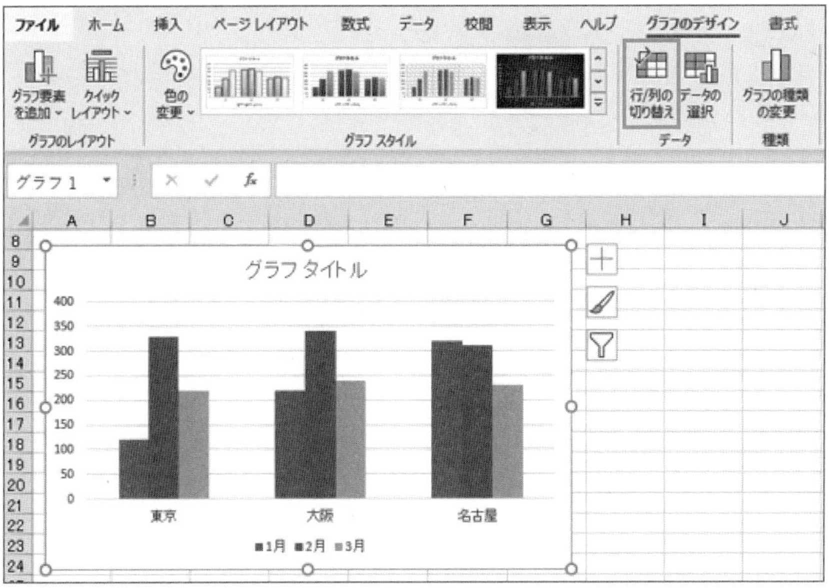

ポイント

「地区ごとの降水量を表すグラフ」であれば、「地区」の項目が、横軸になるように設定します。

地区ごとの降水量を表した縦棒グラフができました。

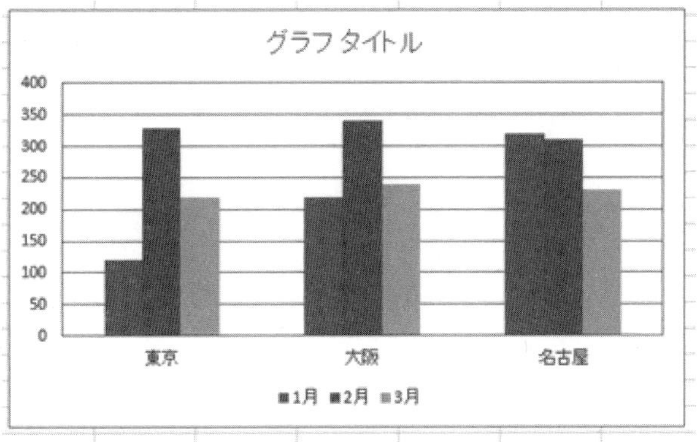

覚えておくと便利

「行/列の切り替え」ボタンをクリックすると、横軸と凡例を逆にすることができます。

第4章 実技科目の練習

この章では、実際の試験問題に近い形式の練習問題を学習します。

日商PC検定の試験問題は、問題文の画面とExcelの画面を、左右に2つ並べて解答していきます。練習問題の学習から、Excelのウィンドウを3分の2くらいに縮小して練習するようにしてください。画面を縮小しているので、Excelのボタンが隠れてしまっている場合がありますが、普段からこの画面に慣れるようにしてください。

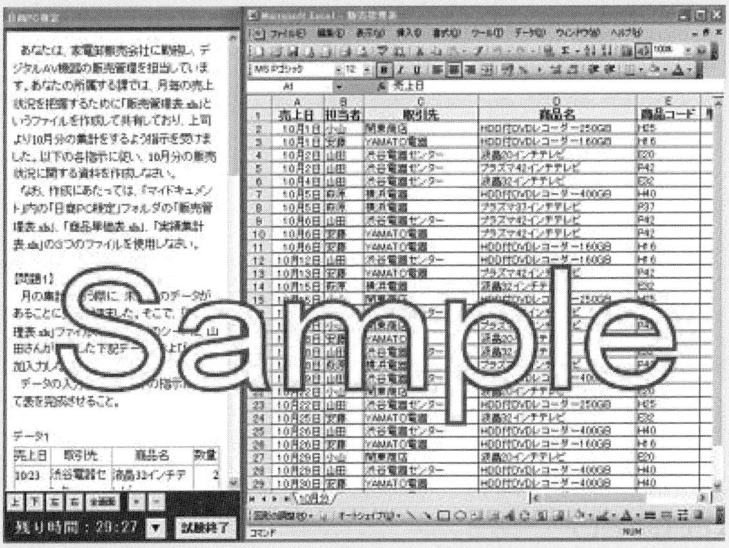

●ファイルを開く

「第4章 実技科目の練習」のフォルダーには、以下のExcelファイルが入っています。問題ごとに、それぞれのExcelファイルをダブルクリックで開いて練習していきます。

- 1-1 売上集計問題
- 1-2 売上集計問題
- 1-3 売上集計問題
- 1-4 売上集計問題
- 2-1 アンケート集計問題
- 2-2 アンケート集計問題
- 3-1 請求書作成問題
- 3-2 請求書作成問題
- 3-3 請求書作成問題
- 4-1 チャレンジ問題

4-1 売上集計問題

4-1-1

「1-1　売上集計問題」ファイルを開いてください。

レストランメニューの売上実績

レストランメニューの売上実績を、以下の指示に従い集計してください。

●問題1

シート「データ」を元に売上金額を集計し、男女それぞれの売上金額上位3位までのメニューを求めてください。 その際、以下の指示に従うこと。

（指示）

- シート名「売上ランキング」に集計すること。

●問題2

シート「データ」を元に、女性の売上について、売上金額全体に対する構成比（%）を計算してください。 その際、以下の指示に従うこと。

（指示）

- シート名「売上構成比」に集計すること。
- 構成比（%）は、小数点第2位を四捨五入し、小数点第1位までの表示とすること。
- 構成比（%）の高い順に表を並べ替えること。

●問題3

シート「売上構成比」を元に、女性の売上金額の割合がわかる円グラフを作成してください。 その際、以下の指示に従うこと。

（指示）

- グラフには、割合が表示されるようにすること。 割合は、小数点第1位までの表示とすること。
- 凡例を表示すること。
- グラフのタイトルは「女性の売上割合」とし、グラフの中央に配置すること。
- グラフは問題2で作成した表の下に配置すること。

●問題4

変更したファイルは、「売上集計」とファイル名を付けて保存してください。

※なお、「●問題4」については本稿では解説を省略しております。 ファイルを保存する手順については、2章の「2-1-3　ファイルの保存」をご参照ください。

ポイント

この問題の解答の流れは、以下の通りです。 与えられたデータを元に、解答の表を集計するためのピボットテーブルを作成し、構成比等を計算し、最終的にグラフを作成します。

①シート「データ」にある金額をピボットテーブルで集計

	A	B	C	D
1	メニュー	性別	年齢	金額
2	鍋焼きうどん	女	50	800
3	海鮮ちらし丼	女	27	1,280
4	ハンバーグ定食	男	40	980
5	ハンバーグ定食	男	32	980
6	うな重	男	49	2,000

②シート「売上ランキング」に男女それぞれ売上金額の上位3つのメニュー名と金額を集計

	A	B	C	D	E	F
1						
2						
3			男性		女性	
4			メニュー	金額	メニュー	金額
5		1				
6		2				
7		3				

③女性の売上金額の構成比を求め、シート「売上構成比」に円グラフを作成

	A	B	C	D
1				
2				
3		女性		
4		メニュー	売上金額	構成比(%)
5				
6				
7				
8				
9				
10				
11				
12				
13				
14				
15		合計		

解説

レストランメニューの売上実績

●問題1

まず、ピボットテーブルの作成を行います。「データ」シートにある売上金額を、ピボットテーブルを使って集計します。最初に表内のセルをクリックしておきます（表の中のセルならどこでもOKです）。「挿入」タブから「ピボットテーブル」ボタンを選択してください。

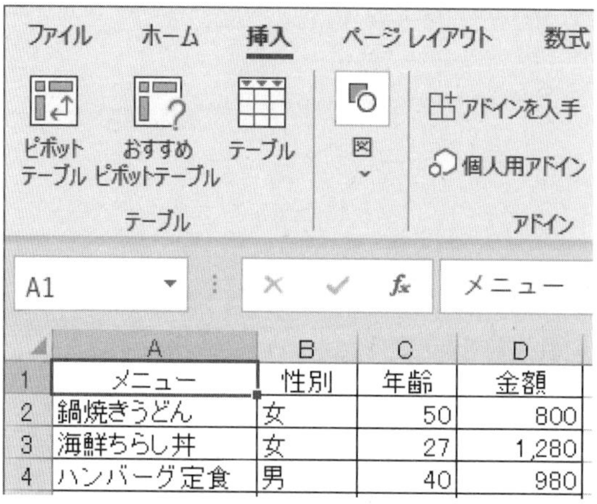

ピボットテーブルの作成位置は、シート「売上ランキング」の任意のセルにすると、集計した値をコピー・貼り付けするのが楽になります。ピボットテーブルレポートを配置する場所は「既存のワークシート」にチェックを入れ、シート「売上ランキング」をクリックして、任意のセル（解答例では「H3」）をクリックし、「OK」をクリックします。

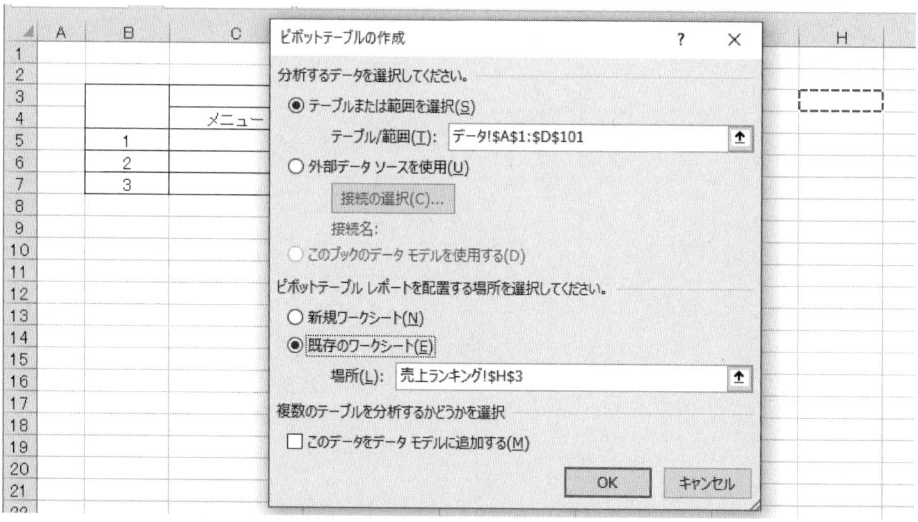

注意

ピボットテーブルの作成場所は、解答となる表の「右横」に作成します。

ピボットテーブルのフィールドを設定します。「メニュー」を「行」に、「性別」を「列」に、「金額」を「値」に、それぞれドラッグしましょう。

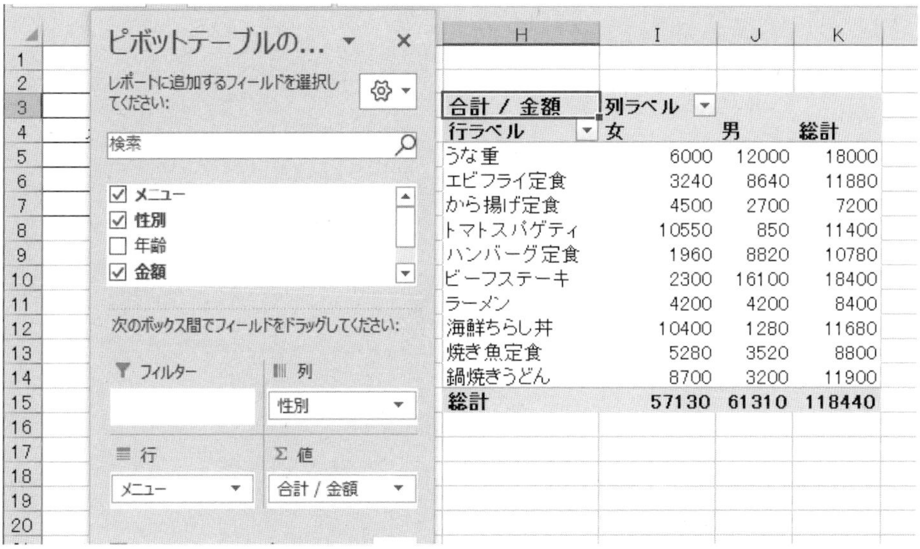

ピボットテーブルに集計結果が表示されました。

続いて、ピボットテーブルの男性と女性の列を入れ替えます。セル「男」の枠線の上にマウスを合わせて、「女」の左側へドラッグし移動します。

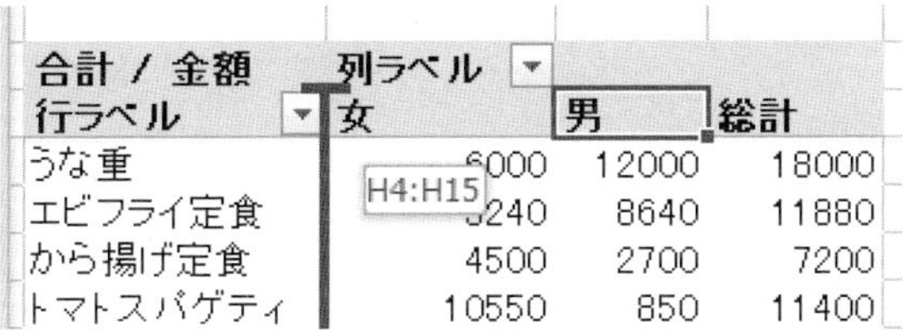

さらに、男性の売上金額を多い順（降順）に並べ替えます。ピボットテーブル内の男性の売上金額のセル（例ではセル「I5」）をクリックし、「ホーム」タブから「並べ替えとフィルター」を選択します。並べ替えのうち、「降順」（Z→A）をクリックしてください。

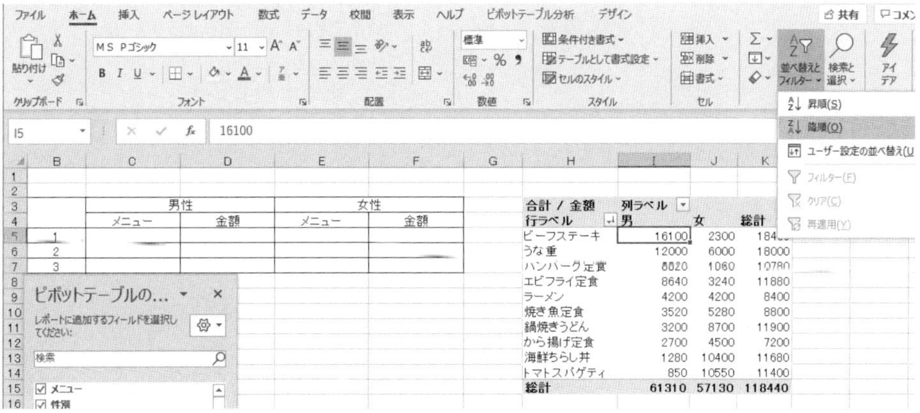

上位3位の項目をコピーし、集計先の表に「値」を貼り付けます。貼り付ける際は、「貼り付け」ボタンの「v」をクリックして、「値」を選択するようにしてください。

同様に、女性の売上金額を降順に並べ替えます。

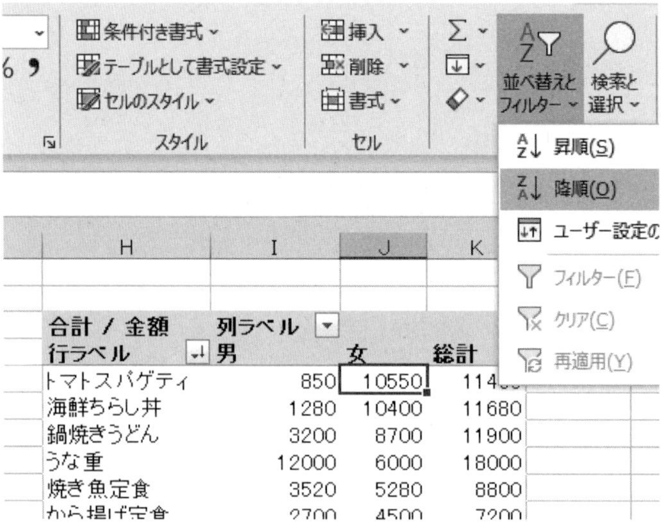

上位3位の項目をコピーして、値の貼り付けをします。

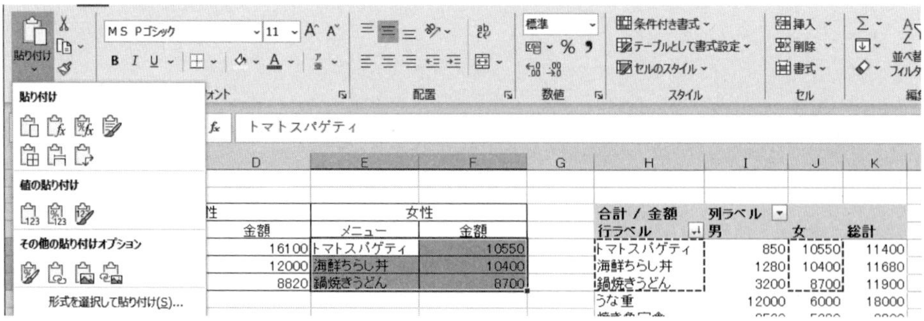

貼り付けた数値には、「桁区切り」を設定して、「売上ランキング」表の完成です。

	B	C	D	E	F
1					
2					
3		男性		女性	
4		メニュー	金額	メニュー	金額
5	1	ビーフステーキ	16,100	トマトスパゲティ	10,550
6	2	うな重	12,000	海鮮ちらし丼	10,400
7	3	ハンバーグ定食	8,820	鍋焼きうどん	8,700
8					

●**問題2**

女性の売上について、売上金額全体に対する「構成比（%）」を計算します。 問題1で作成したピボットテーブルの女性のメニュー名と売上金額をコピーします。

H	I	J	K
合計 / 金額	**列ラベル**		
行ラベル	**男**	**女**	**総計**
トマトスパゲティ	850	10550	11400
海鮮ちらし丼	1280	10400	11680
鍋焼きうどん	3200	8700	11900
うな重	12000	6000	18000
焼き魚定食	3520	5280	8800
から揚げ定食	2700	4500	7200
ラーメン	4200	4200	8400
エビフライ定食	8640	3240	11880
ビーフステーキ	16100	2300	18400
ハンバーグ定食	8820	1960	10780
総計	**61310**	**57130**	**118440**

シート「売上構成比」のセル「B5:C14」に値を貼り付けます。

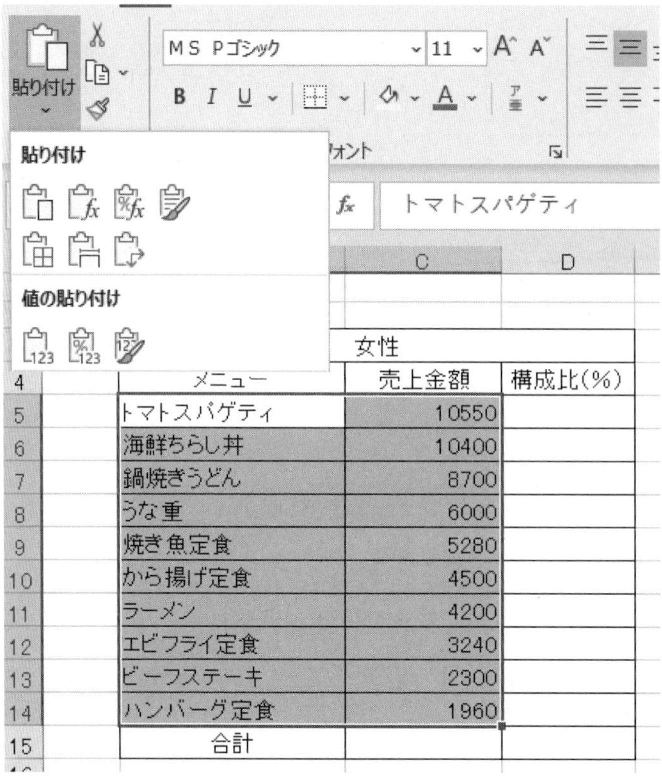

オートSUMを使って、セル「C15」に売上金額の合計を計算します。

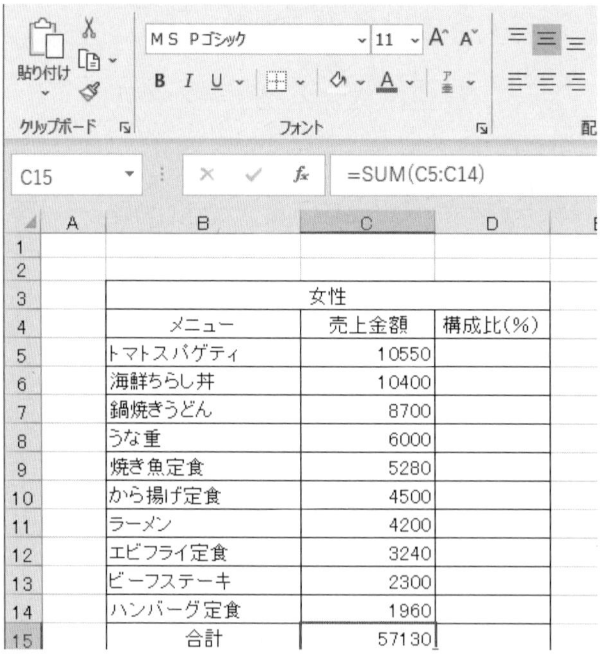

女性の構成比（%）の計算をします。

VLOOKUP　×　✓　fx　=C5/$C$15*100

	A	B	C	D	E
1					
2					
3		女性			
4		メニュー	売上金額	構成比(%)	
5		トマトスパゲティ	10550	=C5/$C$15*100	
6		海鮮ちらし丼	10400		
7		鍋焼きうどん	8700		
8		うな重	6000		
9		焼き魚定食	5280		
10		から揚げ定食	4500		
11		ラーメン	4200		
12		エビフライ定食	3240		
13		ビーフステーキ	2300		
14		ハンバーグ定食	1960		
15		合計	57130		
16					

! 注　意

構成比を計算する場合は、「合計」の数値は絶対参照にしてください。F4キーで「$」をつけるようにしましょう。

セル「D15」までオートフィルして、小数点第1位までの表示にします。 売上金額の数値に「桁区切り」を設定して、表の完成です。

	A	B	C	D
1				
2				
3		女性		
4		メニュー	売上金額	構成比(%)
5		トマトスパゲティ	10,550	18.5
6		海鮮ちらし丼	10,400	18.2
7		鍋焼きうどん	8,700	15.2
8		うな重	6,000	10.5
9		焼き魚定食	5,280	9.2
10		から揚げ定食	4,500	7.9
11		ラーメン	4,200	7.4
12		エビフライ定食	3,240	5.7
13		ビーフステーキ	2,300	4.0
14		ハンバーグ定食	1,960	3.4
15		合計	57,130	100.0
16				

指示「売上構成比（%）の高い順に並べ替えること」に関しては、すでに問題1で売上金額の降順に並べ替えているため、今回並べ替える必要はありません。

●問題3

女性の売上金額の割合がわかる円グラフを作成します。「売上金額」をデータ範囲として、「2-D 円」の左端の円グラフをクリックします。

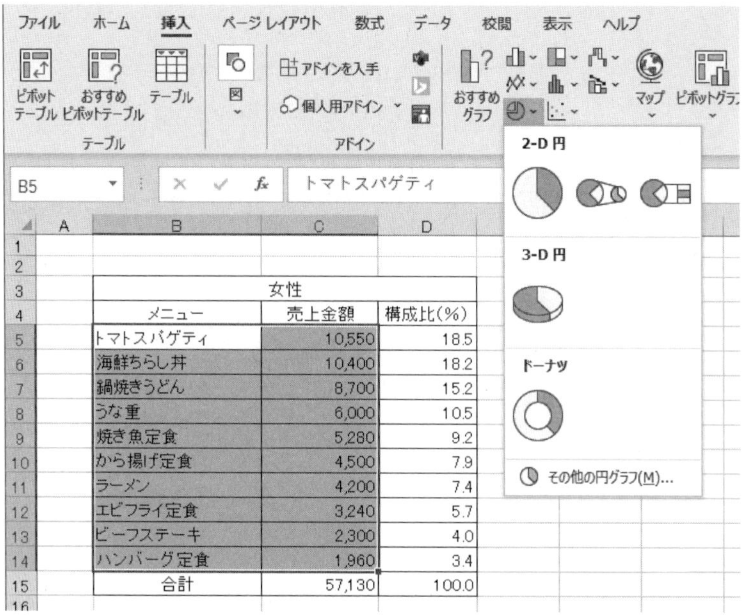

グラフタイトルは「女性の売上割合」と入力します。データラベルを表示させます。「グラフ要素」→「データラベル」をクリックしてください。

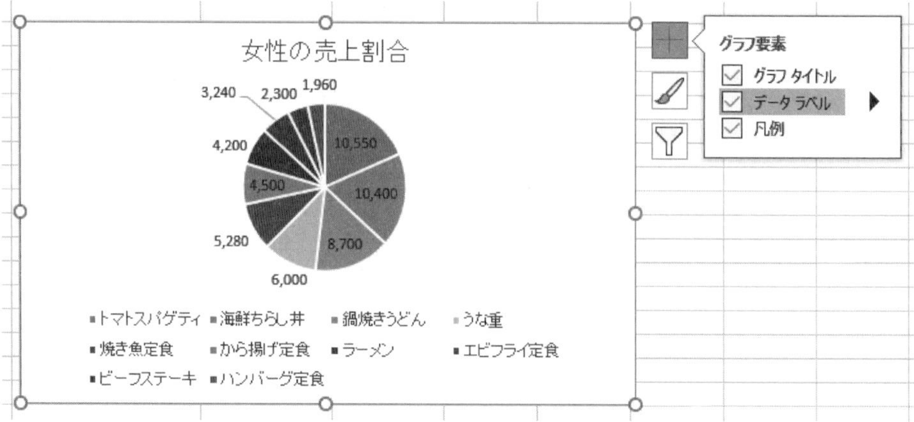

「データラベル」にチェックを入れると、売上金額の数値がグラフ上に表示されます。 この数値を「パーセンテージ」に変更してみましょう。 まず、データラベルの上で右クリックし、「データラベルの書式設定」を表示します。

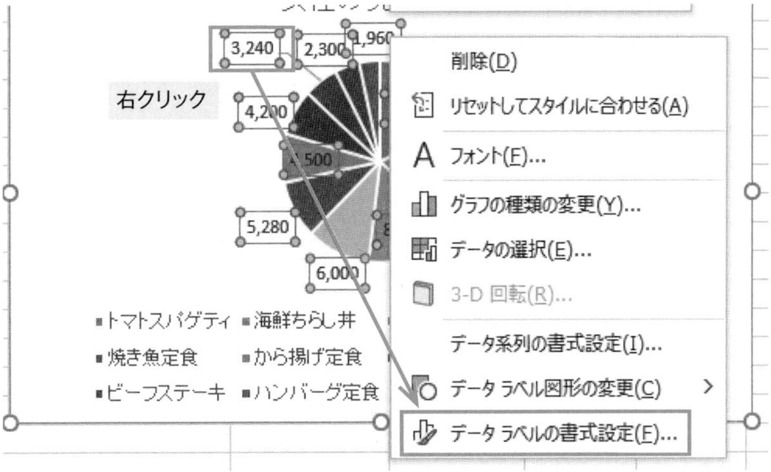

「ラベルオプション」の「ラベルの内容」で、「パーセンテージ」にチェックを入れて、いったん金額とパーセンテージの両方を表示させます。

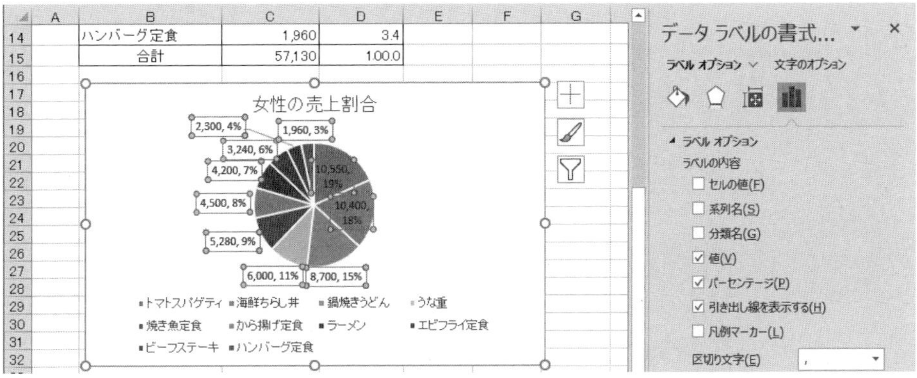

続けて、「値」のチェックを外して、「パーセンテージ」だけを表示させます。

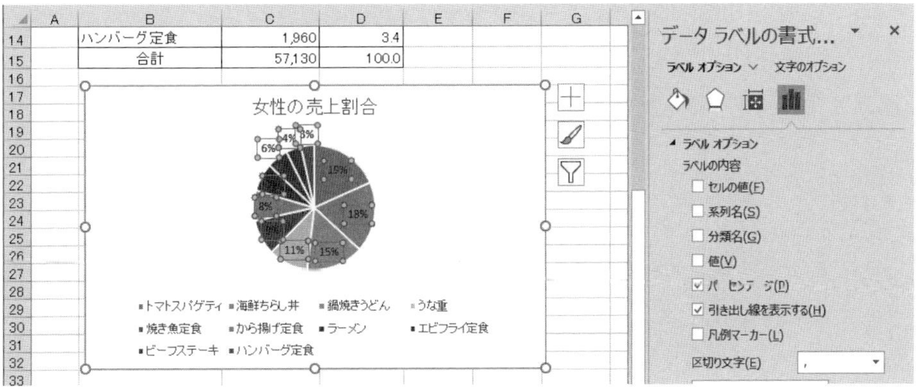

確　認

「値」と「パーセンテージ」の違いは以下の通りです。

- 値　グラフの元となる表の数値をそのまま表示します。今回の問題では「売上金額」が「値」です。
- パーセンテージ　グラフの元になっている表の数値を割合にして表示します。

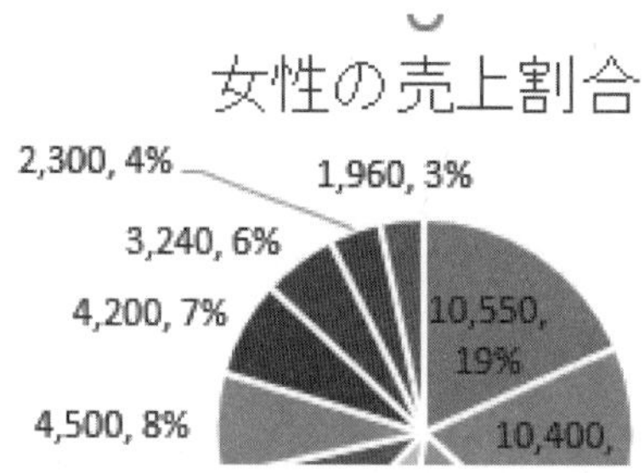

「表示形式」の文字をクリックすると、カテゴリを選択できるようになりますので、「パーセンテージ」を選択し、小数点以下の桁数を「1」に設定します。

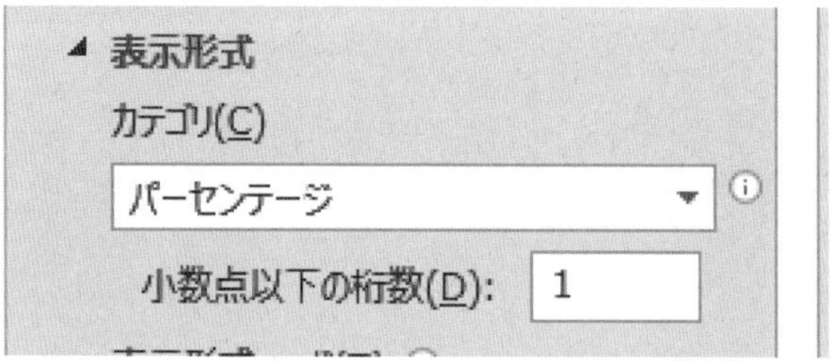

「ラベルの位置」は特に指示はありませんが、「外部」にしておくと、数値が重ならず見やすいグラフになります。

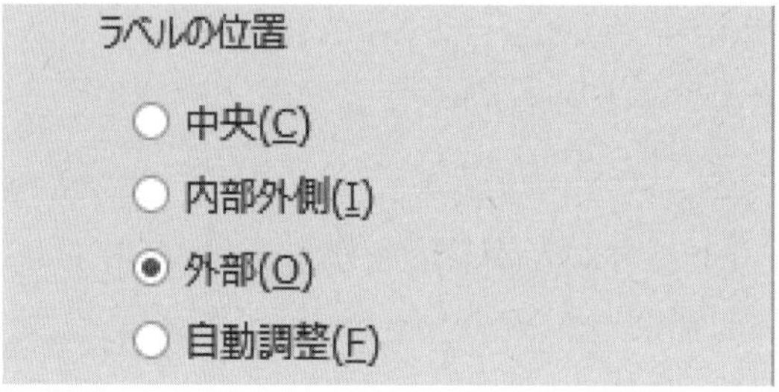

これで、グラフの完成です。

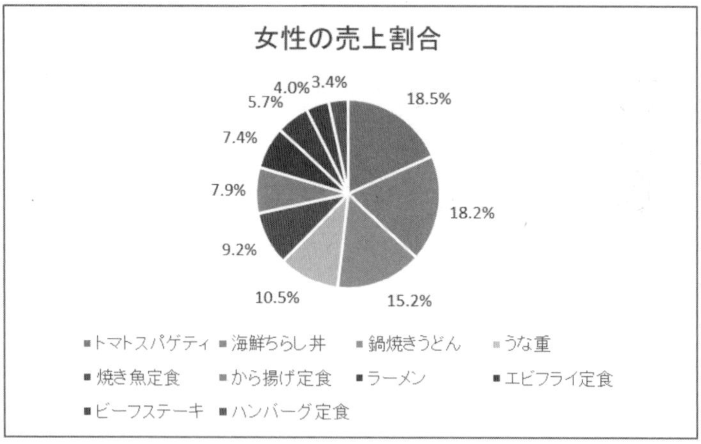

4-1-2 分野別の売上利益

「1-2　売上集計問題」ファイルを開いてください。

分野別の売上利益を集計する表を、以下の指示に従い作成してください。

●問題1

「data1」シートを元に、集計表を作成してください。 その際、以下の指示に従うこと。

（指示）

- シート名「分野別売上」に計算すること。
- 表のタイトルを「分野別売上金額」とし、文字サイズを拡大して表の上中央に配置すること。
- 売上金額の高い順に並べ替えること。

●問題2

問題1で作成した表と「原価率表」シートを元に、売上原価と利益額を計算してください。 その際、以下の指示に従うこと。

（指示）

- 「利益額計算書」シートに集計すること。
- 「売上原価」と「利益額」の数値には、「桁区切り」を設定すること。
- 利益額の高い順に並べ替えること。

●問題3

問題2で作成した表を元に、分野ごとの売上金額を縦棒グラフ、利益額を折れ線グラフで表したグラフを作成してください。 その際、以下の指示に従うこと。

（指示）

- グラフタイトルは「分野別売上金額と利益額」とすること。
- 凡例はグラフの下に配置すること。
- 第1縦軸には「単位:千円」を表示すること。 表示単位は「千」とすること。
- グラフは、問題2で作成した表の下に配置すること。

●問題4

変更したファイルは、「分野別利益比較」とファイル名を付けて保存してください。

※なお、「●問題4」については本稿では解説を省略しております。 ファイルを保存する手順については、2章の「2-1-3　ファイルの保存」をご参照ください。

第1章
第2章
第3章
第4章
第5章
第6章

ポイント

問題に使うデータと解答の表を確認してみましょう。

①シート「data1」にある売上金額を分野別に集計して、シート「分野別売上」の表を完成させる

	A	B	C	D
1	分野	性別	年齢	売上金額
2	食料品	女	53	20000
3	時計	女	28	8000
4	電化製品	男	44	38000
5	電化製品	男	33	79000
6	バッグ	男	48	39000
7	衣料品	男	34	15000

	A	B	C
1			
2			
3			
4		分野	売上金額
5			
6			
7			
8			
9			
10			
11			
12			
13			
14			
15		合計	

②シート「原価率表」にある原価率を使って、シート「利益額計算書」の表を完成させる

	A	B	C
1			
2		分野	原価率
3		電化製品	70%
4		食料品	50%
5		生活雑貨	72%
6		衣料品	58%
7		バッグ	68%
8		時計	63%
9		健康食品	60%
10		ステーショナリー	53%
11		化粧品	55%
12		その他	73%

	B	C	D	E	F
2					
3	分野	売上金額	原価率	売上原価	利益額
4					
5					
6					
7					
8					
9					
10					
11					
12					
13					
14	合計		−		

解説

分野別の売上利益

●問題1

シート「data1」の表内をクリックして、「挿入」タブより「ピボットテーブル」をクリックします。

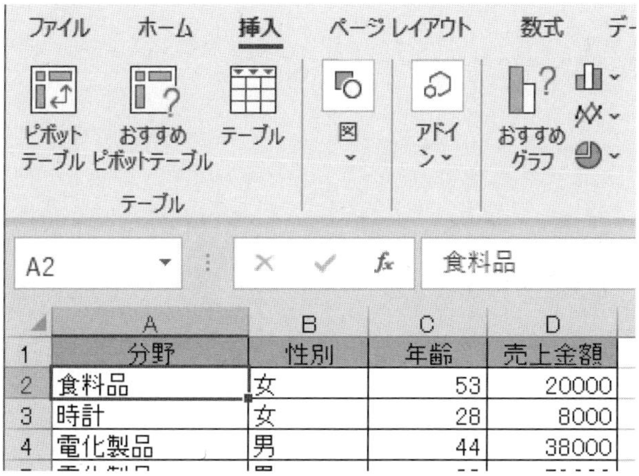

ピボットテーブルの作成場所は、シート「分野別売上」の任意のセルを使います。

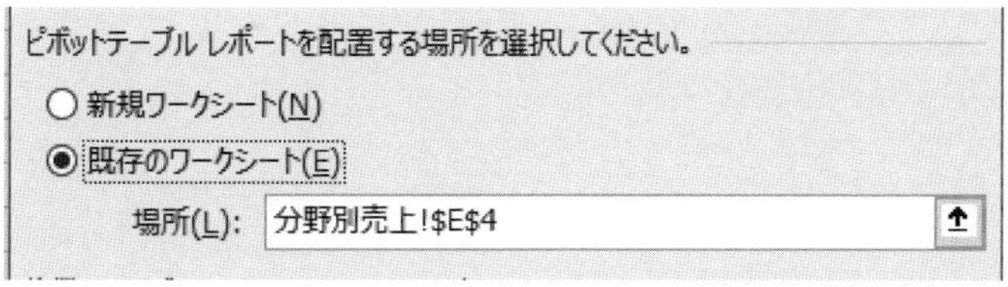

「行」には「分野」、「値」には「売上金額」をそれぞれドラッグします。

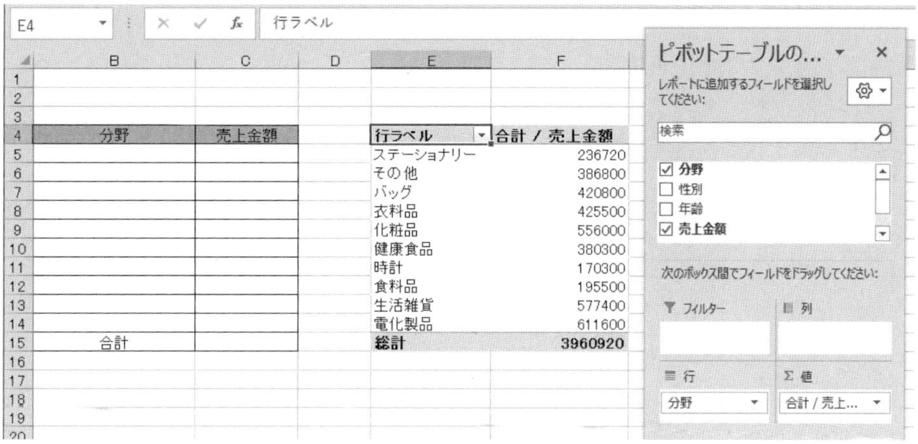

ピボットテーブルで集計したデータをセル「B5:C14」にコピーし、値を貼り付けます。

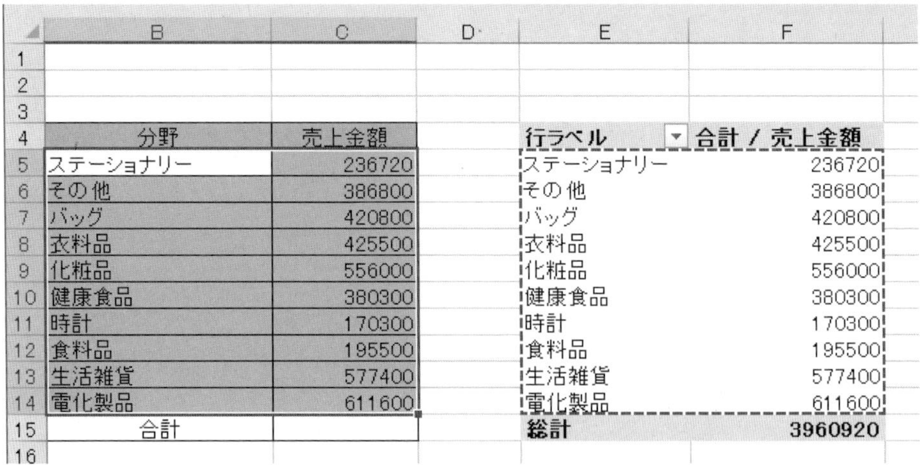

	B	C	D	E	F
1					
2					
3					
4	分野	売上金額		行ラベル	合計 / 売上金額
5	ステーショナリー	236720		ステーショナリー	236720
6	その他	386800		その他	386800
7	バッグ	420800		バッグ	420800
8	衣料品	425500		衣料品	425500
9	化粧品	556000		化粧品	556000
10	健康食品	380300		健康食品	380300
11	時計	170300		時計	170300
12	食料品	195500		食料品	195500
13	生活雑貨	577400		生活雑貨	577400
14	電化製品	611600		電化製品	611600
15	合計			総計	3960920
16					

セル「C15」に合計を計算し、数値には「桁区切り」を設定します。

	B	C
1		
2		
3		
4	分野	売上金額
5	ステーショナリー	236,720
6	その他	386,800
7	バッグ	420,800
8	衣料品	425,500
9	化粧品	556,000
10	健康食品	380,300
11	時計	170,300
12	食料品	195,500
13	生活雑貨	577,400
14	電化製品	611,600
15	合計	3,960,920

表のタイトルを入力し、文字サイズを拡大し、表の上中央に配置します。

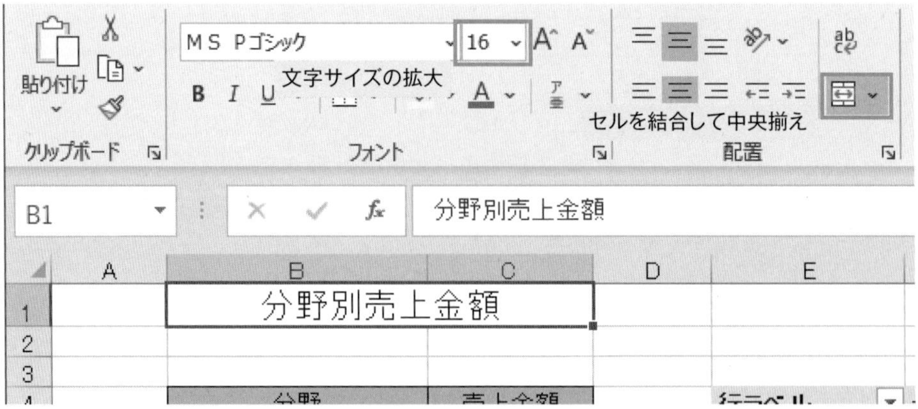

売上金額の高い順（降順）に表の並べ替えをします。まず、セル「B4」から「C14」までをドラッグして選択し（15行目の合計行はドラッグしないでください。合計行が移動してしまいます）「ホーム」タブ→「並べ替えとフィルター」→「ユーザー設定の並べ替え」を選んでください。

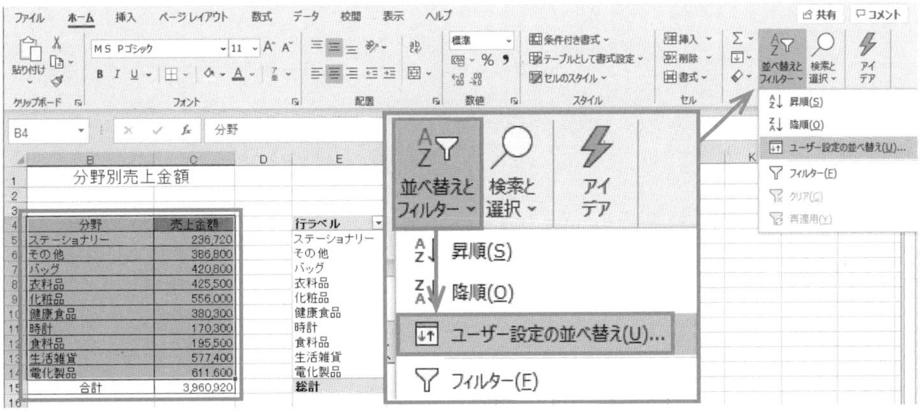

次に、最優先されるキーは「売上金額」、順序は「大きい順」を選択し、「OK」をクリックしてください。

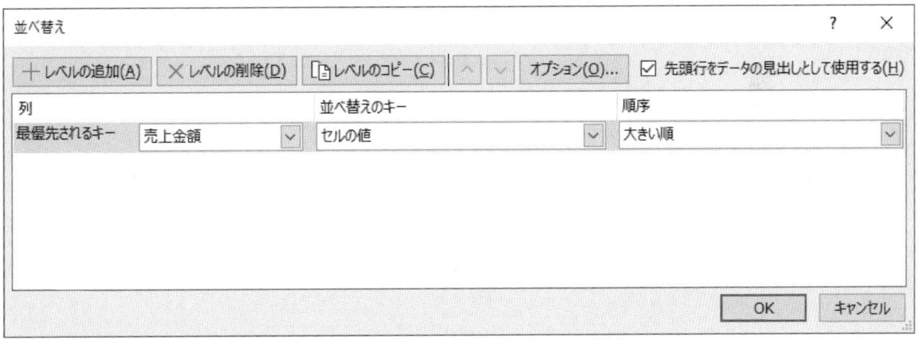

売上金額の「降順」（数値の多い順）に並べ替えられました。

	B	C
1	分野別売上金額	
2		
3		
4	分野	売上金額
5	電化製品	611,600
6	生活雑貨	577,400
7	化粧品	556,000
8	衣料品	425,500
9	バッグ	420,800
10	その他	386,800
11	健康食品	380,300
12	ステーショナリー	236,720
13	食料品	195,500
14	時計	170,300
15	合計	3,960,920

●**問題2**

「利益額計算書」表を作成します。シート「分野別売上」のセル「B5:B14」（分野名）と「C5:C15」（売上金額）をコピーして、シート「利益額計算書」のセル「B4:B13」と「C4:C14」に値を貼り付けます。売上金額には「桁区切り」を設定します。

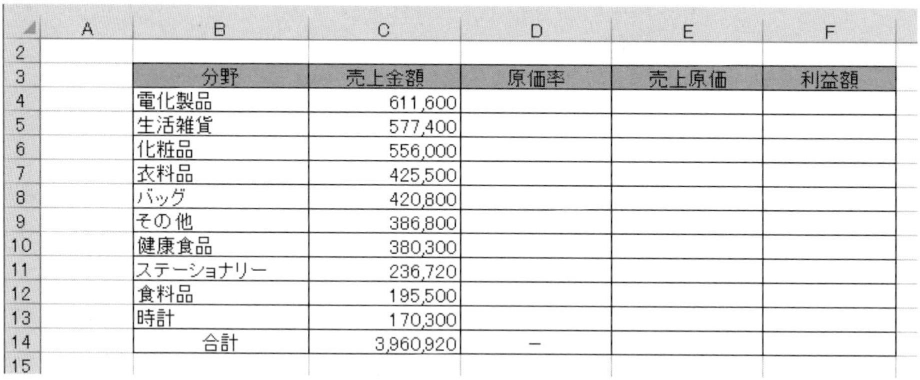

	A	B	C	D	E	F
2						
3		分野	売上金額	原価率	売上原価	利益額
4		電化製品	611,600			
5		生活雑貨	577,400			
6		化粧品	556,000			
7		衣料品	425,500			
8		バッグ	420,800			
9		その他	386,800			
10		健康食品	380,300			
11		ステーショナリー	236,720			
12		食料品	195,500			
13		時計	170,300			
14		合計	3,960,920	–		
15						

次に、シート「原価率表」の原価率をVLOOKUP関数を使って表示します。VLOOKUP関数の引数は以下のようにしてください。

- 検索値…セル「B4」（分野名を元に原価率を検索します）
- 範囲…シート「原価率表」のセル「B3:C12」（絶対参照）
- 列番号…2（原価率は範囲の2列目にあります）
- 検索方法…0（VLOOKUP関数の決まり「0」を入力）

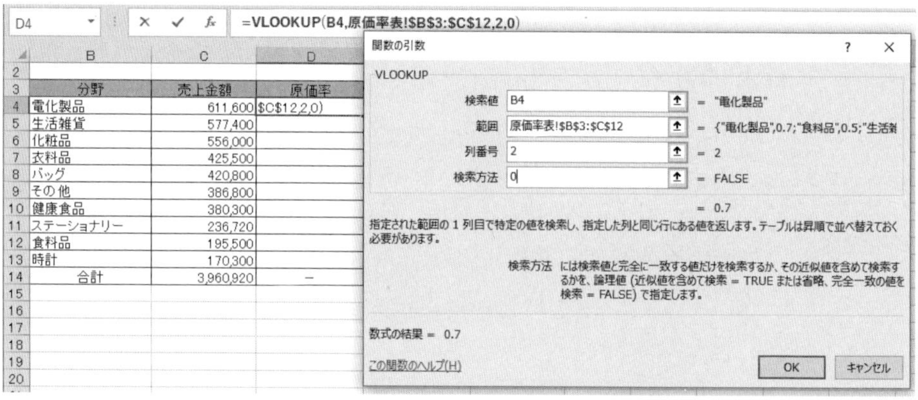

	B	C	D
2			
3	分野	売上金額	原価率
4	電化製品	611,600	$C$12,2,0)
5	生活雑貨	577,400	
6	化粧品	556,000	
7	衣料品	425,500	
8	バッグ	420,800	
9	その他	386,800	
10	健康食品	380,300	
11	ステーショナリー	236,720	
12	食料品	195,500	
13	時計	170,300	
14	合計	3,960,920	–
15			
16			
17			
18			
19			
20			

セル「D13」までオートフィルして、パーセントスタイルに設定します。

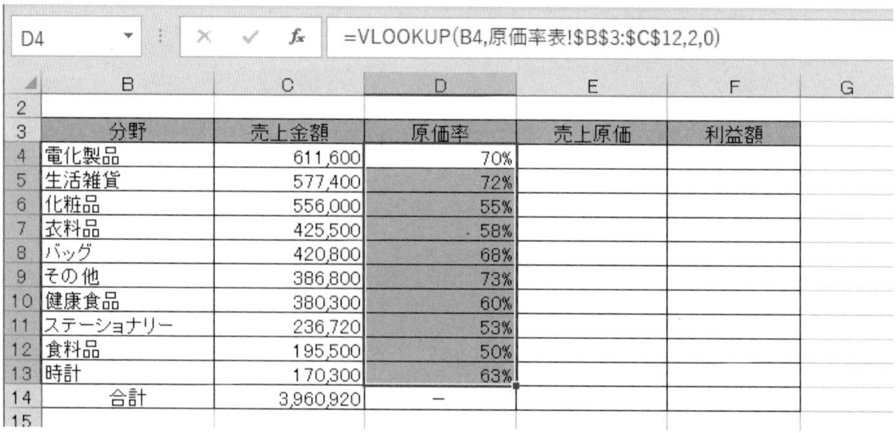

	B	C	D	E	F	G
2						
3	分野	売上金額	原価率	売上原価	利益額	
4	電化製品	611,600	70%			
5	生活雑貨	577,400	72%			
6	化粧品	556,000	55%			
7	衣料品	425,500	58%			
8	バッグ	420,800	68%			
9	その他	386,800	73%			
10	健康食品	380,300	60%			
11	ステーショナリー	236,720	53%			
12	食料品	195,500	50%			
13	時計	170,300	63%			
14	合計	3,960,920	–			
15						

続いて、「売上原価」の計算をします。「売上原価＝売上金額×原価率」という計算式です。

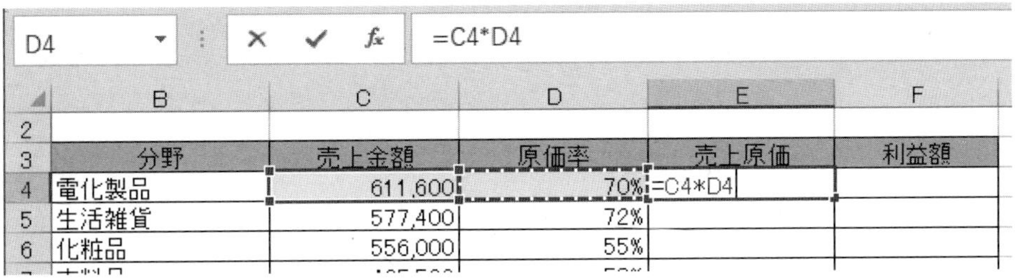

売上原価の計算式は、セル「E13」までオートフィルしておきます。また、セル「E14」には、オートSUMを使って合計を計算します。

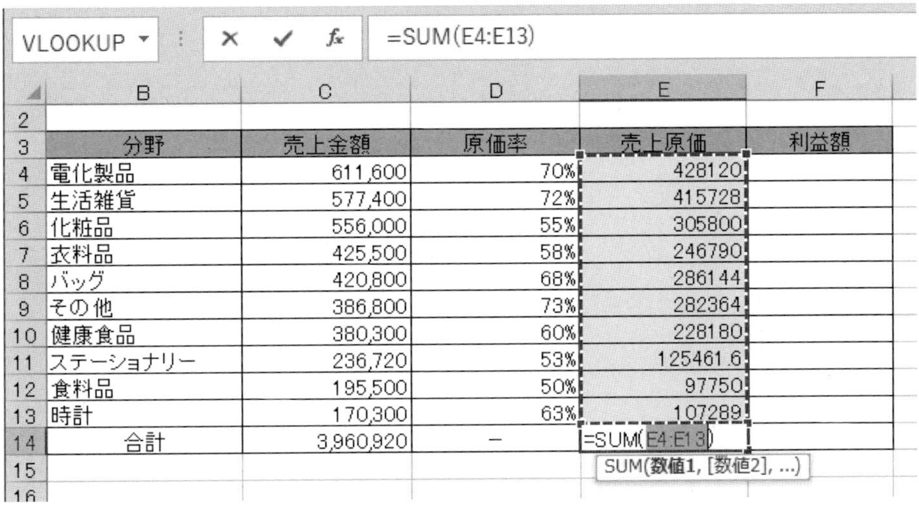

売上原価の数値には、「桁区切り」を設定します（小数の表示になっているものは、四捨五入されます）。

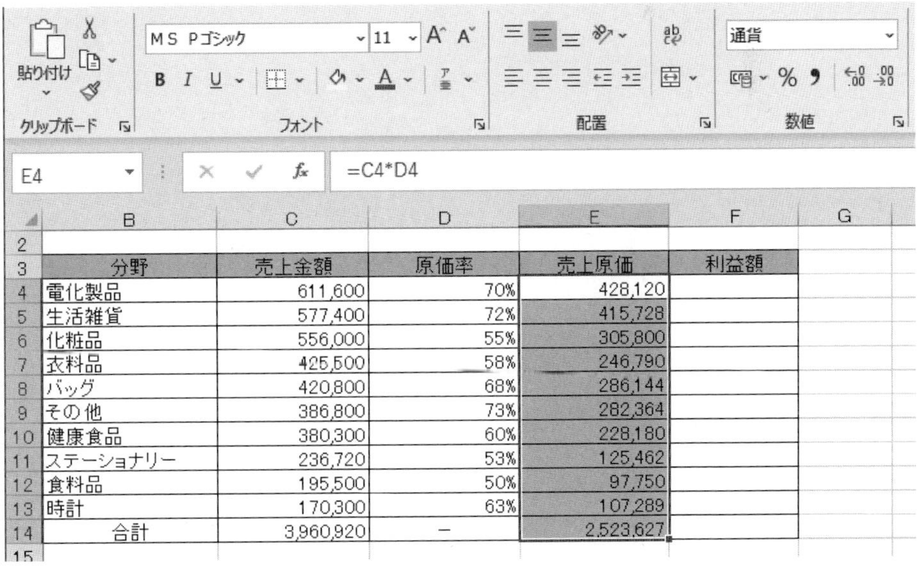

「利益額」の計算は「売上金額－売上原価」という計算式で行ってください。

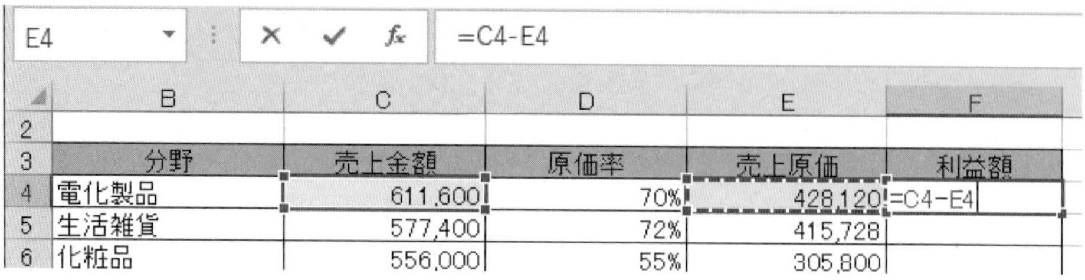

E4 =C4-E4

	B	C	D	E	F
2					
3	分野	売上金額	原価率	売上原価	利益額
4	電化製品	611,600	70%	428,120	=C4-E4
5	生活雑貨	577,400	72%	415,728	
6	化粧品	556,000	55%	305,800	

セル「F14」までオートフィルして、表の完成です。

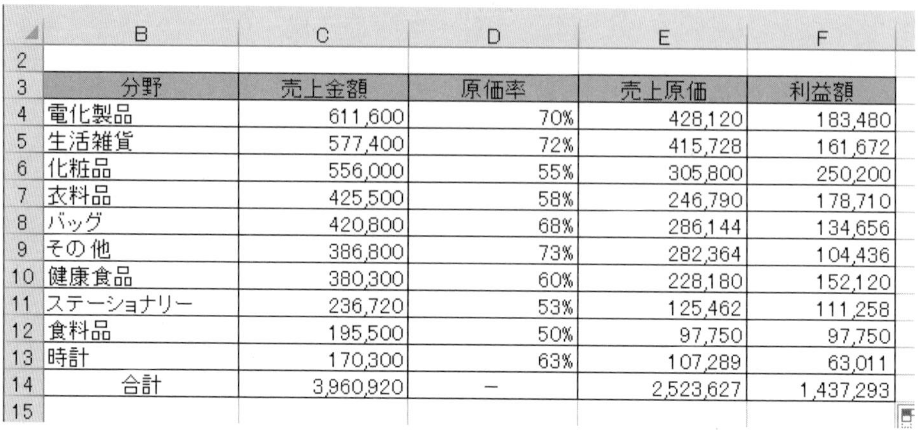

	B	C	D	E	F
2					
3	分野	売上金額	原価率	売上原価	利益額
4	電化製品	611,600	70%	428,120	183,480
5	生活雑貨	577,400	72%	415,728	161,672
6	化粧品	556,000	55%	305,800	250,200
7	衣料品	425,500	58%	246,790	178,710
8	バッグ	420,800	68%	286,144	134,656
9	その他	386,800	73%	282,364	104,436
10	健康食品	380,300	60%	228,180	152,120
11	ステーショナリー	236,720	53%	125,462	111,258
12	食料品	195,500	50%	97,750	97,750
13	時計	170,300	63%	107,289	63,011
14	合計	3,960,920	－	2,523,627	1,437,293
15					

利益額の高い順（大きい順）に、表を並べ替えます。セル「B3」から「F13」までをドラッグして選択します（合計行は並べ替えないよう注意してください）。「ホーム」タブから「並べ替えとフィルター」→「ユーザー設定の並べ替え」を選び、最優先されるキーは「利益額」、順序は「大きい順」を選択して、「OK」をクリックします。

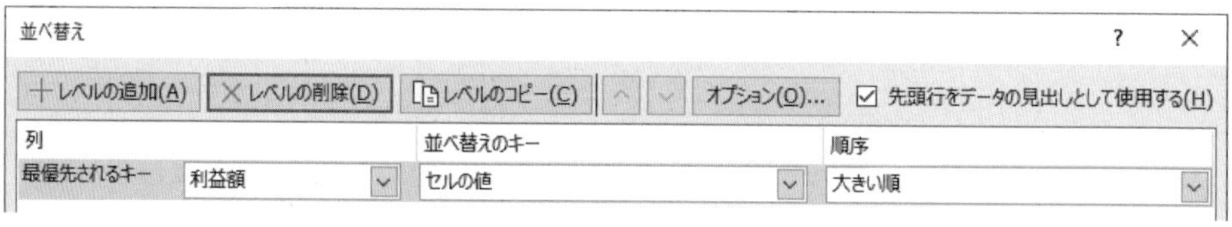

利益額の大きい順に並べ替えられました。

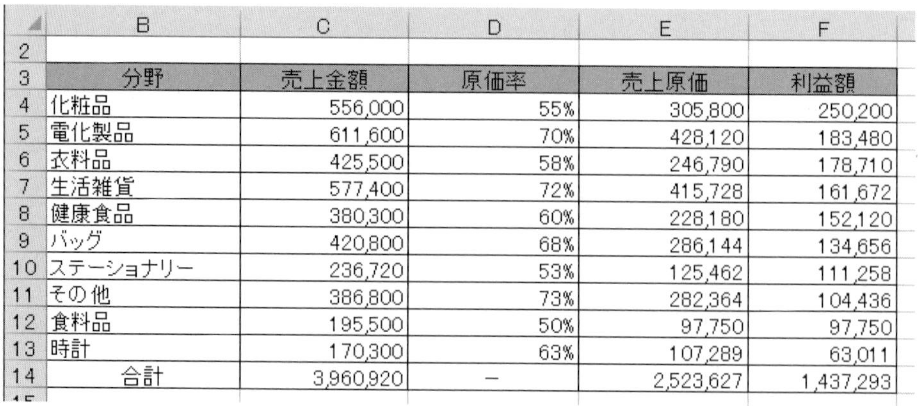

	B	C	D	E	F
2					
3	分野	売上金額	原価率	売上原価	利益額
4	化粧品	556,000	55%	305,800	250,200
5	電化製品	611,600	70%	428,120	183,480
6	衣料品	425,500	58%	246,790	178,710
7	生活雑貨	577,400	72%	415,728	161,672
8	健康食品	380,300	60%	228,180	152,120
9	バッグ	420,800	68%	286,144	134,656
10	ステーショナリー	236,720	53%	125,462	111,258
11	その他	386,800	73%	282,364	104,436
12	食料品	195,500	50%	97,750	97,750
13	時計	170,300	63%	107,289	63,011
14	合計	3,960,920	－	2,523,627	1,437,293

●問題3

グラフのデータ範囲をドラッグして、「挿入」タブより「組み合わせ」→「集合縦棒－第2軸の折れ線」グラフを選択します。データ範囲は「分野」「売上金額」「利益額」の3ヶ所です。「合計」は含みません。

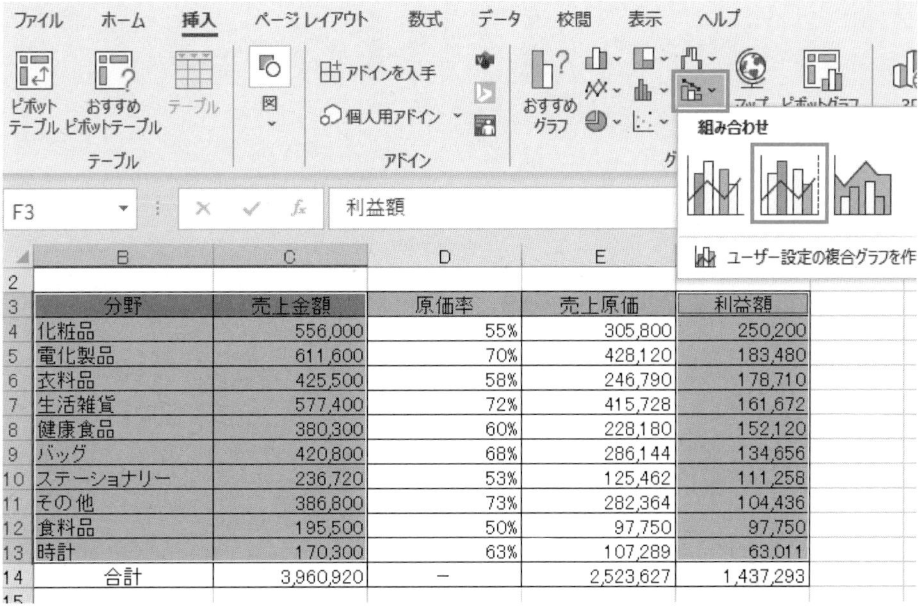

	B	C	D	E	F
2					
3	分野	売上金額	原価率	売上原価	利益額
4	化粧品	556,000	55%	305,800	250,200
5	電化製品	611,600	70%	428,120	183,480
6	衣料品	425,500	58%	246,790	178,710
7	生活雑貨	577,400	72%	415,728	161,672
8	健康食品	380,300	60%	228,180	152,120
9	バッグ	420,800	68%	286,144	134,656
10	ステーショナリー	236,720	53%	125,462	111,258
11	その他	386,800	73%	282,364	104,436
12	食料品	195,500	50%	97,750	97,750
13	時計	170,300	63%	107,289	63,011
14	合計	3,960,920	－	2,523,627	1,437,293

グラフの各種設定をしていきます。グラフタイトルは「分野別売上金額と利益額」と入力してください。

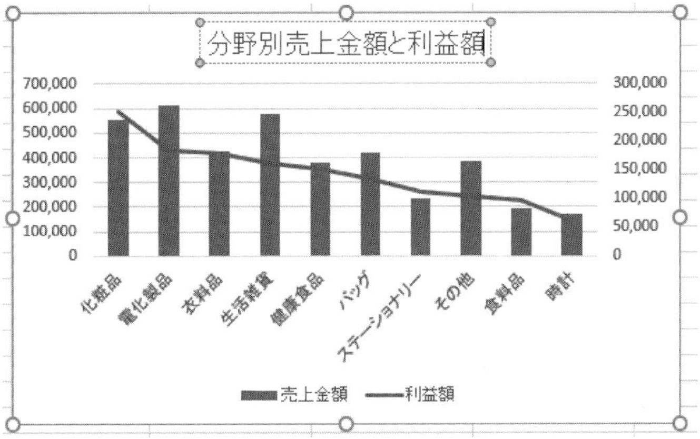

次に、「グラフの要素」をクリックして、「軸ラベル」にチェックを入れます。

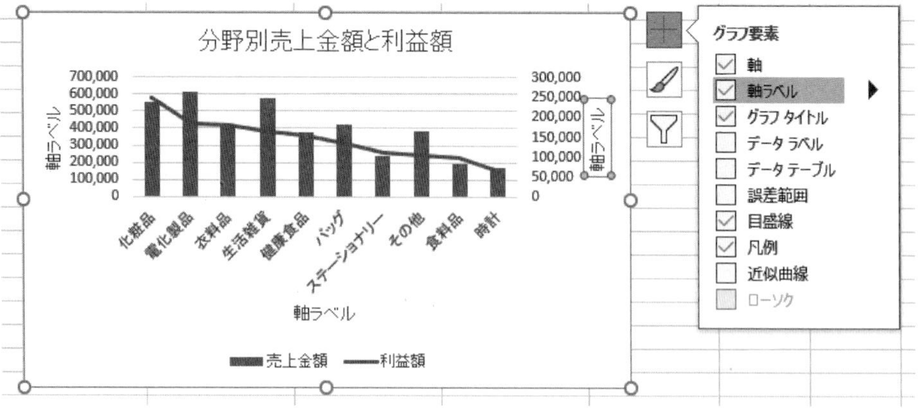

軸ラベルは「主縦軸ラベルを横書きに配置」を選択し、「単位:千円」と入力してください。 第2軸と横軸の軸ラベルは削除します。

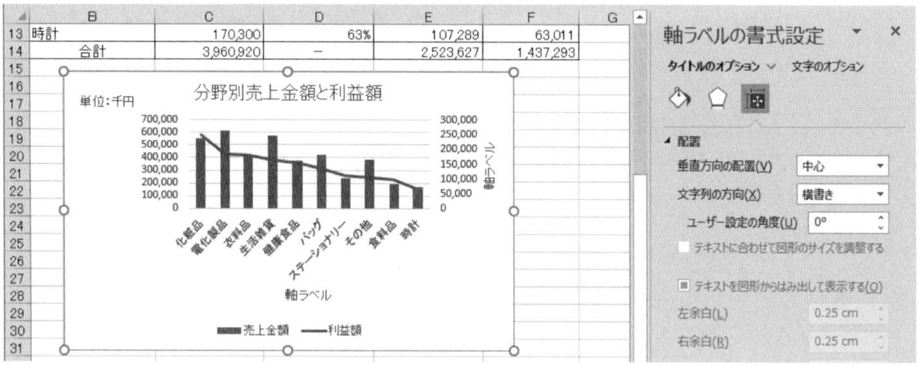

続いて、「軸のオプション」をクリックして、表示単位を「千」にします。「表示単位のラベルをグラフに表示する」のチェックを外します。

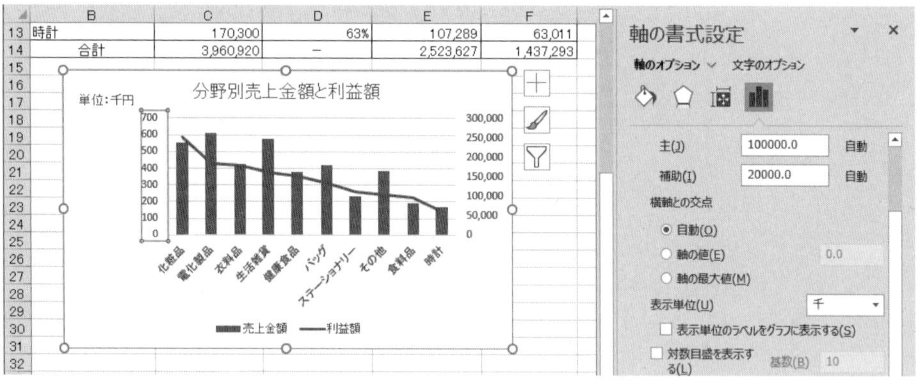

これで、グラフの完成です。

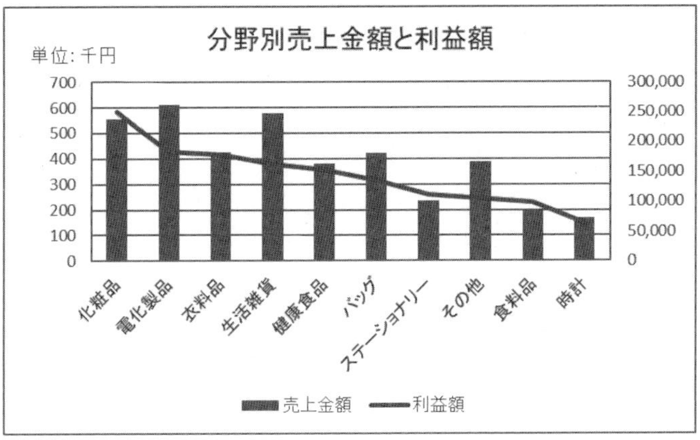

4-1-3

「1-3　売上集計問題」ファイルを開いてください。

インテリア小物の売上状況

インテリア小物の売上状況を集計してください。

●問題1

シート「売上実績表」を元に、商品ごとの「売上金額」と「売上原価」「利益率」を計算するシート「商品別集計」を完成させてください。 その際、次の指示に従うこと。

（指示）

- 「利益率」は、小数点第1位までのパーセント表示にすること。 小数点第2位以下を四捨五入すること。
- 「売上金額」の多い順に並べ替えを行うこと。

●問題2

シート「売上実績表」を元に、担当者別の「利益率」を集計してください。 その際、次の指示に従うこと。

（指示）

- シート「担当者別売上状況」に集計すること。
- 「利益率」は、小数点第1位までのパーセント表示にすること。 小数点第2位以下を四捨五入すること。

●問題3

完成したシート「担当者別売上状況」を使用して、担当者別に売上金額と利益率が分かるグラフを作成してください。

（指示）

- グラフのタイトルは「担当者別売上状況」とすること。
- グラフは、売上金額を縦棒グラフ、利益率を折れ線グラフで表した複合グラフにすること。
- 売上金額の数値軸は表示単位を「千」とし、適切な単位を表示すること。
- グラフの作成場所は、問題2で作成した表の下に配置すること。

●問題4

変更したファイルは「売上状況」とファイル名を付けて保存してください。

※なお、「●問題4」については本稿では解説を省略しております。 ファイルを保存する手順については、2章の「2-1-3　ファイルの保存」をご参照ください。

ポイント

問題に使うデータと解答の表を確認してみましょう。
シート「売上実績表」「商品単価表」には、限られたデータのみが表示されています。 商品ごとに売上金額と売上原価を集計するために必要なデータは何でしょうか？

	A	B	C	D
1	日付	担当者	商品コード	数量
2	7月1日	大沢	JK20	10
3	7月2日	久野	JK40	5
4	7月2日	西尾	JK40	20
5	7月4日	西尾	JKBD20	10
6	7月4日	大沢	JKK30	10
7	7月6日	大沢	JKBD20	8
8	7月7日	西尾	JKK30	15

	A	B	C	D
1	商品コード	商品名	単価	原価
2	JK20	傘立て	2,300	1,400
3	JK40	花瓶	2,000	1,300
4	JKBD20	小物入れ	1,600	1,100
5	JKK30	ジュエリーケース	5,300	3,400
6	JKK50	スリッパ	1,200	700
7	JKH15	フォトフレーム	4,800	3,200
8	JKH18	マガジンラック	3,200	2,200
9	JKR20	オイルランプ	1,700	1,200
10	JKRS30	壁掛け時計	2,400	1,500

①シート「商品別集計」に商品ごとの売上金額と売上原価を集計

	A	B	C	D	E
1					
2					
3		商品	売上金額	売上原価	利益率
4					
5					
6					
7					
8					
9					
10					
11					
12					

②シート「担当者別売上状況」に担当者ごとの売上金額と売上原価を集計

	A	B	C	D	E
1					
2					
3		商品	売上金額	売上原価	利益率
4					
5					
6					
7					
8					
9					
10					
11					
12					

解説

インテリア小物の売上状況

●問題1

最初に、集計に必要なデータを揃えます。シート「売上実績表」に、「商品名」「単価」「原価」の項目を追加します。

	A	B	C	D	E	F	G
1	日付	担当者	商品コード	数量	商品名	単価	原価
2	7月1日	大沢	JK20	10			
3	7月2日	久野	JK40	5			

「VLOOKUP関数」を使って、「商品名」（列番号「2」）、「単価」（列番号「3」）、「原価」（列番号「4」）を表示させます。

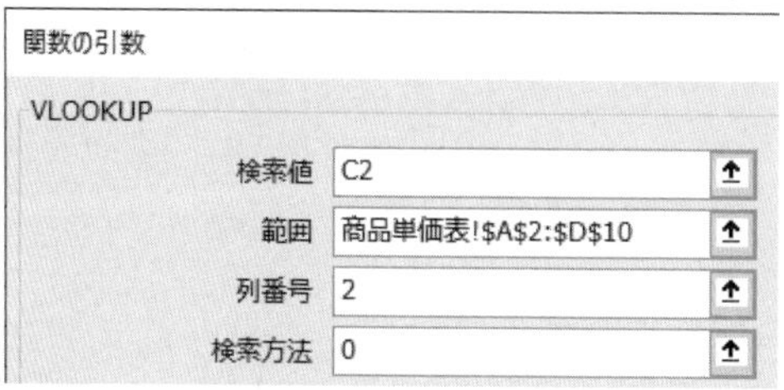

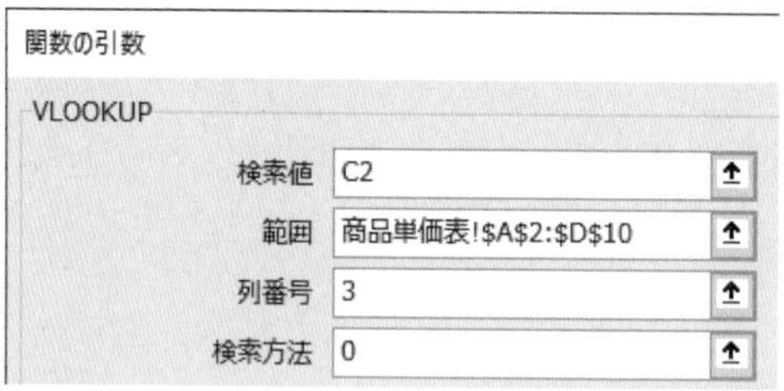

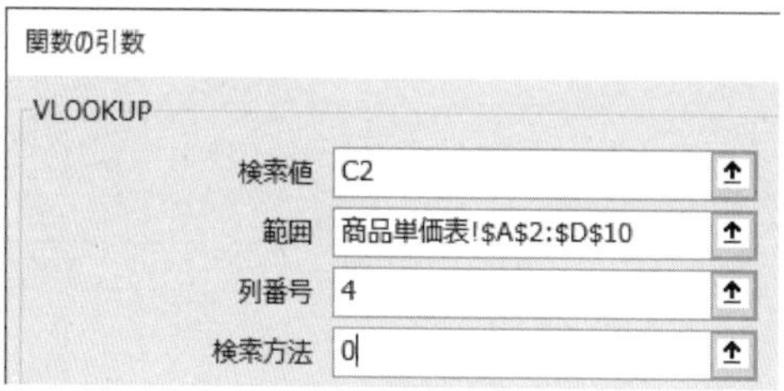

それぞれの計算式を、最終行までオートフィルしておきます。

E2　=VLOOKUP(C2,商品単価表!$A$2:$D$10,2,0)

	A	B	C	D	E	F	G
1	日付	担当者	商品コード	数量	商品名	単価	原価
2	7月1日	大沢	JK20	10	傘立て	2300	1400
3	7月2日	久野	JK40	5	花瓶	2000	1300
4	7月2日	西尾	JK40	20	花瓶	2000	1300

「売上金額」と「売上原価」の項目を追加します。

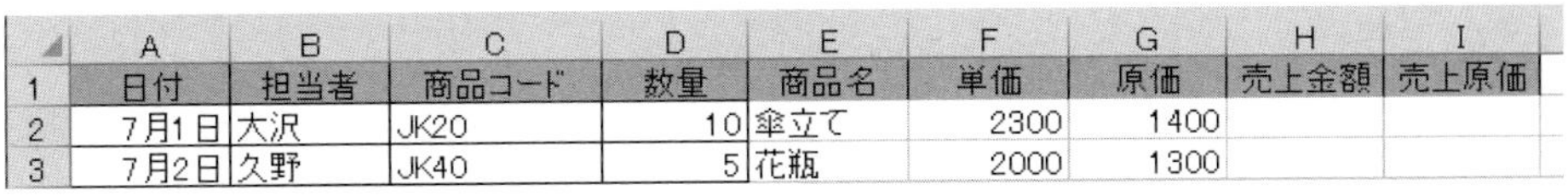

	A	B	C	D	E	F	G	H	I
1	日付	担当者	商品コード	数量	商品名	単価	原価	売上金額	売上原価
2	7月1日	大沢	JK20	10	傘立て	2300	1400		
3	7月2日	久野	JK40	5	花瓶	2000	1300		

「売上金額＝数量×単価」「売上原価＝数量×原価」の計算をします。これも、最終行までオートフィルしておきます。

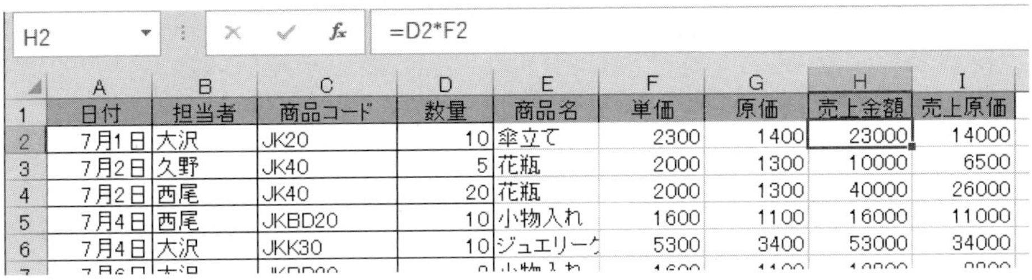

	A	B	C	D	E	F	G	H	I
1	日付	担当者	商品コード	数量	商品名	単価	原価	売上金額	売上原価
2	7月1日	大沢	JK20	10	傘立て	2300	1400	23000	14000
3	7月2日	久野	JK40	5	花瓶	2000	1300	10000	6500
4	7月2日	西尾	JK40	20	花瓶	2000	1300	40000	26000
5	7月4日	西尾	JKBD20	10	小物入れ	1600	1100	16000	11000
6	7月4日	大沢	JKK30	10	ジュエリーケ	5300	3400	53000	34000

集計に必要なデータが揃いました。

ピボットテーブルを使って、商品ごとの売上金額と売上原価を集計してみましょう。

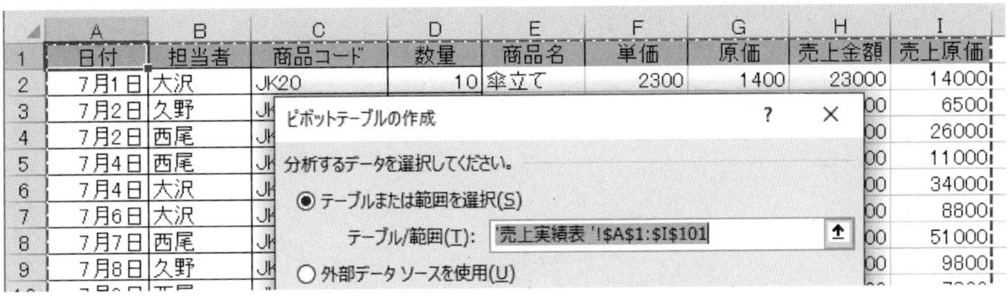

「行」には「商品名」、「値」には「売上金額」「売上原価」（売上金額と売上原価を横に並べて集計できます）の順番にドラッグします。こうすると、売上金額と売上原価を横に並べて集計できます。

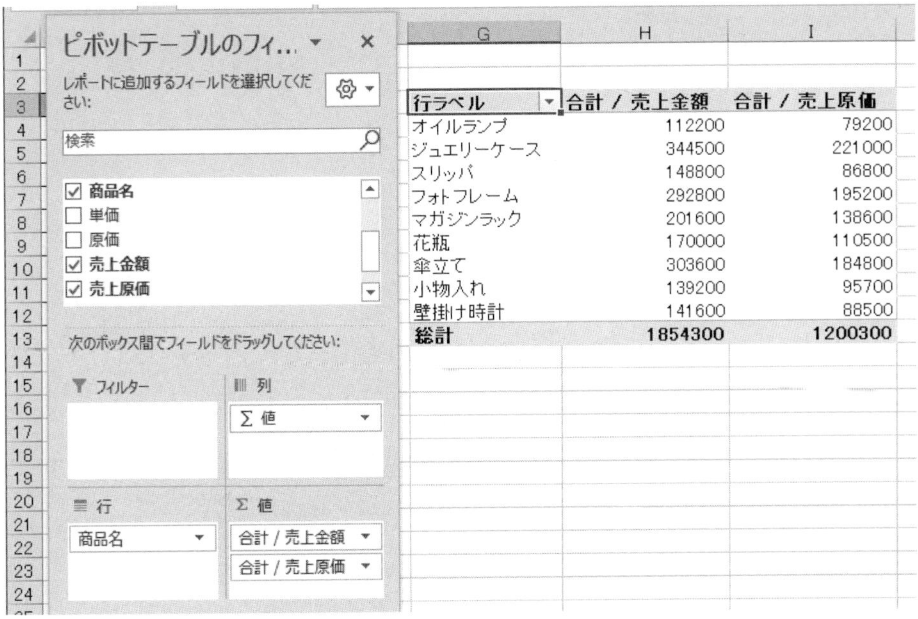

行ラベル	合計 / 売上金額	合計 / 売上原価
オイルランプ	112200	79200
ジュエリーケース	344500	221000
スリッパ	148800	86800
フォトフレーム	292800	195200
マガジンラック	201600	138600
花瓶	170000	110500
傘立て	303600	184800
小物入れ	139200	95700
壁掛け時計	141600	88500
総計	**1854300**	**1200300**

集計したデータを、解答の表にコピー、値の貼り付けをします。

商品	売上金額	売上原価	利益率
オイルランプ	112200	79200	
ジュエリーケース	344500	221000	
スリッパ	148800	86800	
フォトフレーム	292800	195200	
マガジンラック	201600	138600	
花瓶	170000	110500	
傘立て	303600	184800	
小物入れ	139200	95700	
壁掛け時計	141600	88500	

行ラベル	合計 / 売上金額	合計 / 売上原価
オイルランプ	112200	79200
ジュエリーケース	344500	221000
スリッパ	148800	86800
フォトフレーム	292800	195200
マガジンラック	201600	138600
花瓶	170000	110500
傘立て	303600	184800
小物入れ	139200	95700
壁掛け時計	141600	88500
総計	1854300	1200300

貼り付けた数値には、桁区切りを設定してください。

利益率の計算をします。「利益率＝（売上金額－売上原価）÷売上金額」です。

C4 =(C4-D4)/C4

商品	売上金額	売上原価	利益率
オイルランプ	112,200	79,200	=(C4-D4)/C4
ジュエリーケース	344,500	221,000	

12行目までオートフィルして、小数点第1位までのパーセントスタイルに設定します。

E4 =(C4-D4)/C4

商品	売上金額	売上原価	利益率
オイルランプ	112,200	79,200	29.4%
ジュエリーケース	344,500	221,000	35.8%
スリッパ	148,800	86,800	41.7%
フォトフレーム	292,800	195,200	33.3%
マガジンラック	201,600	138,600	31.3%
花瓶	170,000	110,500	35.0%
傘立て	303,600	184,800	39.1%
小物入れ	139,200	95,700	31.3%
壁掛け時計	141,600	88,500	37.5%

行ラベル	合計
オイルランプ	
ジュエリーケース	
スリッパ	
フォトフレーム	
マガジンラック	
花瓶	
傘立て	
小物入れ	
壁掛け時計	
総計	

「売上金額」の降順（大きい順）に並べ替えます。

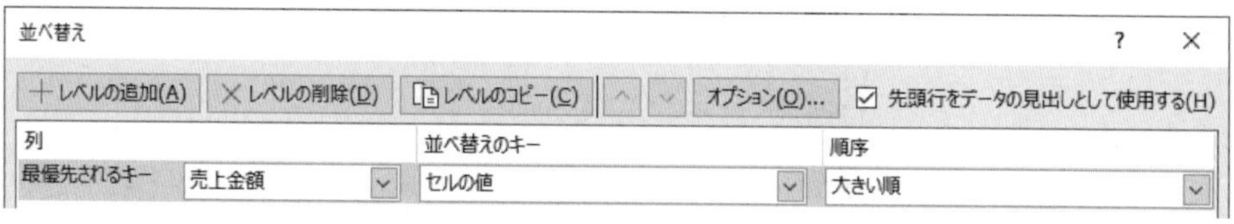

これで「商品別集計」シートの完成です。

商品	売上金額	売上原価	利益率
ジュエリーケース	344,500	221,000	35.8%
傘立て	303,600	184,800	39.1%
フォトフレーム	292,800	195,200	33.3%
マガジンラック	201,600	138,600	31.3%
花瓶	170,000	110,500	35.0%
スリッパ	148,800	86,800	41.7%
壁掛け時計	141,600	88,500	37.5%
小物入れ	139,200	95,700	31.3%
オイルランプ	112,200	79,200	29.4%

●問題2

「担当者別売上状況」表の作成をします。 問題1で作成したピボットテーブルを「担当者」ごとの集計に変更します。 フィールドリストの「商品名」のチェックを外して、代わりに「担当者」を「行」にドラッグします。

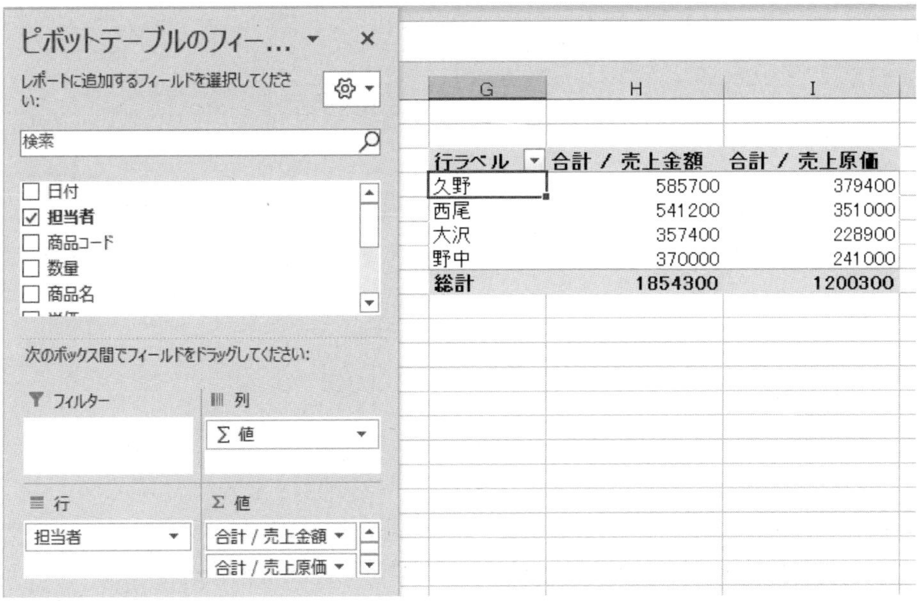

集計したデータをコピーして、シート「担当者別売上状況」の表に値を貼り付けます。

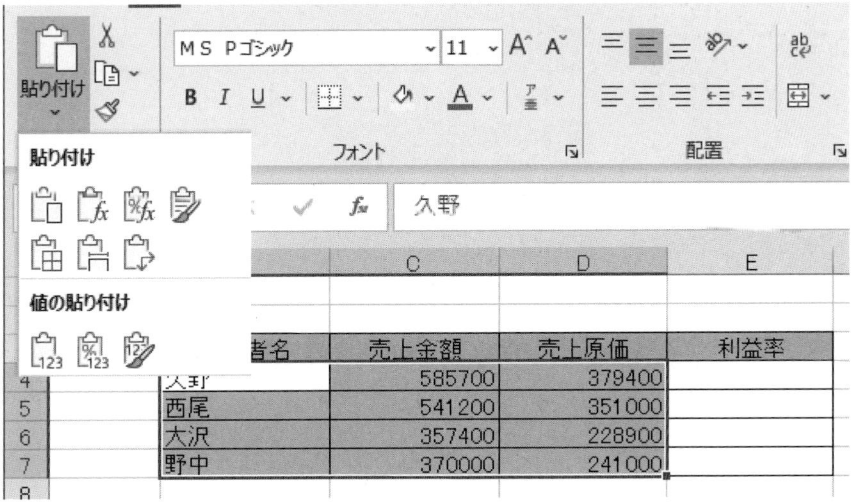

貼り付けた値には「桁区切り」を設定してください。
「利益率」を計算します。

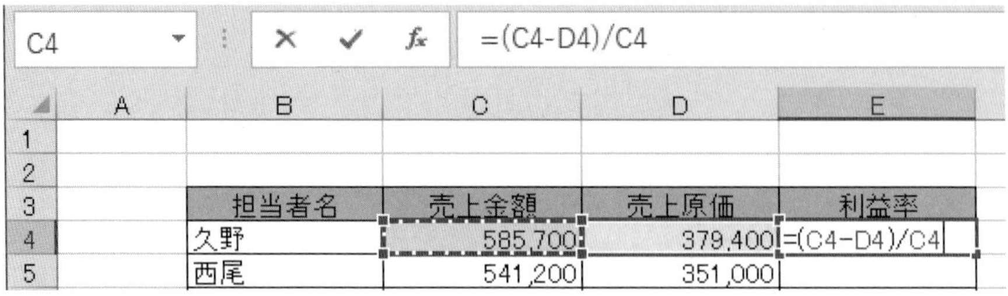

7行目までオートフィルし、小数点第1位までのパーセントスタイルに設定します。

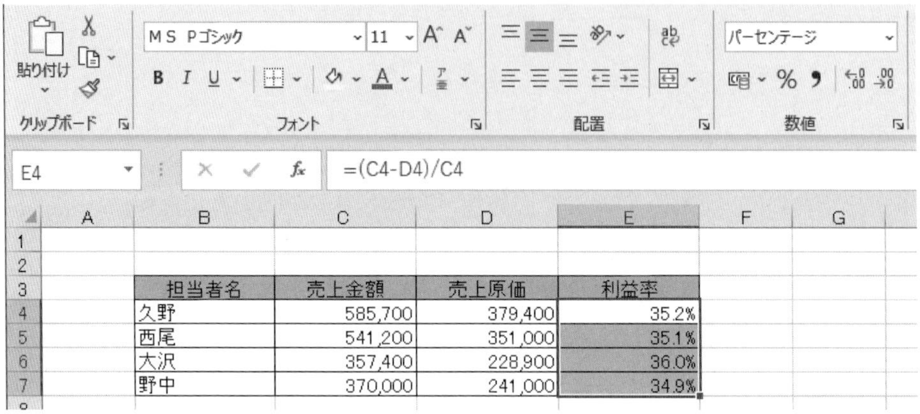

●**問題3**

「売上状況」グラフの作成をします。「担当者名」「売上金額」「利益率」を選択して「集合縦棒－第2軸の折れ線」グラフを作成します。

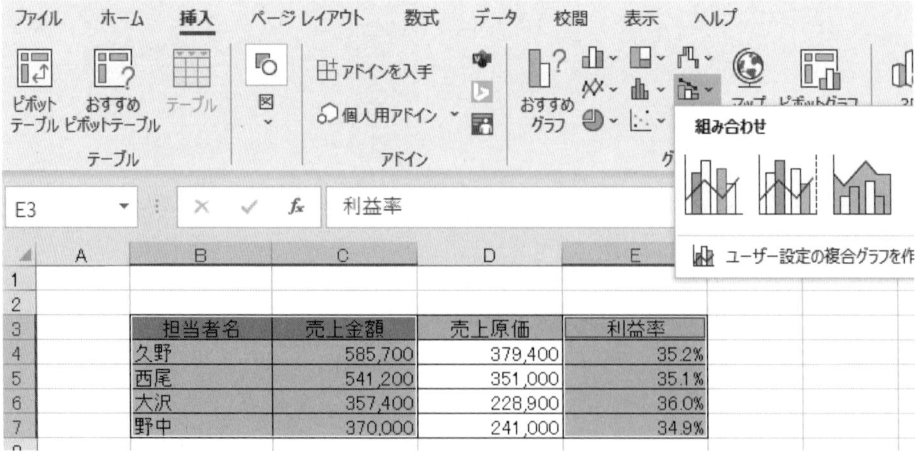

グラフタイトルを「担当者別売上状況」と入力します。

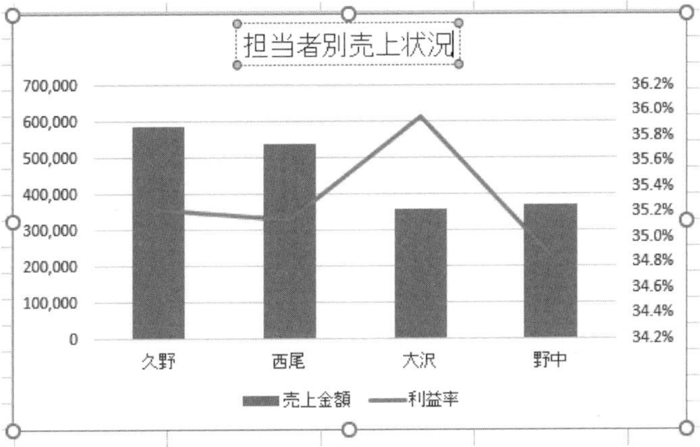

「グラフ要素」の「軸ラベル」にチェックを入れます。 今回は、第2軸ラベルと横軸ラベルは不要ですので、削除します。

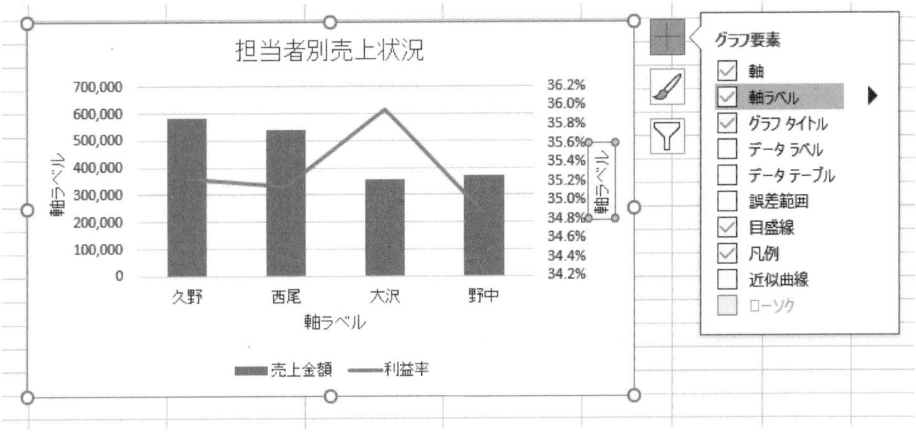

主縦軸ラベルを「横書き」に設定し、「単位:千円」と入力します。 軸の上側、見やすい位置に移動してください。

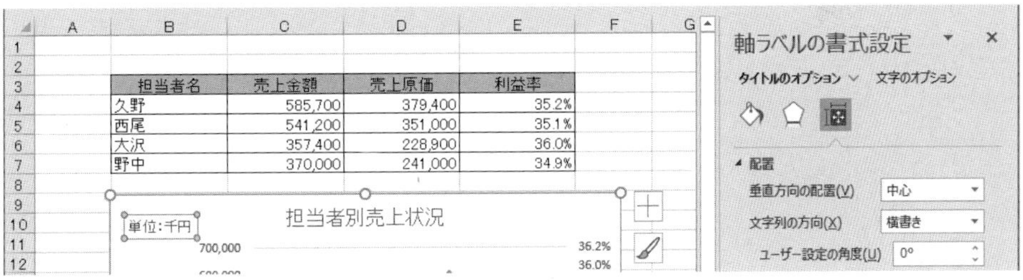

縦軸（売上金額）の目盛を「千円」単位に設定します。表示単位は「千」を選択し、「表示単位のラベルをグラフに表示する」のチェックを外してください。

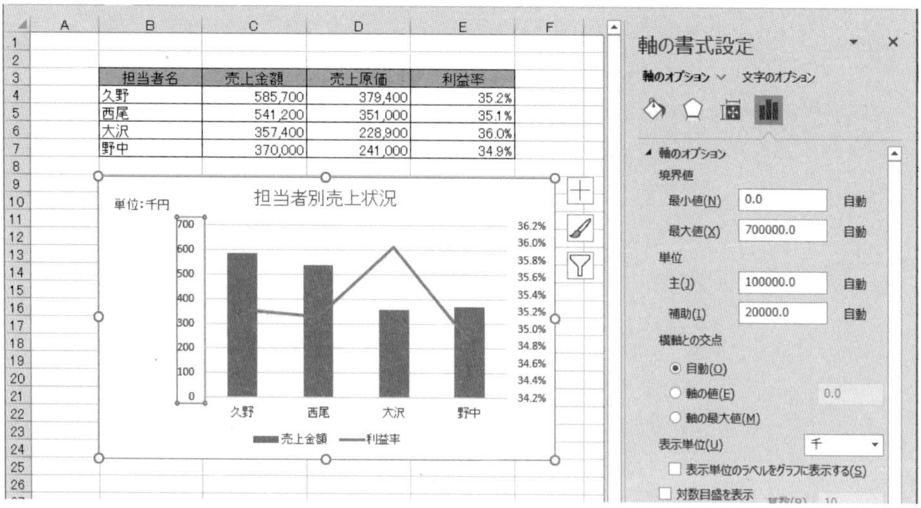

グラフの完成図は以下の通りです。

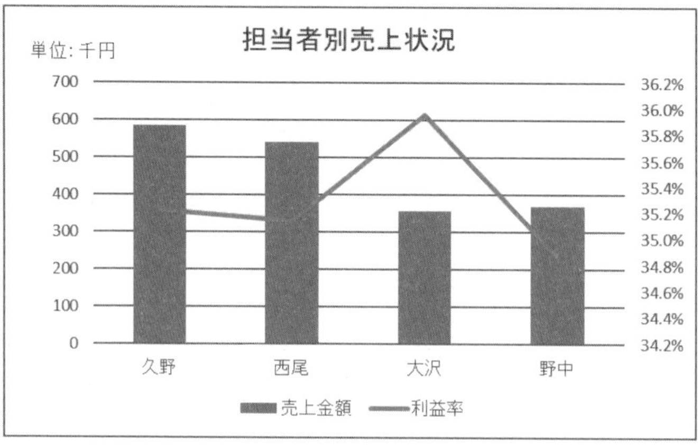

4-1-4 営業社員の第 2 四半期の売上実績

「1-4　売上集計問題」ファイルを開いてください。

営業社員の第2四半期の売上実績を、以下の指示に従い集計してください。

●問題1

シート「売上実績」を元に集計表を完成させてください。 その際、以下の指示に従うこと。

（指示）

- シート名「販売枚数集計表」に集計すること。
- 販売枚数の多い商品順に並べ替えを行うこと。

●問題2

シート「売上実績」「原価表」を元に、利益率の集計をしてください。 その際、以下の指示に従うこと。

（指示）

- シート「利益率計算書」に担当者ごとの売上合計、原価合計、利益率（%）を集計すること。
- 利益率（%）は、小数点第2位以下を切り捨てて、小数点第1位までの表示にすること。
- 表のタイトルは、「第2四半期売上集計」とし、拡大して表の上、中央に配置すること。

●問題3

問題2で作成した表を元に担当者ごとのグラフを作成してください。

（指示）

- グラフのタイトルは「売上 ・ 利益比較グラフ」とすること。
- グラフは、売上合計、原価合計を縦棒、利益率を折れ線とする複合グラフにすること。
- 第1数値軸は、表示単位を「万」にし、それぞれの数値軸には単位を表示すること。
- グラフには、凡例を表示すること。
- グラフの作成場所は「オブジェクト」とし、問題2で作成した「利益率計算書」の下に配置すること。

●問題4

変更したファイルは、「第2四半期売上実績」とファイル名を付けて保存してください。

※なお、「●問題4」については本稿では解説を省略しております。 ファイルを保存する手順については、2章の「2-1-3　ファイルの保存」をご参照ください。

ポイント

問題に使うデータと解答の表を確認してみましょう。
シート「売上実績」「原価表」から集計に必要なデータは何か、あらかじめ考えておきましょう。

	A	B	C	D	E
1	日付	担当者	商品名	単価	枚数
2	7月1日	川上	ジャケット	39,800	3
3	8月5日	川上	Tシャツ	3,400	6
4	7月3日	岡田	ポロシャツ	5,200	3
5	7月4日	藤本	セーター	11,800	1
6	7月5日	西村	スカート	15,400	1
7	7月6日	川上	ワンピース	25,800	2

	A	B	C
1			
2			原価
3		ジャケット	25,400
4		Tシャツ	2,500
5		ポロシャツ	3,600
6		セーター	8,900
7		スカート	10,500
8		ワンピース	16,000
9		フォーマルドレス	42,000

①シート「販売枚数集計表」に担当者ごとの販売枚数を集計

	A	B	C	D	E	F	G
1							
2		商品名	川上	岡田	西村	藤本	合計
3							
4							
5							
6							
7							
8							
9							

②シート「利益率計算書」に担当者ごとの売上合計、原価合計、利益率を集計

	A	B	C	D	E
1					
2					
3			売上合計	原価合計	利益率(%)
4		川上			
5		岡田			
6		藤本			
7		西村			

解説　営業社員の第 2 四半期の売上実績

●問題1

「販売枚数集計表」を作成します。

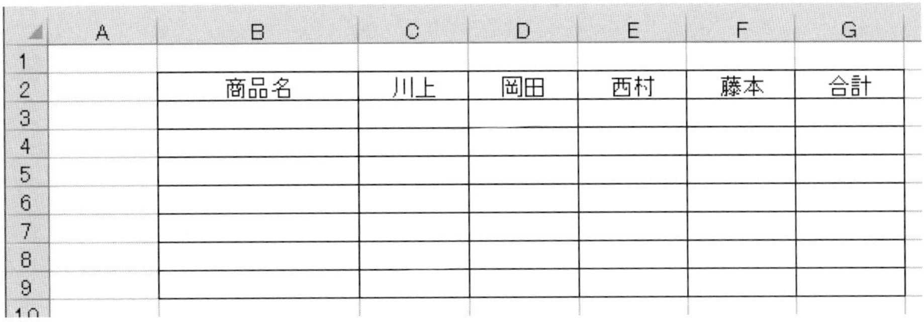

シート「売上実績」のデータを元にピボットテーブルを作成します。列に「担当者」、行に「商品名」、値に「枚数」をそれぞれドラッグします。

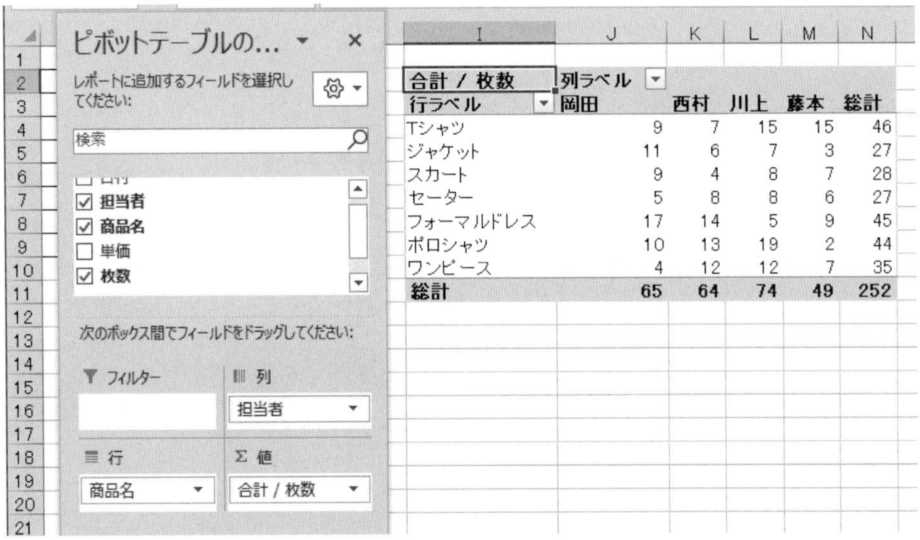

販売枚数の多い順に、ピボットテーブルの並べ替えをします。総計の一番上の数値のセル（解答例ではセル「N4」）→「ホーム」タブ→「並べ替えとフィルター」→「降順」の順にクリックしてください。

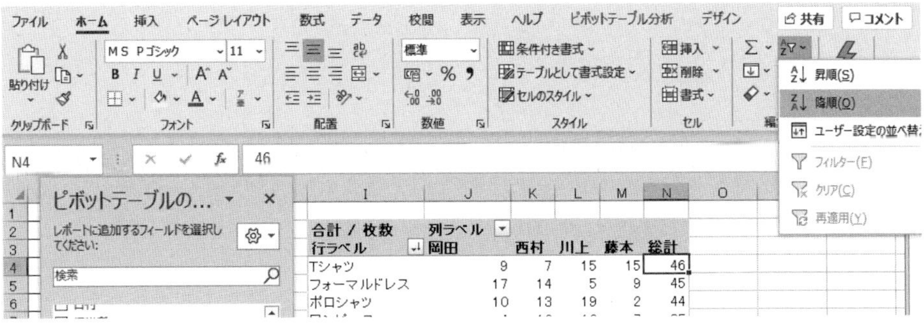

合計枚数の多い順に、ピボットテーブル内のデータが並べ替えられました。

担当者の並び順を、解答の表に合わせて変更します。「川上」を左端に移動します。セル「L3」をクリックして、セル「J3」の左側までドラッグします。

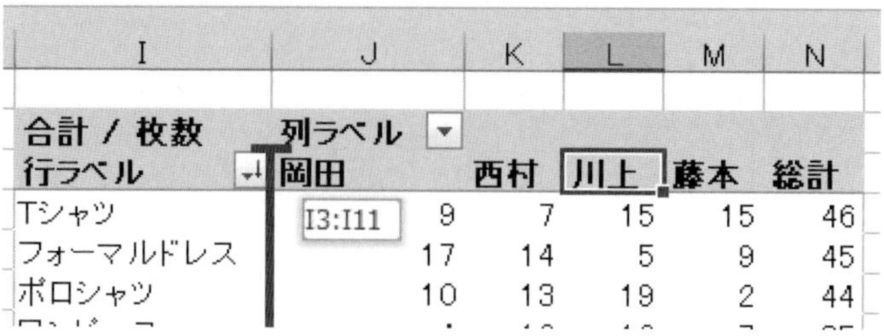

集計したデータをコピーして、値を貼り付けます。

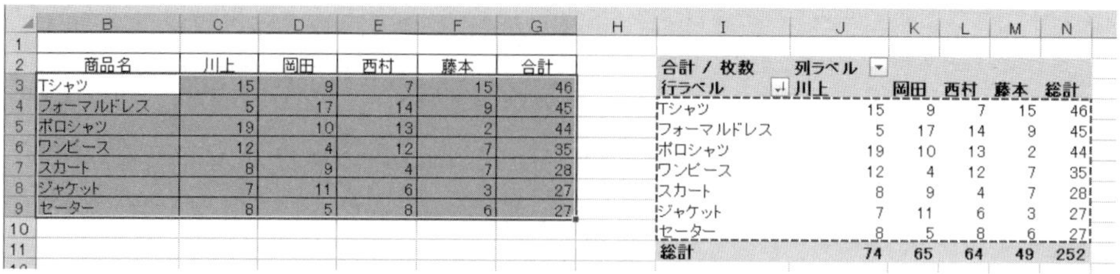

● **問題2**

「利益率計算書」を作成するために必要なデータを、シート「売上実績」に追加します。「VLOOKUP関数」を使って、シート「原価率表」からシート「売上実績」の列「F」に商品の原価を表示します。

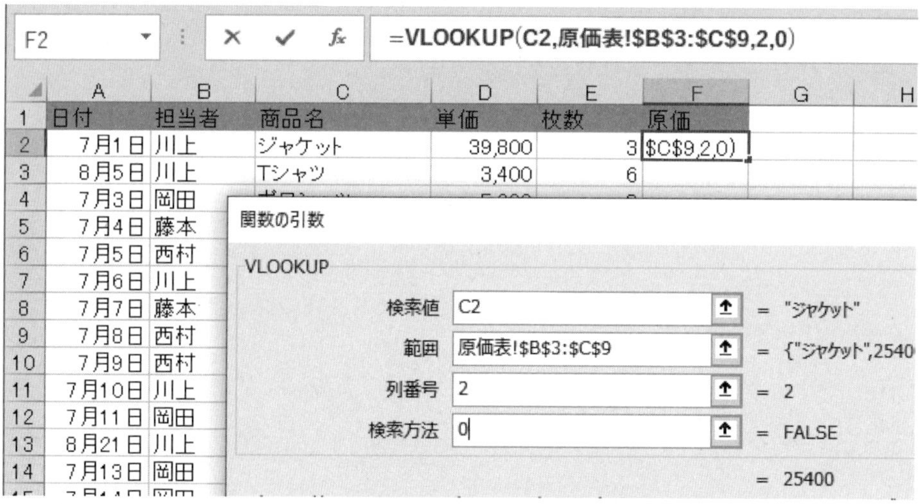

列「G」に、「売上合計」を計算します。計算式は「単価×枚数」です。列「H」に、「原価合計」を計算します。計算式は「原価×枚数」です。

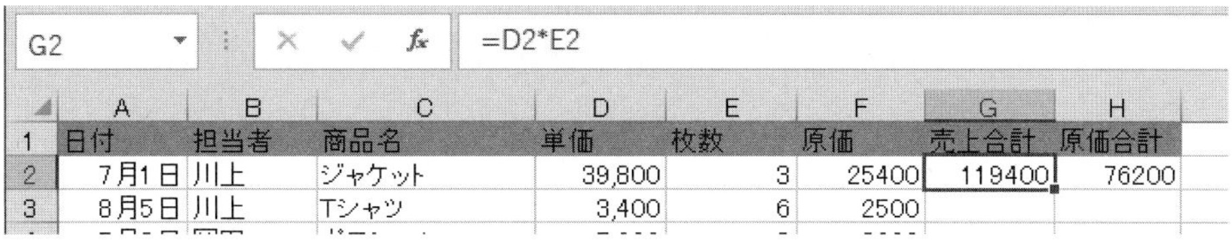

ピボットテーブルを使って、担当者ごとの「売上合計」と「原価合計」を集計します。ピボットテーブルのデータ範囲を変更してみましょう。

問題1で作成したピボットテーブルには、「売上合計」と「原価合計」のリスト（項目）が入っていないので、ピボットテーブルのデータ範囲に「売上合計」と「原価合計」を追加しましょう。問題1で作成したピボットテーブル内のセルをどこでもいいのでクリックしてください。「ピボットテーブル分析」タブ→「データソースの変更」をクリックします。

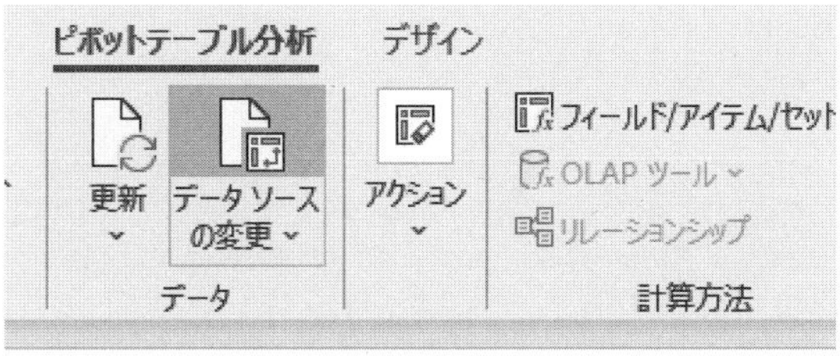

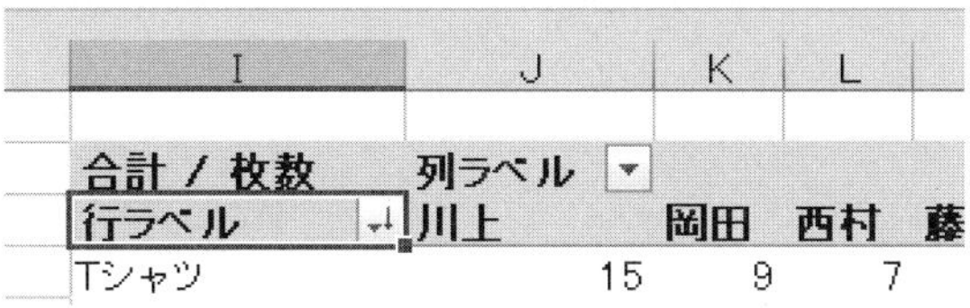

画面が「売上実績」のシートに変わるので、表全体をドラッグして範囲を選択しなおして、「OK」をクリックします。

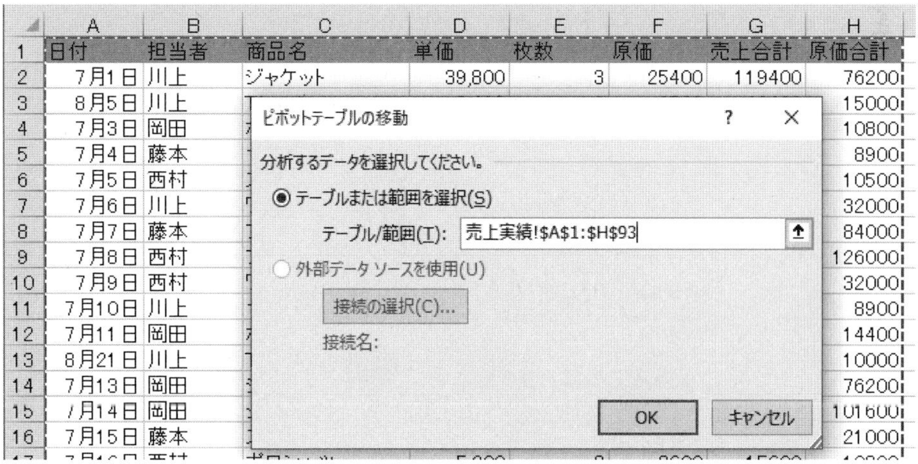

「原価」「売上合計」「原価合計」がリストに追加され、新しいピボットテーブルのフィールドリストができました。

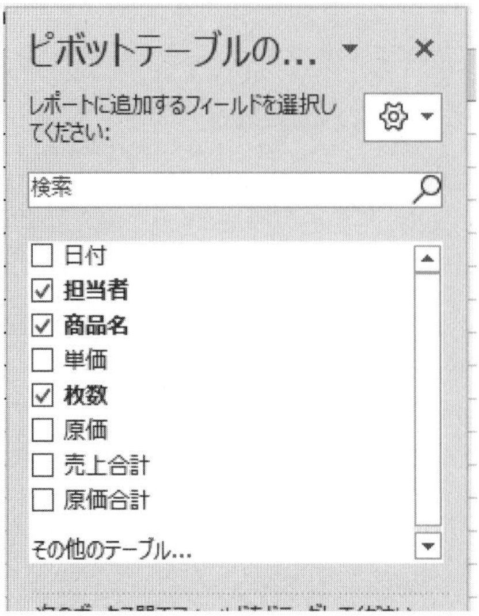

注意

日商PC検定では、作成するピボットテーブルは、ひとつだけにしておきましょう。複数のピボットテーブルを作ると、メモリの関係上、Excelが強制終了してしまう場合があるため、注意が必要です。最初に作ったピボットテーブルを自由に変更・移動できるようになっておきましょう。

次に、ピボットテーブルの作成場所を、シート「利益率計算書」に移動します。「ピボットテーブル分析」タブ→「アクション」→「ピボットテーブルの移動」を選択します。集計した値をコピー、貼り付けする際、ピボットテーブルは解答の表と同じシートに移動しておくと便利です。

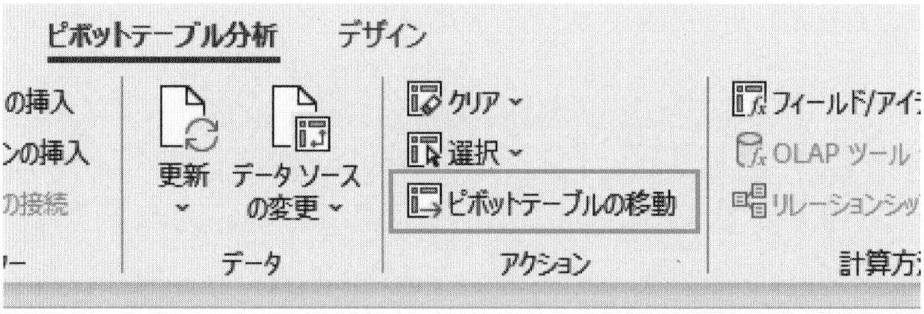

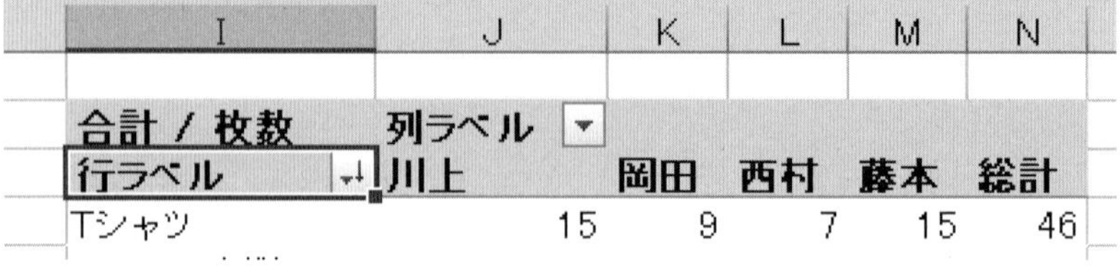

シート「利益率計算書」の任意のセルをクリックして「OK」をクリックします。

確認

- データソースの変更
- ピボットテーブルの移動

ピボットテーブルを自由に扱えるように練習しておきましょう。

できあがったピボットテーブルで、担当者ごとの売上合計と原価合計を集計します。

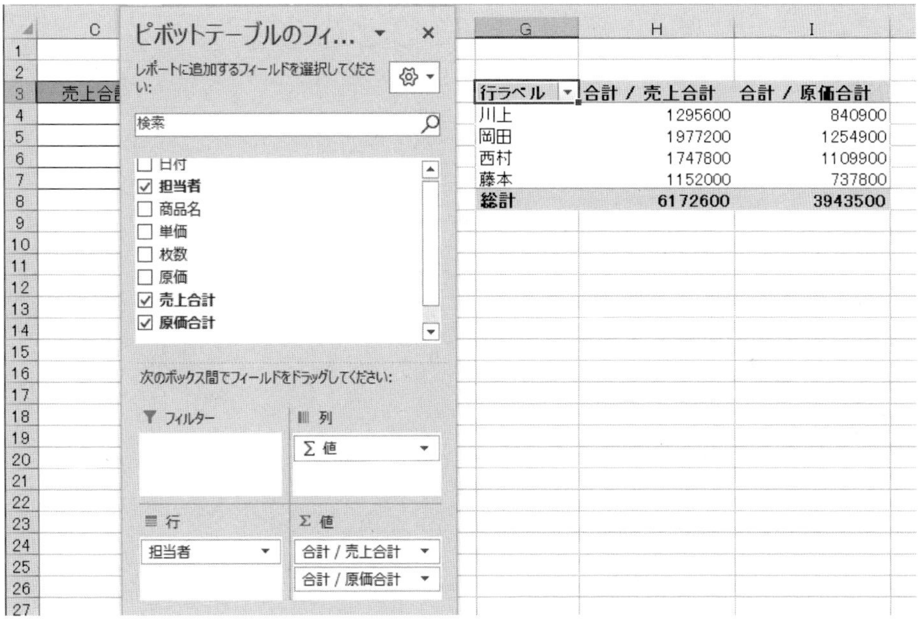

ピボットテーブルの担当者名の並び順を、解答の表に合わせて並べ替えます。

集計した数値をコピーして、値を貼り付けます。

貼り付けた数値には桁区切りを設定しておきます。

「利益率（%）」を計算します。「小数点第2位を切り捨て」と指示があるので、「ROUNDDOWN関数」を使います。

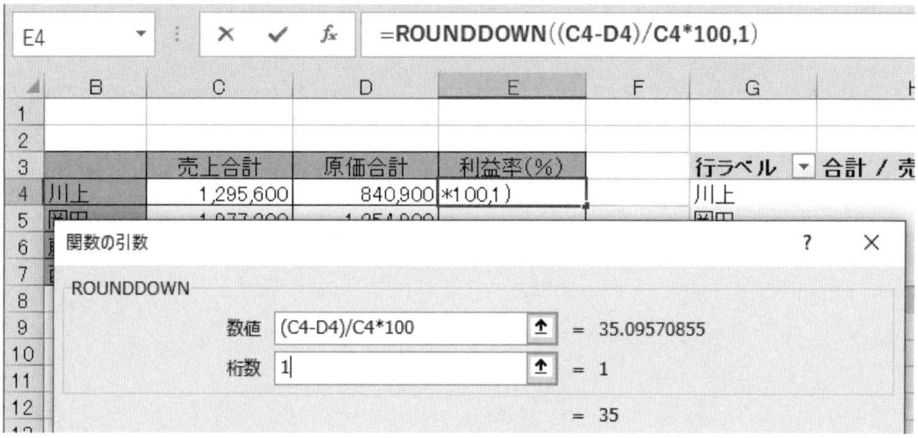

セル「E4」の計算結果が「35」となっていますので、「小数点以下の表示桁数を増やす」ボタンで、小数点以下の桁を揃えておきます。

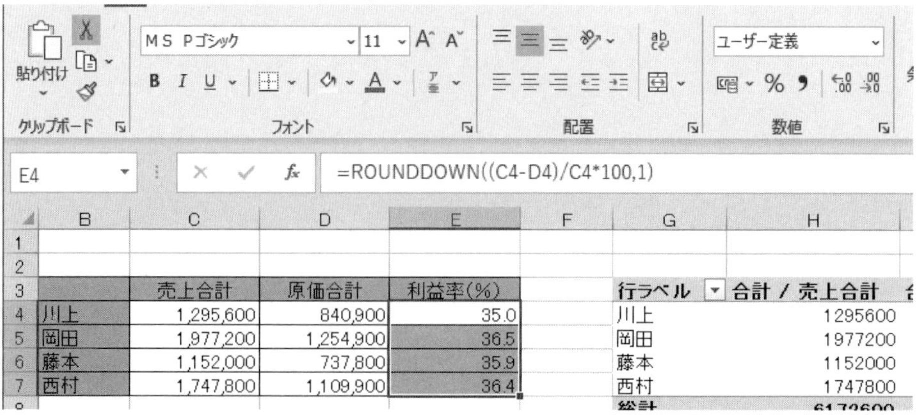

表のタイトルを入力して完成です。

	A	B	C	D	E
1		第2四半期売上集計			
2					
3			売上合計	原価合計	利益率(%)
4		川上	1,295,600	840,900	35.0
5		岡田	1,977,200	1,254,900	36.5
6		藤本	1,152,000	737,800	35.9
7		西村	1,747,800	1,109,900	36.4

ポイント

割合の数値の小数点以下の桁数は必ず揃えておきましょう。ひとつの表の中で、「35」「36.5」のような数値の表記ずれは減点対象となります。「35.0」「36.5」のように、小数点以下の桁を揃えるようにしましょう。

●問題3

「売上・利益比較グラフ」を作成します。グラフの作成範囲はセル「B3:E7」、グラフの種類は「組み合わせ」→「集合縦棒－第2軸の折れ線」を選択しましょう。

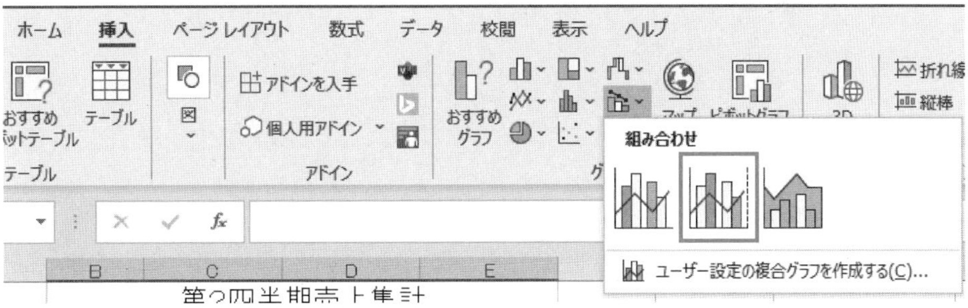

- グラフタイトル…「売上 ・ 利益比較グラフ」
- 主縦軸ラベル…「単位:万円」
- 第2軸ラベル…「単位:%」
- 配置の文字列の方向…「横書き」
- 軸の書式設定の表示単位…「万」

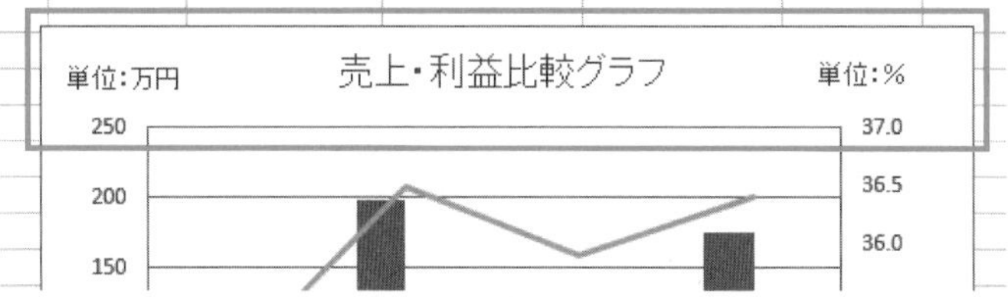

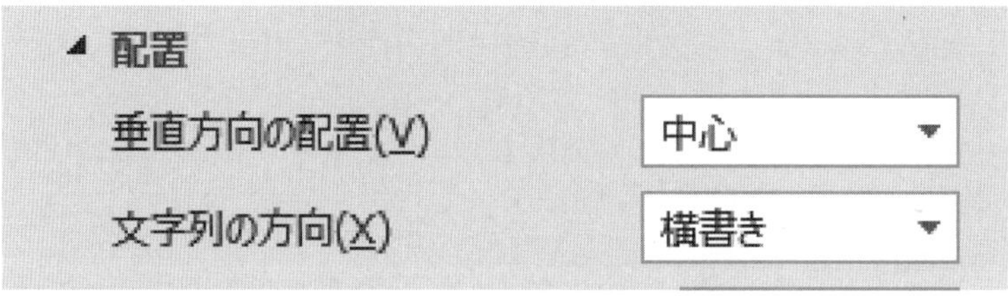

グラフの完成図は以下の通りです。

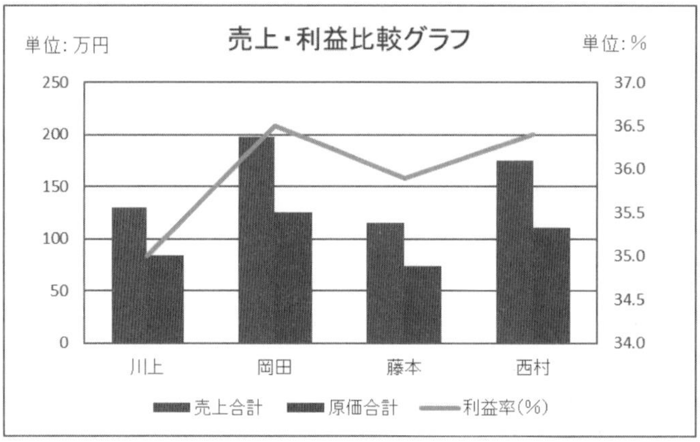

4-2 アンケート集計問題

4-2-1 新製品についてのアンケート

以下のデータを元に、新製品についてのアンケート結果を集計してください。

「2-1　アンケート集計問題」を開いてください。

●問題1

シート「大阪アンケート」のデータを元に、シート「地域別集計」に集計結果をまとめてください。 その際、以下の指示に従うこと。

（指示）

● シート名は「アンケート集計結果」とすること。

●問題2

問題1で作成した「新製品に関するアンケート集計」表を元に、シート「集計割合」の表を作成してください。 その際、以下の指示に従うこと。

（指示）

● 「広島」のデータを参考にして表を作成すること。
● 小数点第1位まで表示すること。
● 表のタイトルは「地域別構成割合」とし、作成した表の上、中央に配置すること。

●問題3

問題2で作成した表を元に、地域ごとに構成割合を比較する積み上げ縦棒グラフを作成してください。 その際、以下の指示に従うこと。

（指示）

● 項目軸には地域を表示すること。
● 数値軸には単位を表示すること。 また数値軸の最大値は「100」とし、目盛間隔は「10」とすること。
● 凡例と値を表示すること。
● グラフのタイトルは「地域別割合」とすること。
● グラフは「地域別構成割合」の表の下に配置すること。

●問題4

変更したファイルは「地域別アンケート集計結果」とファイル名を付けて保存してください。

※なお、「●問題4」については本稿では解説を省略しております。 ファイルを保存する手順については、2章の「2-1-3　ファイルの保存」をご参照ください。

ポイント

問題に使うデータと解答の表を確認してみましょう。
シート「大阪アンケート」の回答No.1～120の人が「味について」回答した結果を表示しています。回答結果は、「1.とても良い」「2.良い」「3.どちらともいえない」「4.悪い」「5.とても悪い」の5つです。

	A	B	C	D	E
1	新製品に関するアンケート調査				
2					
3	回答No.	年齢	性別	職業	味について
4	1	22	男	学生	3.どちらともいえない
5	2	23	女	社会人	2.良い
6	3	25	女	主婦	3.どちらともいえない
7	4	50	男	その他	4.悪い
8	5	15	女	学生	5.とても悪い

①シート「地域別集計」に「1～5」の回答をした人が、それぞれ何人いるかを集計

	A	B	C	D	E	F
1	新製品に関するアンケート集計					
2						単位：人
3	地域	1.とても良い	2.良い	3.どちらともいえない	4.悪い	5.とても悪い
4	広島	19	43	18	12	4
5	京都	29	45	21	8	6
6	神戸	25	40	19	11	10
7	大阪					
8	合計	73	128	58	31	20

②シート「集計割合」に回答した人数を「構成比」にして計算

	A	B	C	D	E	F
1						
2						単位：%
3	地域	1.とても良い	2.良い	3.どちらともいえない	4.悪い	5.とても悪い
4	広島	19.8	44.8	18.8	12.5	4.2
5	京都					
6	神戸					
7	大阪					

解説

新製品についてのアンケート

●問題1

「地域別集計」表の作成をします。アンケート集計の際、集計する項目（フィールド）は、ひとつだけにしましょう。「大阪アンケート」シートの表内をクリックして、ピボットテーブルを使って集計します。

「列」に「味について」、「値」に「味について」をそれぞれドラッグします。

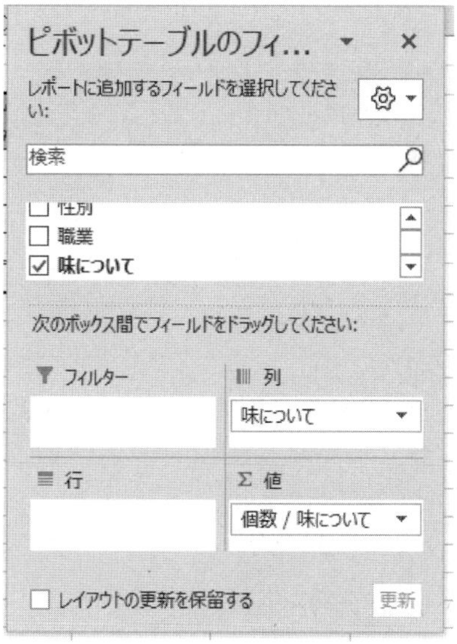

ピボットテーブルの集計方法が「個数」になっていること、解答の表の「とても良い」～「とても悪い」の並び順とピボットテーブルの回答項目の並び順が合っていることを確認してください。違う場合は、ピボットテーブルの方を並べ替えます。

H	I	J	K	L	M	N
	列ラベル					
	1.とても良い	2.良い	3.どちらともいえない	4.悪い	5.とても悪い	総計
個数 / 味について	23	40	25	19	13	120

	A	B	C	D	E	F
1	新製品に関するアンケート集計					
2						単位:人
3	地域	1.とても良い	2.良い	3.どちらともいえない	4.悪い	5.とても悪い
4	広島	19	43	18	12	4

集計された数値をコピーし、シート「地域別集計」のセル「B7:F7」に値を貼り付けます。

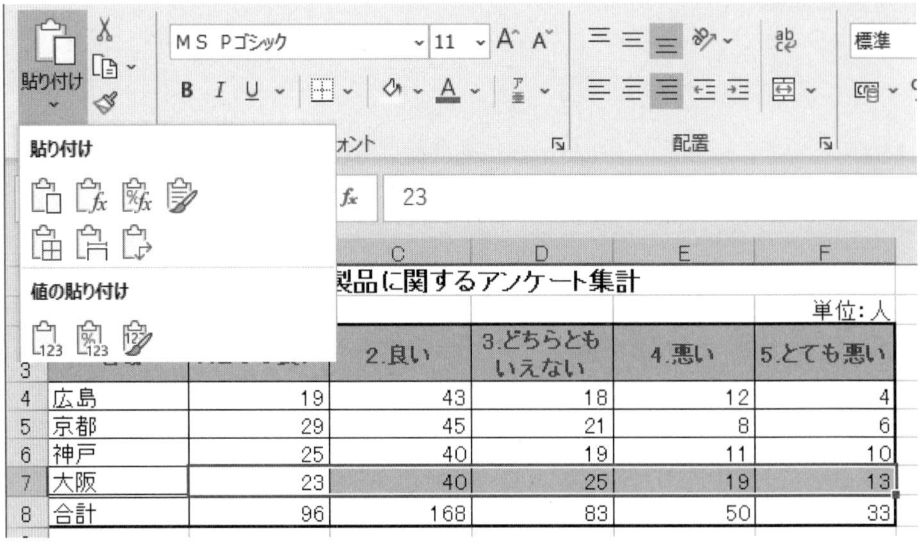

シート名を「アンケート集計結果」に変更します。シート名の上で右クリックして「名前の変更」をクリックします。文字が灰色に反転して入力できる状態になります。その状態で「アンケート集計結果」と入力してください。

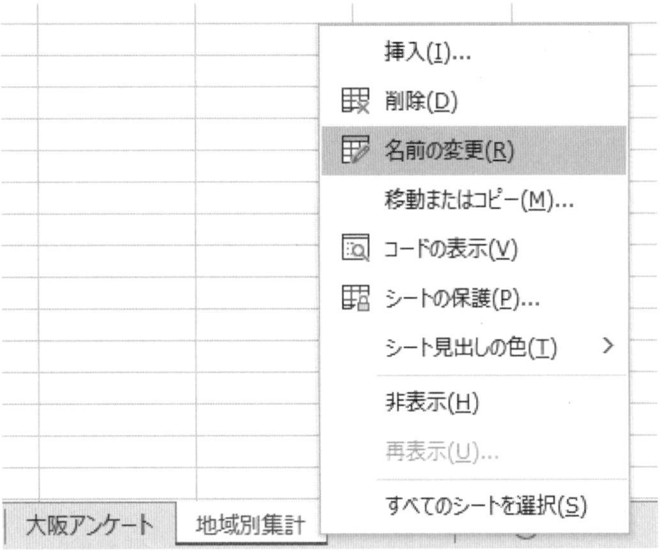

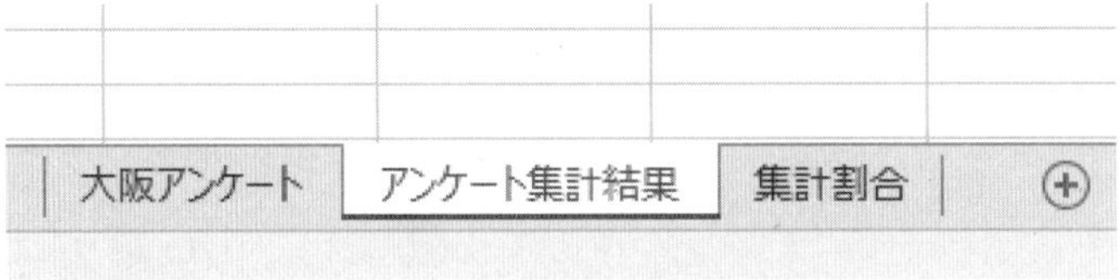

●問題2

「集計割合」表の作成をします。 シート「アンケート集計結果」の列「G」に地域ごとの構成比を求めるために、「合計」を計算しておきます。

G4 =SUM(B4:F4)

	A	B	C	D	E	F	G
1	新製品に関するアンケート集計						
2						単位:人	
3	地域	1.とても良い	2.良い	3.どちらともいえない	4.悪い	5.とても悪い	合計
4	広島	19	43	18	12	4	96
5	京都	29	45	21	8	6	109
6	神戸	25	40	19	11	10	105
7	大阪	23	40	25	19	13	120
8	合計	96	168	83	50	33	
9							

シート「アンケート集計結果」の空いているセルを使って構成比を求める計算式を入力します。

! 注　意

「合計」のセルは「絶対参照」にするようにしましょう。

	A	B	C	D	E	F	G
1	新製品に関するアンケート集計						
2						単位:人	
3	地域	1.とても良い	2.良い	3.どちらともいえない	4.悪い	5.とても悪い	合計
4	広島	19	43	18	12	4	96
5	京都	29	45	21	8	6	109
6	神戸	25	40	19	11	10	105
7	大阪	23	40	25	19	13	120
8	合計	96	168	83	50	33	
9							
10							
11		=B5/$G$5*100					
12							

「京都」の構成比を計算した数式をセル「F11」までオートフィルします。

B11 =B5/$G$5*100

	A	B	C	D	E	F	G
3	地域	1.とても良い	2.良い	3.どちらともいえない	4.悪い	5.とても悪い	合計
4	広島	19	43	18	12	4	96
5	京都	29	45	21	8	6	109
6	神戸	25	40	19	11	10	105
7	大阪	23	40	25	19	13	120
8	合計	96	168	83	50	33	
9							
10							
11		26.60550459	41.28440367	19.26605505	7.339449541	5.504587156	
12							

次に、「神戸」の構成比（%）を計算します。計算式はセル「F12」までオートフィルします。

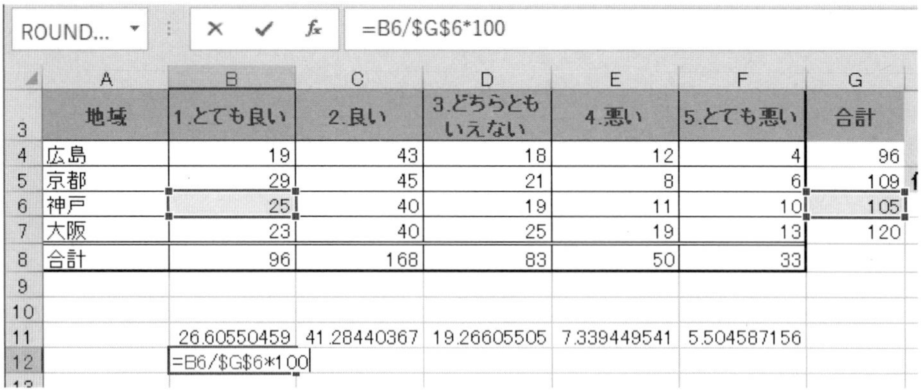

	A	B	C	D	E	F	G
3	地域	1.とても良い	2.良い	3.どちらともいえない	4.悪い	5.とても悪い	合計
4	広島	19	43	18	12	4	96
5	京都	29	45	21	8	6	109
6	神戸	25	40	19	11	10	105
7	大阪	23	40	25	19	13	120
8	合計	96	168	83	50	33	
9							
10							
11		26.60550459	41.28440367	19.26605505	7.339449541	5.504587156	
12		=B6/$G$6*100					

同様に、「大阪」の構成比（%）も計算し、セル「F13」までオートフィルしてください。

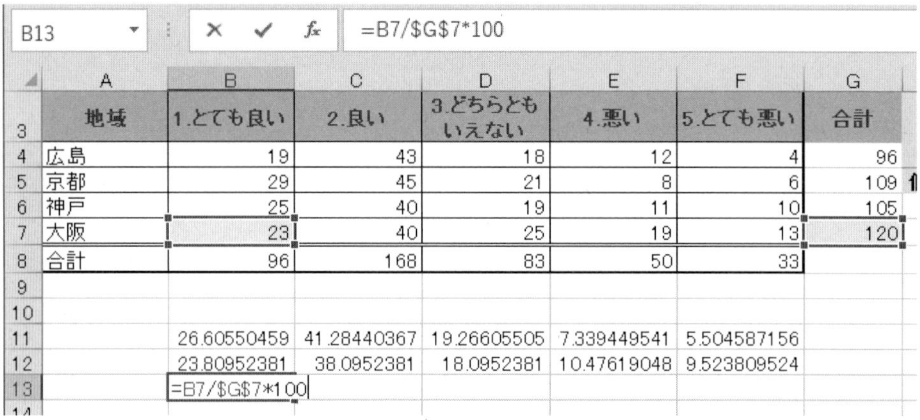

	A	B	C	D	E	F	G
3	地域	1.とても良い	2.良い	3.どちらともいえない	4.悪い	5.とても悪い	合計
4	広島	19	43	18	12	4	96
5	京都	29	45	21	8	6	109
6	神戸	25	40	19	11	10	105
7	大阪	23	40	25	19	13	120
8	合計	96	168	83	50	33	
9							
10							
11		26.60550459	41.28440367	19.26605505	7.339449541	5.504587156	
12		23.80952381	38.0952381	18.0952381	10.47619048	9.523809524	
13		=B7/$G$7*100					

すべての構成比（%）が計算できました。

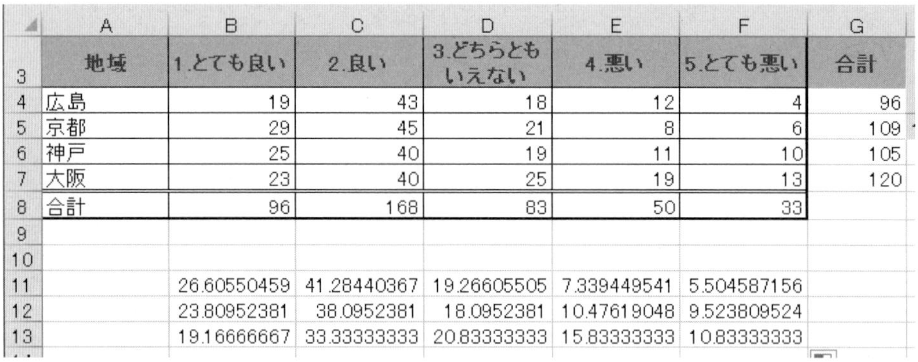

	A	B	C	D	E	F	G
3	地域	1.とても良い	2.良い	3.どちらともいえない	4.悪い	5.とても悪い	合計
4	広島	19	43	18	12	4	96
5	京都	29	45	21	8	6	109
6	神戸	25	40	19	11	10	105
7	大阪	23	40	25	19	13	120
8	合計	96	168	83	50	33	
9							
10							
11		26.60550459	41.28440367	19.26605505	7.339449541	5.504587156	
12		23.80952381	38.0952381	18.0952381	10.47619048	9.523809524	
13		19.16666667	33.33333333	20.83333333	15.83333333	10.83333333	

計算した構成比「B11:F13」をコピーします。

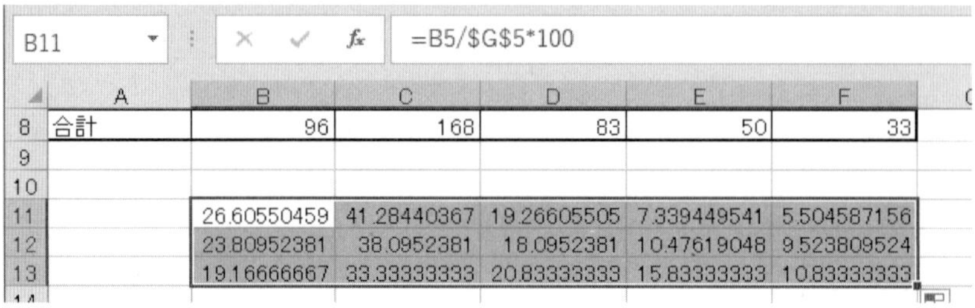

	A	B	C	D	E	F
8	合計	96	168	83	50	33
9						
10						
11		26.60550459	41.28440367	19.26605505	7.339449541	5.504587156
12		23.80952381	38.0952381	18.0952381	10.47619048	9.523809524
13		19.16666667	33.33333333	20.83333333	15.83333333	10.83333333

シート「集計割合」のセル「B5」をクリックして、「値」を貼り付けます。

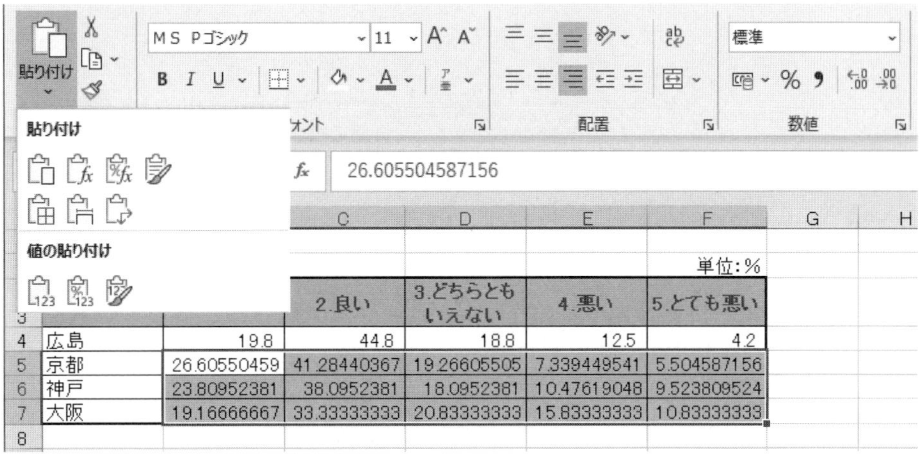

	A	B	C	D	E	F
3			2.良い	3.どちらともいえない	4.悪い	5.とても悪い
4	広島	19.8	44.8	18.8	12.5	4.2
5	京都	26.60550459	41.28440367	19.26605505	7.339449541	5.504587156
6	神戸	23.80952381	38.0952381	18.0952381	10.47619048	9.523809524
7	大阪	19.16666667	33.33333333	20.83333333	15.83333333	10.83333333

小数点以下第1位までの表示に設定します。

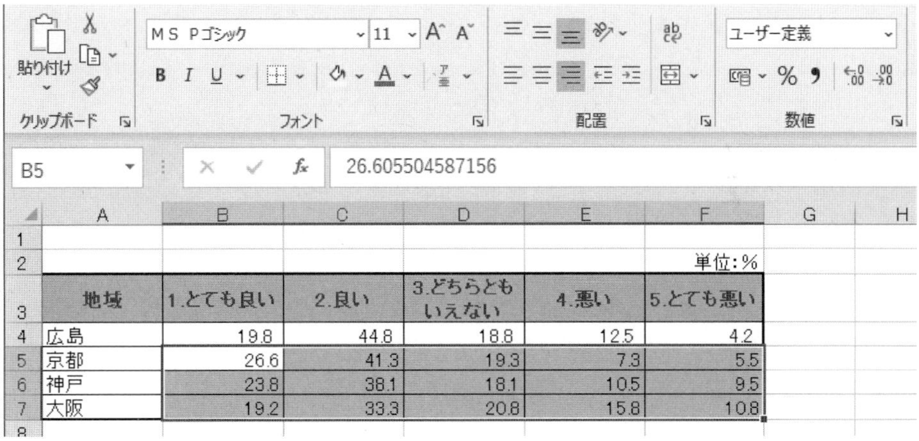

	A	B	C	D	E	F
3	地域	1.とても良い	2.良い	3.どちらともいえない	4.悪い	5.とても悪い
4	広島	19.8	44.8	18.8	12.5	4.2
5	京都	26.6	41.3	19.3	7.3	5.5
6	神戸	23.8	38.1	18.1	10.5	9.5
7	大阪	19.2	33.3	20.8	15.8	10.8

この状態では、元から入力されている「広島」の割合の数値と、貼り付けした数値の小数点の位置がずれています。 表全体の割合の小数点以下の桁の位置は合わせましょう。
再度、表全体の数値をドラッグして、小数点以下の表示桁数を「減らす」「増やす」ボタンで小数点の位置を揃えておきましょう。

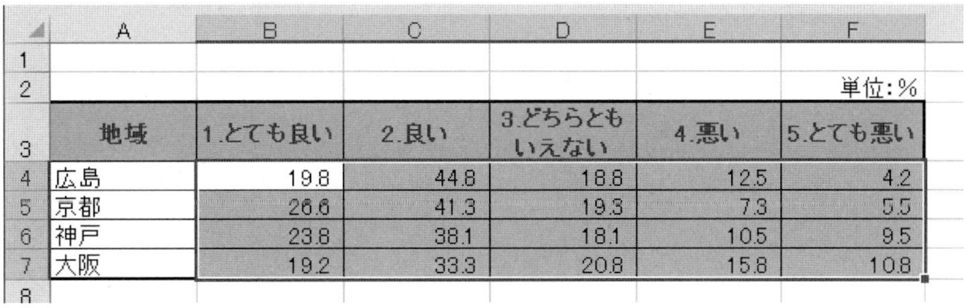

	A	B	C	D	E	F
3	地域	1.とても良い	2.良い	3.どちらともいえない	4.悪い	5.とても悪い
4	広島	19.8	44.8	18.8	12.5	4.2
5	京都	26.6	41.3	19.3	7.3	5.5
6	神戸	23.8	38.1	18.1	10.5	9.5
7	大阪	19.2	33.3	20.8	15.8	10.8

表のタイトルを入力して、完成です。

	A	B	C	D	E	F
1	地域別構成割合					
2						単位:%
3	地域	1.とても良い	2.良い	3.どちらともいえない	4.悪い	5.とても悪い
4	広島	19.8	44.8	18.8	12.5	4.2
5	京都	26.6	41.3	19.3	7.3	5.5
6	神戸	23.8	38.1	18.1	10.5	9.5
7	大阪	19.2	33.3	20.8	15.8	10.8

●問題3

「地域別割合」グラフの作成をします。 以下の点に注意してください。

- グラフの作成範囲…セル「A3:F7」
- グラフの種類…「積み上げ縦棒グラフ」
- 行/列の切り替え（項目軸と凡例の入れ替え）
- 地域を項目軸に設定（地域ごとの構成割合を比較するグラフのため）

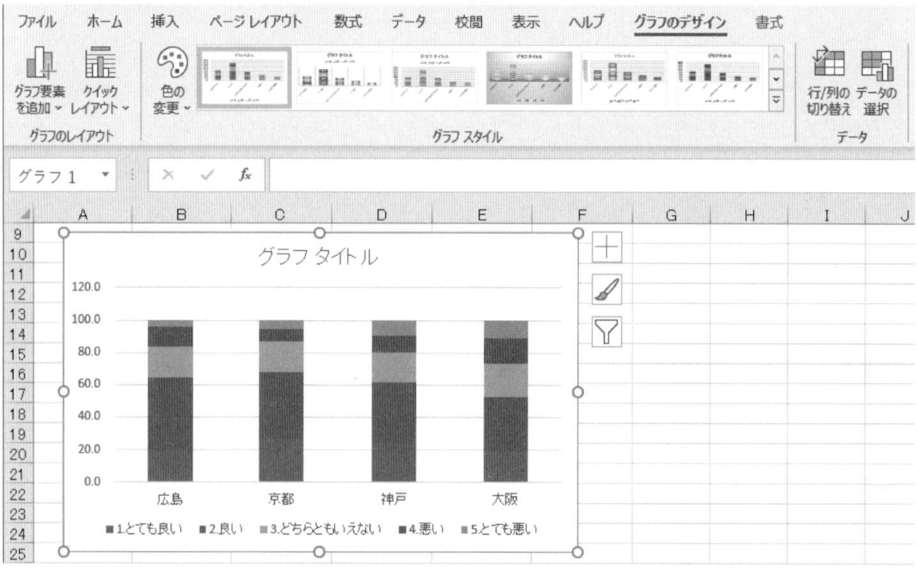

グラフタイトルは「地域別割合」、主縦軸ラベルは「単位:%」と入力し、グラフ要素は「軸ラベル」「データラベル」も選択してください。 軸の書式設定の軸のオプション中の境界値の最大値は「100.0」、単位の主は「10.0」としてください。

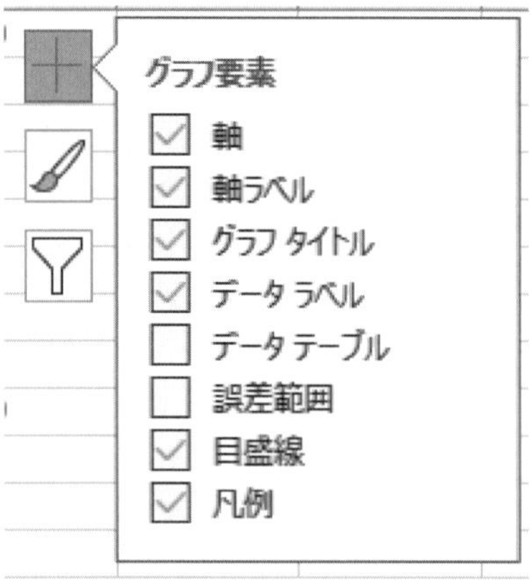

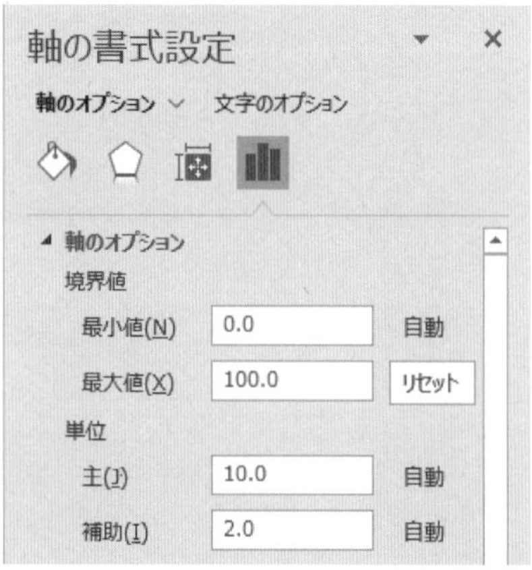

これで、グラフが完成しました。

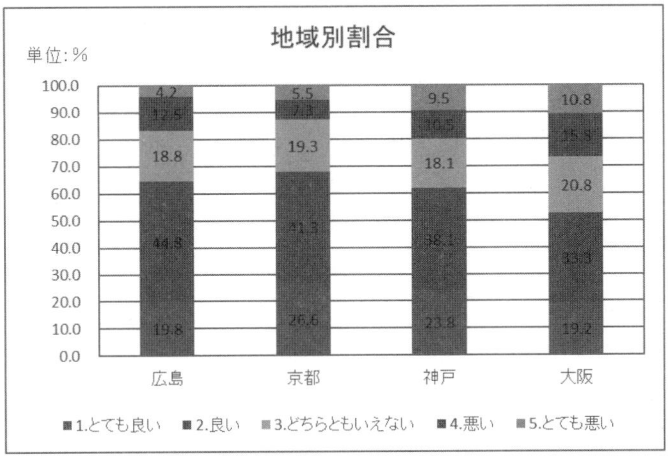

4-2-2

「2-2 アンケート集計問題」ファイルを開いてください。

旅行先アンケート

旅行先アンケートの集計を、以下の指示に従って作成してください。

●問題1

「回答」シートを元に、アンケート結果を集計してください。その際、以下の指示に従うこと。

（指示）

- 「年代別集計」シートに集計すること。
- 「人気度」は、回答人数の合計が25以上なら「＊＊＊」、20以上なら「＊＊」、それ未満は「＊」と表示し、中央揃えに設定すること。

●問題2

「回答」シートを元に、「男女別構成比」シートを完成させてください。その際、以下の指示に従うこと。

（指示）

- 表のタイトルを「男女別構成比」とし、文字サイズを拡大して作成した表の上、中央に配置すること。
- 男女別構成比は、小数点第1位まで表示すること。

●問題3

完成した「男女別構成比」シートを元に、各旅行先の男女比が分かる100%積み上げ横棒グラフを作成してください。その際、以下の指示に従うこと。

（指示）

- グラフタイトルは「男女比較グラフ」とし、文字サイズを拡大してグラフの上、中央に配置すること。
- 凡例をグラフの下に表示し、各要素の値をグラフ内に表示すること。
- グラフは「男女別構成比」の表の下に配置すること。

●問題4

変更したファイルは「旅行先アンケート集計結果」とファイル名を付けて保存してください。

※なお、「●問題4」については本稿では解説を省略しております。ファイルを保存する手順については、2章の「2-1-3　ファイルの保存」をご参照ください。

ポイント

問題に使うデータと解答の表を確認してみましょう。
シート「回答」には回答№1～200の人が「行ってみたい旅行先」を回答したものを表にしています。

	A	B	C	D
1	回答No.	年齢	性別	旅行先
2	1	53	女	香港
3	2	28	女	エジプト
4	3	44	男	北海道
5	4	33	男	アメリカ
6	5	48	男	ヨーロッパ
7	6	34	女	沖縄

①シート「年代別集計」に旅行先を年代ごとに集計

	A	B	C	D	E	F	G	H	I
1									
2									
3	旅行先	10代	20代	30代	40代	50代	60代	合計	人気度
4	北海道								
5	沖縄								
6	ハワイ								
7	香港								
8	アメリカ								
9	ヨーロッパ								
10	オーストラリア								
11	エジプト								
12	アフリカ								
13	南アメリカ								

②シート「男女別構成比」に旅行先を男女別に集計、構成比を計算

	A	B	C	D	E
1					
2					
3	旅行先	男性	男性構成比(%)	女性	女性構成比(%)
4	北海道				
5	沖縄				
6	ハワイ				
7	香港				
8	アメリカ				
9	ヨーロッパ				
10	オーストラリア				
11	エジプト				
12	アフリカ				
13	南アメリカ				
14	合計				

解説

旅行先アンケート

●問題1

「年代別集計」表の作成をします。「回答」シートの表内をクリックして、ピボットテーブルを使って集計します。「列」に「年齢」、「行」に「旅行先」、「値」に「旅行先」をそれぞれドラッグします。

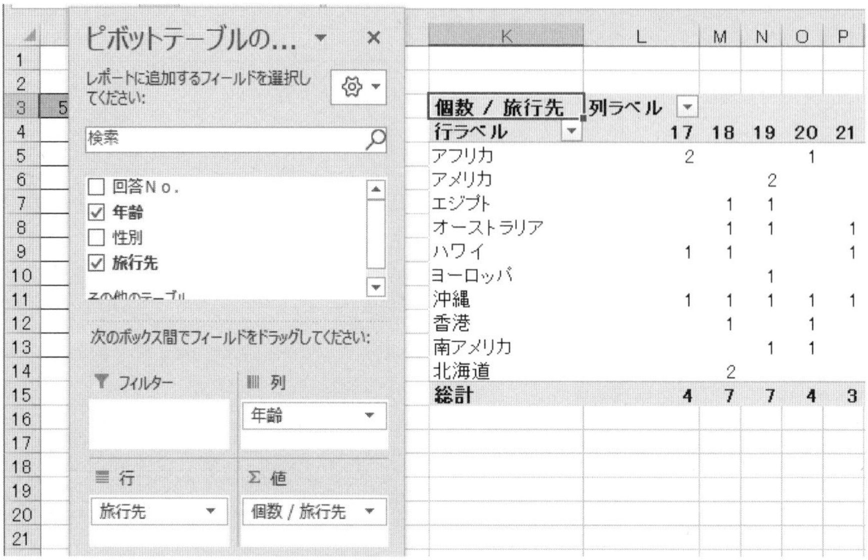

「年齢」をグループ化します。「年齢」フィールドの上で右クリックして、「グループ化」をクリックします。「先頭の値」に「10」と入力し、単位が「10」になっていることを確認して「OK」をクリックします（末尾の値はそのままにしてください）。

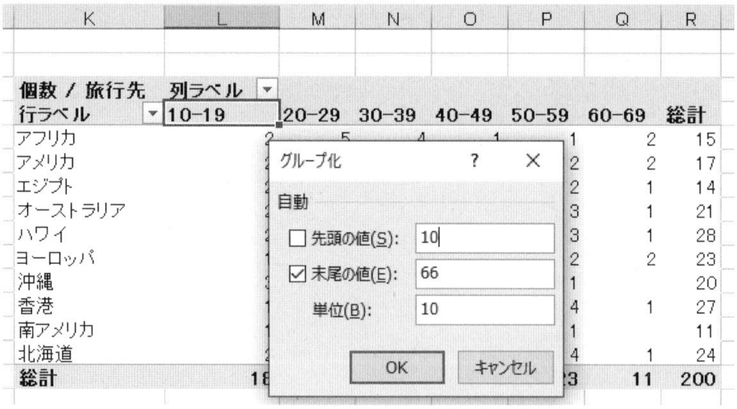

年齢が、「10代」「20代」…とグループ化されました。

ピボットテーブルの空白のセルに「0」を表示させます。ピボットテーブルの表内で右クリックして、「ピボットテーブルオプション」をクリックします。「空白セルに表示する値」欄に「0」と入力して「OK」をクリックします。

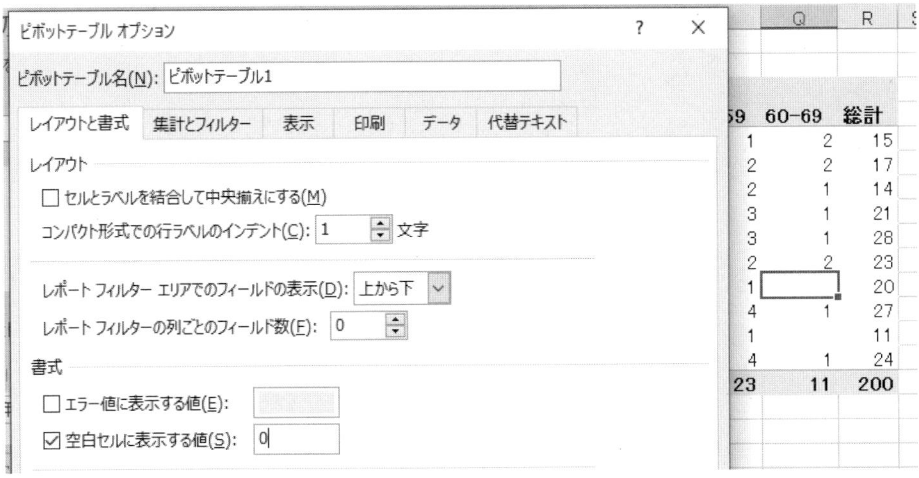

「旅行先」の並び順を、集計先の表と同じ順番になるように並べ替えます。

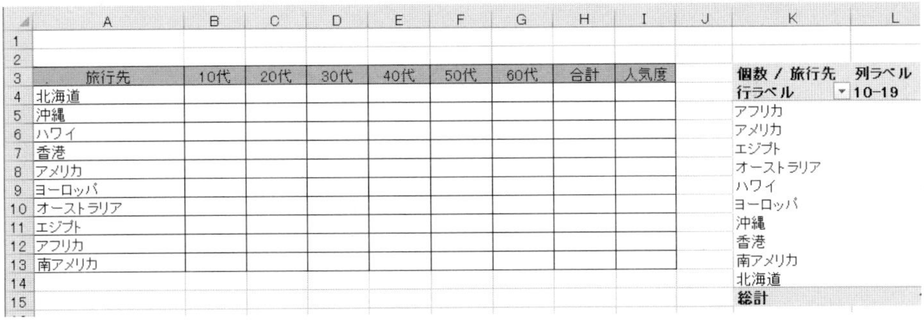

旅行先	10代	20代	30代	40代	50代	60代	合計	人気度
北海道								
沖縄								
ハワイ								
香港								
アメリカ								
ヨーロッパ								
オーストラリア								
エジプト								
アフリカ								
南アメリカ								

並べ替えたピボットテーブルの数値をコピーして、セル「B4:H13」に値を貼り付けます。

旅行先	10代	20代	30代	40代	50代	60代	合計	人気度
北海道	2	7	4	6	4	1	24	
沖縄	3	6	7	3	1	0	20	
ハワイ	2	7	9	6	3	1	28	
香港	1	8	6	7	4	1	27	
アメリカ	2	4	4	3	2	2	17	
ヨーロッパ	1	5	4	9	2	2	23	
オーストラリア	2	7	7	1	3	1	21	
エジプト	2	3	5	1	2	1	14	
アフリカ	2	5	4	1	1	2	15	
南アメリカ	1	2	5	2	1	0	11	

個数 / 旅行先 行ラベル	列ラベル 10-19	20-29	30-39	40-49	50-59	60-69	総計
北海道	2	7	4	6	4	1	24
沖縄	3	6	7	3	1	0	20
ハワイ	2	7	9	6	3	1	28
香港	1	8	6	7	4	1	27
アメリカ	2	4	4	3	2	2	17
ヨーロッパ	1	5	4	9	2	2	23
オーストラリア	2	7	7	1	3	1	21
エジプト	2	3	5	1	2	1	14
アフリカ	2	5	4	1	1	2	15
南アメリカ	1	2	5	2	1	0	11
総計	18	54	55	39	23	11	200

「IF関数」を組み合わせて、「人気度」を表示させます。「合計」が25以上なら「***」、「合計」が20以上なら「**」、「合計」が20未満なら「*」という条件でIF関数を使用します。この部分のIF関数は入れ子構造にします。最初のIF関数は以下のようにしてください。

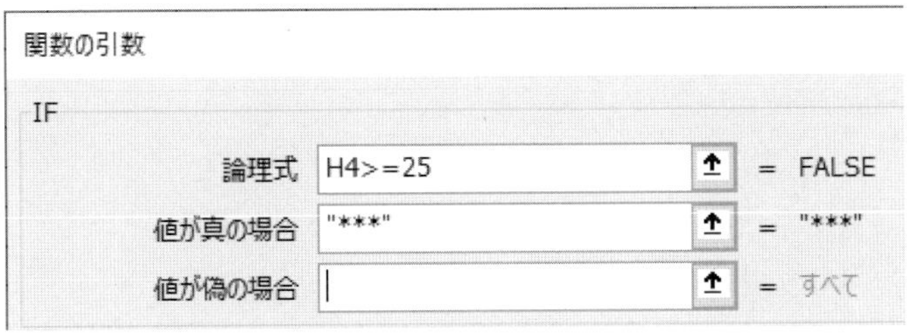

2つ目のIF関数は以下の通りです。

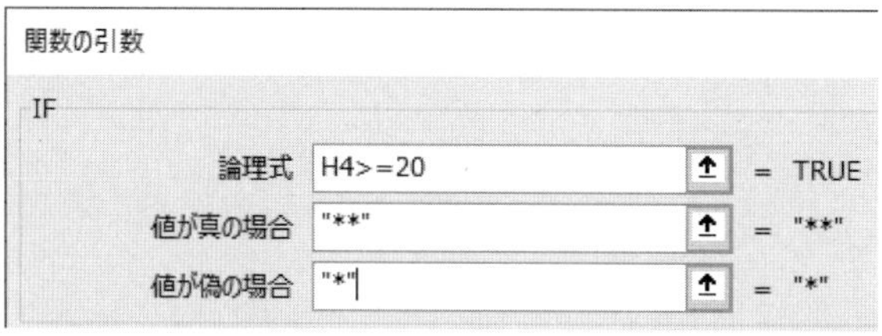

最終的なIF関数の計算式は、以下の通りとなります。

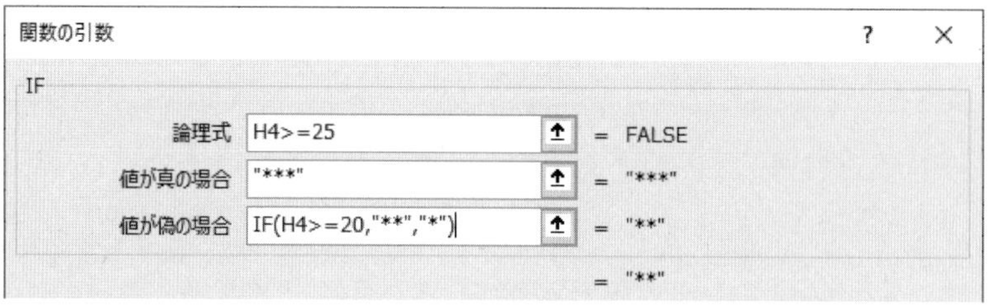

この関数をセル「I13」までオートフィルして、中央揃えに設定します。

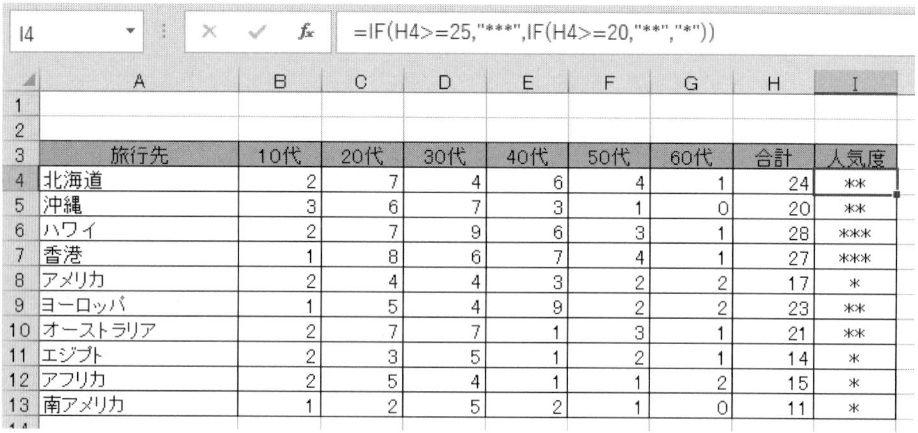

	A	B	C	D	E	F	G	H	I
1									
2									
3	旅行先	10代	20代	30代	40代	50代	60代	合計	人気度
4	北海道	2	7	4	6	4	1	24	**
5	沖縄	3	6	7	3	1	0	20	**
6	ハワイ	2	7	9	6	3	1	28	***
7	香港	1	8	6	7	4	1	27	***
8	アメリカ	2	4	4	3	2	2	17	*
9	ヨーロッパ	1	5	4	9	2	2	23	**
10	オーストラリア	2	7	7	1	3	1	21	**
11	エジプト	2	3	5	1	2	1	14	*
12	アフリカ	2	5	4	1	1	2	15	*
13	南アメリカ	1	2	5	2	1	0	11	*

●問題2

「男女別構成比」表を作成します。 ピボットテーブルを使って、男女別の集計を計算します。 問題1で作成したピボットテーブルの「年齢」を「列」エリアからドラッグして外し、代わりに「性別」を「列」エリアにドラッグします。

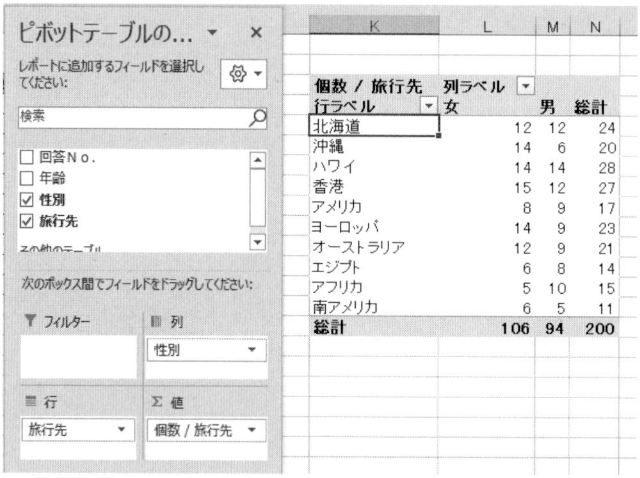

個数 / 旅行先	列ラベル		
行ラベル	女	男	総計
北海道	12	12	24
沖縄	14	6	20
ハワイ	14	14	28
香港	15	12	27
アメリカ	8	9	17
ヨーロッパ	14	9	23
オーストラリア	12	9	21
エジプト	6	8	14
アフリカ	5	10	15
南アメリカ	6	5	11
総計	106	94	200

男性・女性の数値を、それぞれコピーして、シート「男女別構成比」の表に値を貼り付けます。

個数 / 旅行先	列ラベル		
行ラベル	女	男	総計
北海道	12	12	24
沖縄	14	6	20
ハワイ	14	14	28
香港	15	12	27
アメリカ	8	9	17
ヨーロッパ	14	9	23
オーストラリア	12	9	21
エジプト	6	8	14
アフリカ	5	10	15
南アメリカ	6	5	11
総計	**106**	**94**	**200**

旅行先	男性	男性構成比(%)	女性	女性構成比(%)
北海道	12		12	
沖縄	6		14	
ハワイ	14		14	
香港	12		15	
アメリカ	9		8	
ヨーロッパ	9		14	
オーストラリア	9		12	
エジプト	8		6	
アフリカ	10		5	
南アメリカ	5		6	
合計	94		106	

男女それぞれに「構成比」を計算します。小数点第1位までの表示に設定します。

C4　=B4/$B$14*100

旅行先	男性	男性構成比(%)	女性	女性構成比(%)
北海道	12	=B4/$B$14*100	12	
沖縄	6		14	
ハワイ	14		14	
香港	12		15	
アメリカ	9		8	
ヨーロッパ	9		14	
オーストラリア	9		12	
エジプト	8		6	
アフリカ	10		5	
南アメリカ	5		6	
合計	94		106	

表のタイトルを入力して、完成です。

	A	B	C	D	E
1	男女別構成比				
2					
3	旅行先	男性	男性構成比(%)	女性	女性構成比(%)
4	北海道	12	12.8	12	11.3
5	沖縄	6	6.4	14	13.2
6	ハワイ	14	14.9	14	13.2
7	香港	12	12.8	15	14.2
8	アメリカ	9	9.6	8	7.5
9	ヨーロッパ	9	9.6	14	13.2
10	オーストラリア	9	9.6	12	11.3
11	エジプト	8	8.5	6	5.7
12	アフリカ	10	10.6	5	4.7
13	南アメリカ	5	5.3	6	5.7
14	合計	94	100.0	106	100.0

●問題3

「男女比較グラフ」の作成です。グラフの作成範囲はセル「A3:B13」と「D3:D13」、グラフの種類…「100%積み上げ横棒グラフ」としましょう。

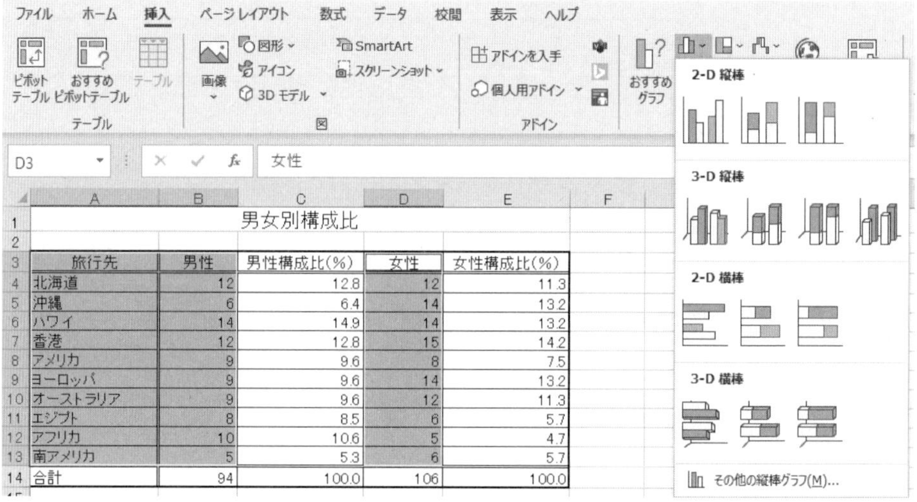

グラフタイトルは「男女比較グラフ」、グラフ要素は「データラベル」です。グラフの完成図は以下の通りです。

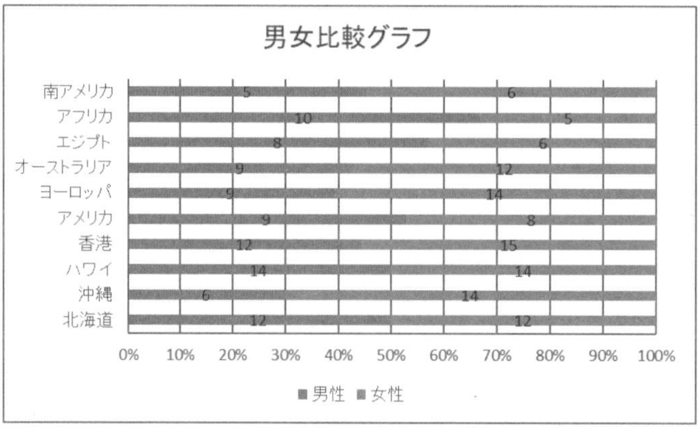

4-3 請求書作成問題

4-3-1 受注に関する請求書

「3-1　請求書作成問題」ファイルを開いてください。

受注に関する請求書を作成してください。

●問題1

シート「受注データ」を完成させてください。 その際、以下の指示に従うこと。

（指示）

- 「店名」と「単価」は、シート「店コード ・ 単価表」のデータを表示させること。
- 「売上金額」を計算すること。 数値には、「桁区切り」を設定すること。

●問題2

問題1で作成した表を元に、「みどり生花店」の8月分の請求書を完成させてください。 請求内容は、日付順に表示できるようにし、請求金額はセルの参照によって表示してください。

●問題3

シート「受注目標」に、各商品の8月受注金額と9月受注目標を計算してください。 また、受注目標の表の下に、7月から9月にかけての受注金額および受注目標の推移を表した折れ線グラフを作成してください。 その際、以下の指示に従うこと。

（指示）

- 9月受注目標は、8月受注金額が7月受注金額よりも上回っているものは、8月受注金額の3割増、そうでないものは8月と同じ受注金額として計算すること。 計算した数値には桁区切りを設定すること。
- 表は、9月受注目標の高い順に並べ替えること。
- 標題は、「9月受注目標」とし、作成した表の上、中央に配置すること。
- グラフタイトルは「受注金額推移」とすること。
- 数値軸には、「単位:円」を表示すること。
- 凡例をグラフの下に表示すること。

●問題4

問題1～3で作成したファイルは、「8月請求書」というファイル名にして保存してください。

※なお、「●問題4」については本稿では解説を省略しております。 ファイルを保存する手順については、2章の「2-1-3　ファイルの保存」をご参照ください。

ポイント

問題に使うデータと解答の表を確認してみましょう。
シート「受注データ」の店名と単価は、シート「店コード・単価表」からVLOOKUP関数を使って表示します。

	A	B	C	D	E	F	G
1	日付	店名	店コード	商品名	数量	単価	受注金額
2	8月1日		2601	カーネーション	5		
3	8月1日		2502	パンジー	3		
4	8月2日		2502	カサブランカ	10		
5	8月2日		2501	スイートピー	3		

	A	B
1		
2	コード	店名
3	2501	フラワーショップ・はな
4	2502	みどり生花店
5	2601	フローラル・アイ
6	2603	花工房・グリーン
7		
8		
9	商品名	単価
10	カーネーション	350
11	パンジー	120
12	カサブランカ	500
13	スイートピー	280
14	マーガレット	260
15	チューリップ	240
16	カトレア	400

①シート「請求書」に日付ごとに集計した請求書を作成

	A	B	C	D	E	F	G
4			御中				
5							
6					グリーン＆フラワー販売株式会社		
7						経理部	佐藤
8		※下記のとおり、ご請求申し上げます					
9				円			
10							
11							
12		日付	商品名	単価	数量	金額	
13							
14							
15							
16							
17							
18							
19							
20							
21							
22							
23							
24							
25					合計		

②シート「受注目標」に8月の受注金額と9月の受注目標を計算

	A	B	C	D
1				
2				
3	商品名	7月受注金額	8月受注金額	9月受注目標
4	カーネーション	6,850		
5	カサブランカ	11,000		
6	カトレア	3,000		
7	スイートピー	4,580		
8	チューリップ	9,460		
9	パンジー	1,300		
10	マーガレット	4,660		

解説

受注に関する請求書

●問題1

まず、「販売データ」表の作成です。「店名」と「単価」は、シート「店コード・単価表」から、「VLOOKUP関数」を使って表示させます。

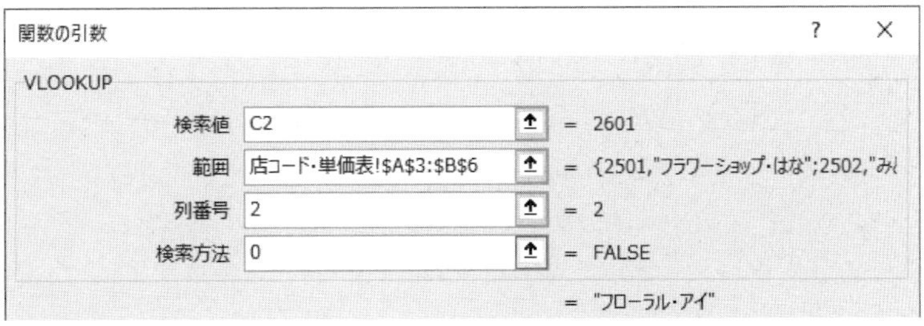

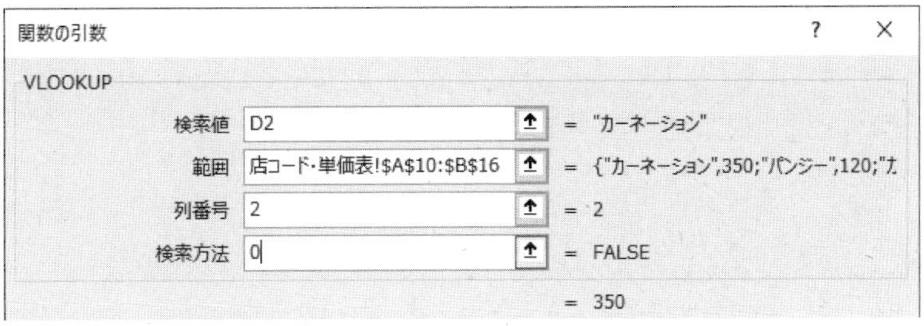

表の最終行まで、それぞれオートフィルしておきます。

F2　=VLOOKUP(D2,店コード・単価表!$A$10:$B$16,2,0)

	A	B	C	D	E	F	G
1	日付	店名	店コード	商品名	数量	単価	受注金額
2	8月1日	フローラル・アイ	2601	カーネーション	5	350	
3	8月1日	みどり生花店	2502	パンジー	3	120	
4	8月2日	みどり生花店	2502	カサブランカ	10	500	
5	8月2日	フラワーショップ・はな	2501	スイートピー	3	280	
6	8月4日	みどり生花店	2502	マーガレット	2	260	

「受注金額」を計算します。「数量×単価」で求められます。表の最終行までオートフィルして、桁区切りを設定します。

	A	B	C	D	E	F	G
1	日付	店名	店コード	商品名	数量	単価	受注金額
2	8月1日	フローラル・アイ	2601	カーネーション	5	350	1,750
3	8月1日	みどり生花店	2502	パンジー	3	120	360
4	8月2日	みどり生花店	2502	カサブランカ	10	500	5,000
5	8月2日	フラワーショップ・はな	2501	スイートピー	3	280	840
6	8月4日	みどり生花店	2502	マーガレット	2	260	520
7	8月5日	フラワーショップ・はな	2501	チューリップ	3	240	720
8	8月5日	みどり生花店	2502	カトレア	10	400	4,000

●問題2

シート「請求書」の作成です。問題1で作成したシート「受注データ」を、ピボットテーブルを使って集計します。

ピボットテーブルの「行」に複数のデータをドラッグすると、複数の項目が「縦」に並びます。このデザインを「コンパクト形式」のピボットテーブルデザインといいます。

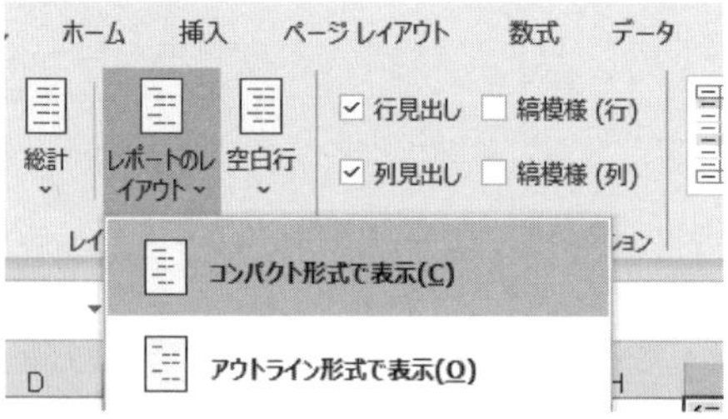

このとき、「日付」「商品名」「単価」が「縦」方向に並んだ形のピボットテーブルができます。これは、請求書の表内に集計した数値をコピー・貼り付けするのに適していません。項目が「横」方向に並ぶようなピボットテーブルを作成すると、コピー・貼り付けの際に便利です。ピボットテーブルの「デザイン」を変更します。

請求書の問題をする場合に限って、「表形式で表示」に変更する必要があります。「表形式で表示」されたピボットテーブルを使うと、「日付」「商品名」「単価」が横に並ぶので、集計したデータをコピー・貼り付けする際に、便利です。

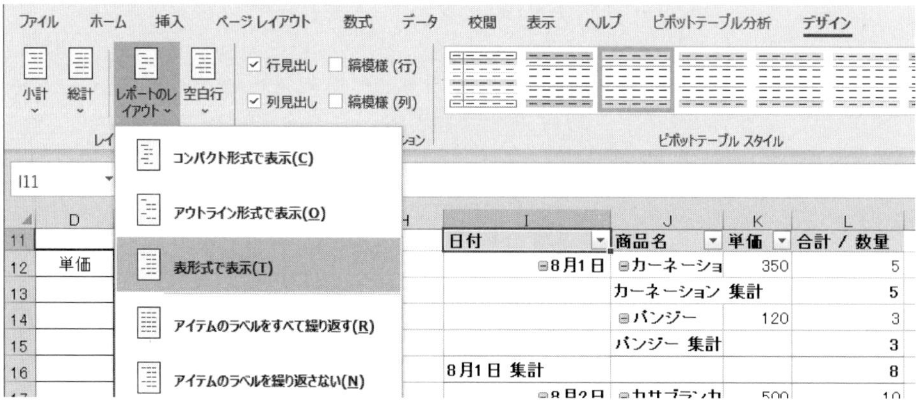

ピボットテーブルを、以下の通りに注意して作成します。

- 「フィルター」エリアに「店名」（「みどり生花店」のみ表示）
- 「行」に「日付」「商品名」「単価」の順にドラッグ
- 「値」に「数量」　（実際に集計する数値は「数量」のみである）

「日付」ごとの小計行と「商品名」ごとの小計行を非表示にします。小計行の上で右クリックして、「"日付"の小計」のチェックを外します。

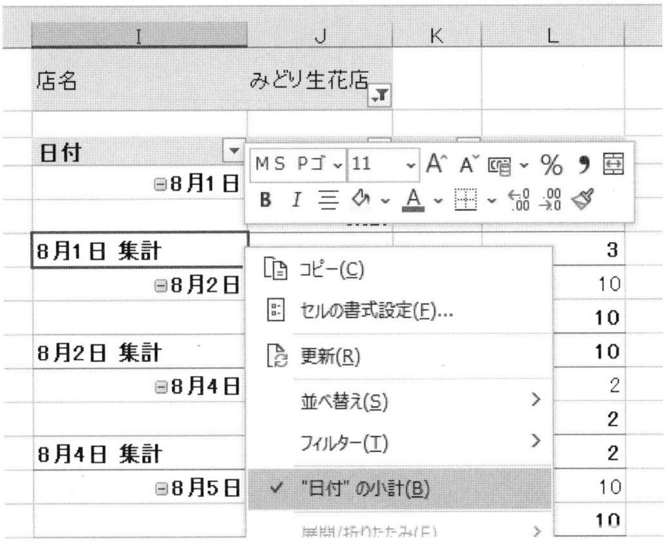

同様に、「"商品名"の小計」行もチェックを外し、非表示にします。

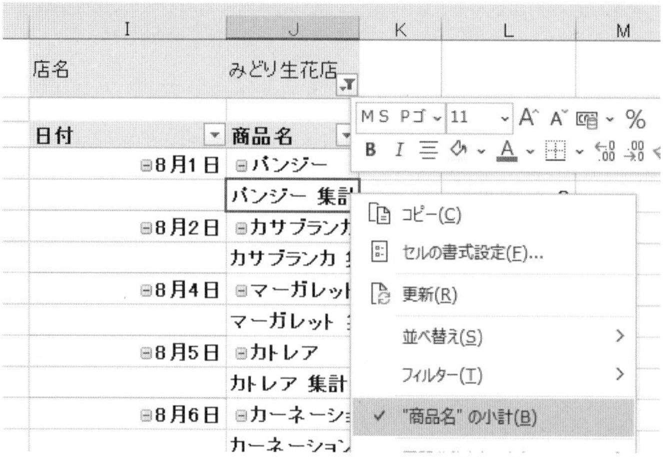

これで、ピボットテーブルの出来上がりです。店名は「みどり生花店」のみ、「値」には「数量」がドラッグされていることを確認しましょう。

店名	みどり生花店		
日付	商品名	単価	合計 / 数量
⊟8月1日	⊟パンジー	120	3
⊟8月2日	⊟カサブランカ	500	10
⊟8月4日	⊟マーガレット	260	2
⊟8月5日	⊟カトレア	400	10
⊟8月6日	⊟カーネーショ	350	3
	⊟スイートピー	280	4
⊟8月15日	⊟スイートピー	280	8
	⊟パンジー	120	4
⊟8月18日	⊟カサブランカ	500	5
⊟8月26日	⊟チューリップ	240	3
⊟8月30日	⊟カトレア	400	5
総計			57

出来上がったピボットテーブルの「8月1日」のセルから数量の最終行「5」までをコピーして、シート「請求書」のセル「B13」をクリックして、値を貼り付けます。

「日付」の表示形式を設定しなおします。 値を貼り付けた後は、日付の表示形式を「○月○日」という表示に設定し直します。

列「F」に、「金額」を計算します。「単価＊数量」で求められます。

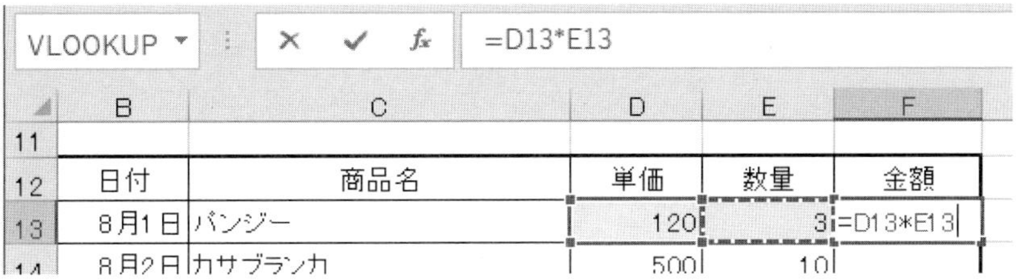

セル「F23」までオートフィルしておきます。

セル「F25」には、オートSUMを使って金額の合計を計算します。

VLOOKUP　=SUM(F13:F24)

	B	C	D	E	F	G
11						
12	日付	商品名	単価	数量	金額	
13	8月1日	パンジー	120	3	360	
14	8月2日	カサブランカ	500	10	5000	
15	8月4日	マーガレット	260	2	520	
16	8月5日	カトレア	400	10	4000	
17	8月6日	カーネーション	350	3	1050	
18		スイートピー	280	4	1120	
19	8月15日	スイートピー	280	8	2240	
20		パンジー	120	4	480	
21	8月18日	カサブランカ	500	5	2500	
22	8月26日	チューリップ	240	3	720	
23	8月30日	カトレア	400	5	2000	
24						
25				合計	=SUM(F13:F24)	
26					SUM(数値1, [数値2], ...)	

金額には、桁区切りを設定します。

	B	C	D	E	F
11					
12	日付	商品名	単価	数量	金額
13	8月1日	パンジー	120	3	360
14	8月2日	カサブランカ	500	10	5,000
15	8月4日	マーガレット	260	2	520
16	8月5日	カトレア	400	10	4,000
17	8月6日	カーネーション	350	3	1,050
18		スイートピー	280	4	1,120
19	8月15日	スイートピー	280	8	2,240
20		パンジー	120	4	480
21	8月18日	カサブランカ	500	5	2,500
22	8月26日	チューリップ	240	3	720
23	8月30日	カトレア	400	5	2,000
24					
25				合計	19,990

セル「C9」には、セル参照を使って、合計金額を表示させます。まず、セル「C9」をクリックし、「=」を入力します。セル「F25」をクリックして、Enterキーを押すと合計金額が表示されます。

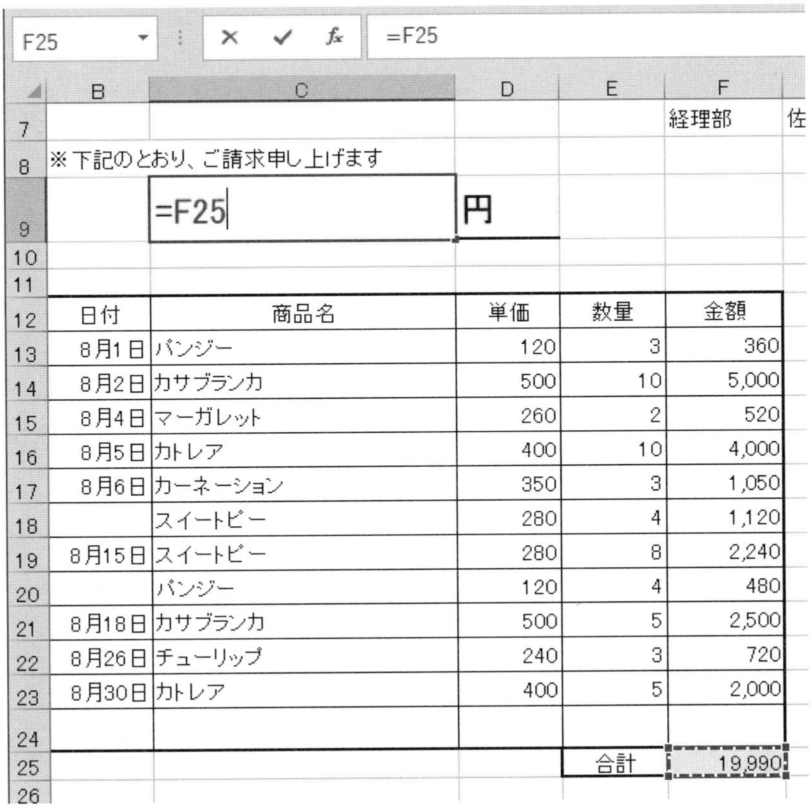

	B	C	D	E	F
7					経理部
8	※下記のとおり、ご請求申し上げます				
9		=F25	円		
10					
11					
12	日付	商品名	単価	数量	金額
13	8月1日	パンジー	120	3	360
14	8月2日	カサブランカ	500	10	5,000
15	8月4日	マーガレット	260	2	520
16	8月5日	カトレア	400	10	4,000
17	8月6日	カーネーション	350	3	1,050
18		スイートピー	280	4	1,120
19	8月15日	スイートピー	280	8	2,240
20		パンジー	120	4	480
21	8月18日	カサブランカ	500	5	2,500
22	8月26日	チューリップ	240	3	720
23	8月30日	カトレア	400	5	2,000
24					
25				合計	19,990
26					

ポイント

「=F25」とは、セル「F25」に入力されている数値や文字をそのまま表示します、という意味で「セル参照」と言います。

セル「F25」に表示されている数値が表示されました。

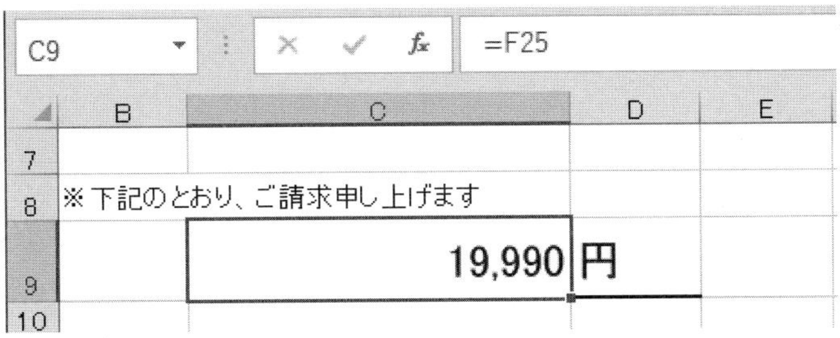

	B	C	D	E
7				
8	※下記のとおり、ご請求申し上げます			
9		19,990	円	
10				

請求書のあて先（みどり生花店）を入力して、請求書の完成です。

請 求 書

みどり生花店 御中

グリーン＆フラワー販売株式会社

経理部 佐藤

※下記のとおり、ご請求申し上げます

19,990 円

日付	商品名	単価	数量	金額
8月1日	パンジー	120	3	360
8月2日	カサブランカ	500	10	5,000
8月4日	マーガレット	260	2	520
8月5日	カトレア	400	10	4,000
8月6日	カーネーション	350	3	1,050
	スイートピー	280	4	1,120
8月15日	スイートピー	280	8	2,240
	パンジー	120	4	480
8月18日	カサブランカ	500	5	2,500
8月26日	チューリップ	240	3	720
8月30日	カトレア	400	5	2,000
			合計	19,990

●問題3

シート「受注目標」を作成します。問題2で作成したピボットテーブルを「商品名」と「受注金額」を集計したピボットテーブルに変更します。このとき、「店名」のフィールドをピボットテーブルから外すよう注意してください。

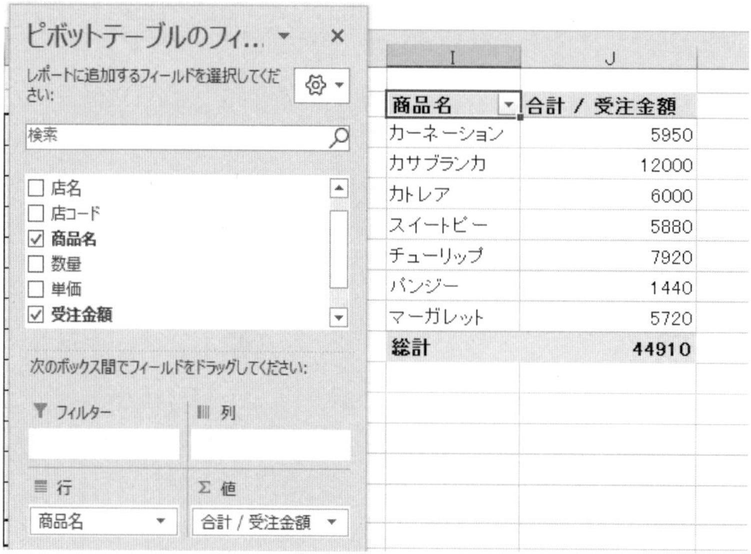

商品名	合計 / 受注金額
カーネーション	5950
カサブランカ	12000
カトレア	6000
スイートピー	5880
チューリップ	7920
パンジー	1440
マーガレット	5720
総計	**44910**

「受注金額」の数値をコピーして、シート「受注目標」のセル「C4」に値を貼り付けます。

	A	B	C	D
1				
2				
3	商品名	7月受注金額	8月受注金額	9月受注目標
4	カーネーション	6,850	5950	
5	カサブランカ	11,000	12000	
6	カトレア	3,000	6000	
7	スイートピー	4,580	5880	
8	チューリップ	9,460	7920	
9	パンジー	1,300	1440	
10	マーガレット	4,660	5720	
11				

「IF関数」を使って、「9月受注目標」を計算します。IF関数は、論理式を「C4>B4」すなわち、「C4」の数値が「B4」の数値より大きい、とします。このとき、値が真の場合「C4×130%」すなわち、C4（8月受注金額）の3割増で表示し、値が偽の場合「C4」すなわち、C4（8月受注金額のまま）と同じ値を表示する、という条件にします。

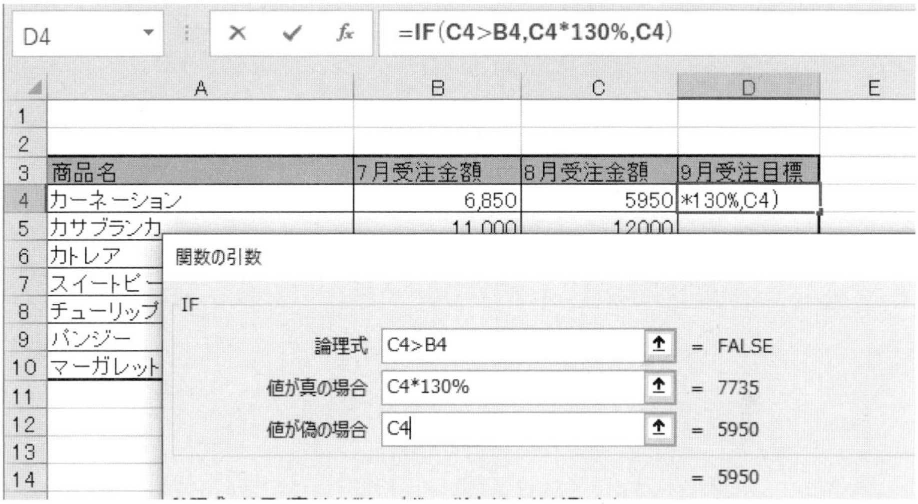

10行目までオートフィルして、「8月受注金額」と「9月受注目標」の数値に桁区切りを設定します。

	A	B	C	D
1				
2				
3	商品名	7月受注金額	8月受注金額	9月受注目標
4	カーネーション	6,850	5,950	5,950
5	カサブランカ	11,000	12,000	15,600
6	カトレア	3,000	6,000	7,800
7	スイートピー	4,580	5,880	7,644
8	チューリップ	9,460	7,920	7,920
9	パンジー	1,300	1,440	1,872
10	マーガレット	4,660	5,720	7,436
11				

表を「9月受注目標」の高い順に並べ替えます。

タイトルを入力して、完成です。

	A	B	C	D
1	9月受注目標			
2				
3	商品名	7月受注金額	8月受注金額	9月受注目標
4	カサブランカ	11,000	12,000	15,600
5	チューリップ	9,460	7,920	7,920
6	カトレア	3,000	6,000	7,800
7	スイートピー	4,580	5,880	7,644
8	マーガレット	4,660	5,720	7,436
9	カーネーション	6,850	5,950	5,950
10	パンジー	1,300	1,440	1,872

「受注金額推移」グラフの作成です。以下の点に注意しましょう。

- グラフの作成範囲…セル「A3:D10」
- グラフの種類…「マーカー付き折れ線グラフ」

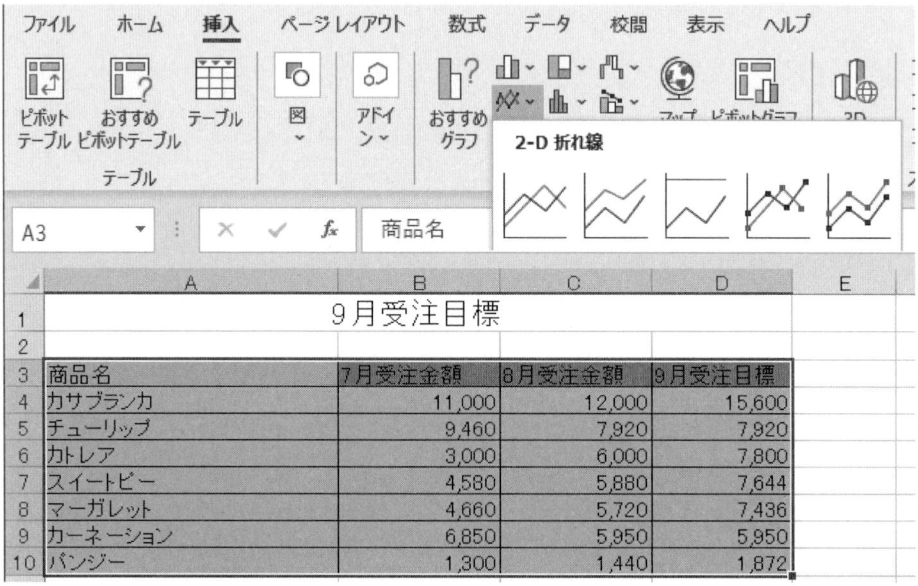

	A	B	C	D
1	9月受注目標			
2				
3	商品名	7月受注金額	8月受注金額	9月受注目標
4	カサブランカ	11,000	12,000	15,600
5	チューリップ	9,460	7,920	7,920
6	カトレア	3,000	6,000	7,800
7	スイートピー	4,580	5,880	7,644
8	マーガレット	4,660	5,720	7,436
9	カーネーション	6,850	5,950	5,950
10	パンジー	1,300	1,440	1,872

行/列の切り替えは、時系列を項目軸に設定するようにしましょう。

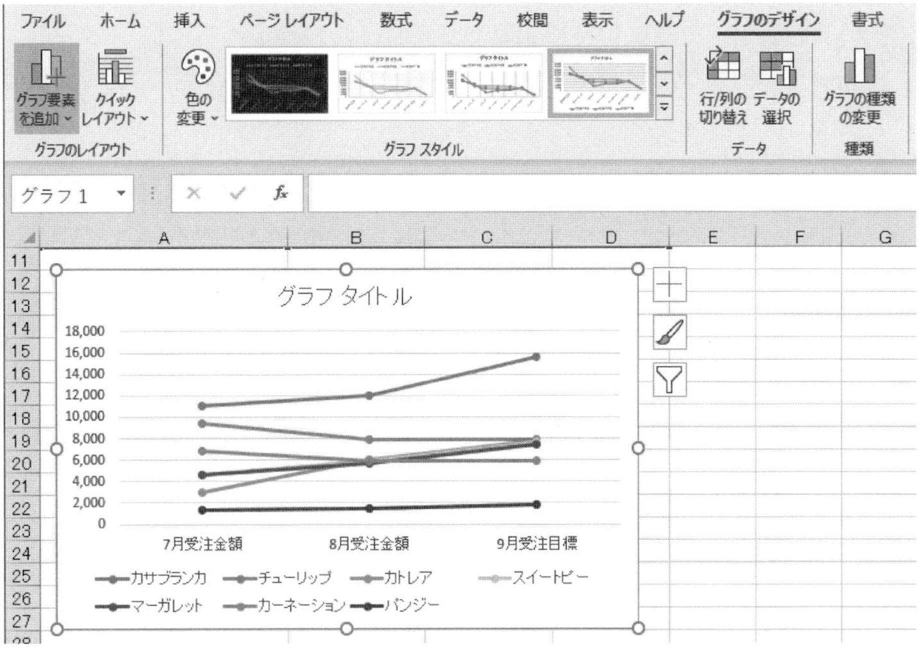

「項目軸（横軸）」と「凡例」を入れ替えるのが、「行/列の切り替え」です。折れ線グラフは、原則「時系列」といって、時間を表す項目（年、月、日）を「項目軸（横軸）」にします。

ポイント

グラフタイトルに「受注金額推移」、主縦軸ラベルに「単位:円」と入力して、グラフの完成です。

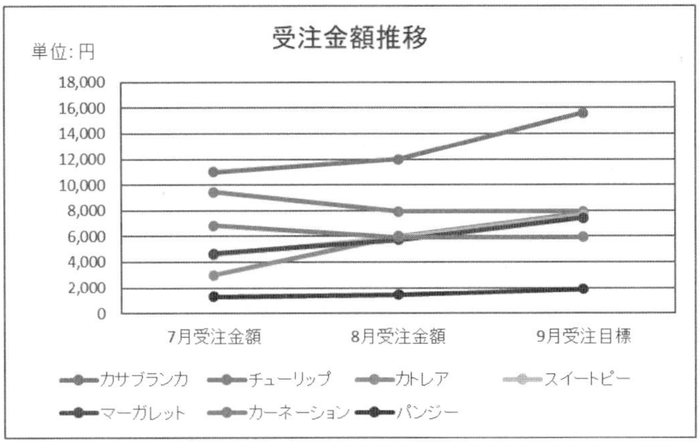

4-3-2 11月度の各取引電気店の売上

「3-2　請求書作成問題」ファイルを開いてください。

11月度の各取引電気店の売上を集計し、商品の販売状況と請求書を作成してください。

●問題1

未入力の売上伝票が見つかりました。「販売データ」シートに下の伝票と「店舗コード」を使って「販売データ」シートを完成させてください。

販売日　11月10日
販売先　たま電化サービス
商　品　ネットブックパソコン
台　数　5台

販売日　11月15日
販売先　よこた電機㈲
商　品　デスクトップパソコン
台　数　2台

販売日　11月23日
販売先　㈱ディーエーエフ
商　品　一眼レフデジタルカメラ
台　数　3台

販売日　11月29日
販売先　やまお電気
商　品　レーザープリンタ
台　数　8台

●問題2

完成した「販売データ」シートを元に、「㈱ディーエーエフ」の11月分の「請求書」を仕上げてください。請求内容は、日付順に表示できるようにし、請求金額をセルの参照によって表示してください。

●問題3

「構成比」シートに各商品の11月度売上の全商品に対する売上の「構成比」を求めてください。また、作成した表の下に「構成比」がわかる円グラフを作成してください。その際、以下の指示に従うこと。

（指示）

- 構成比の計算は、小数第2位を四捨五入し、小数点第1位まで表示すること。
- 構成比の高い順に並べ替えること。
- 標題は、「11月度商品別売上構成比」として、作成した表の上、中央に配置すること。
- グラフのタイトルは、「商品別売上構成比」とすること。
- グラフは、割合が表示されるようにし、小数点第1位までのパーセント表示とすること。
- 凡例は、グラフの右側に表示すること。

●問題4

問題1～3で作成したファイルは、「11月度売上集計」というファイル名にして保存してください。

※なお、「●問題4」については本稿では解説を省略しております。ファイルを保存する手順については、2章の「2-1-3　ファイルの保存」をご参照ください。

ポイント

問題に使うデータと解答の表を確認してみましょう。
シート「販売データ」の「店舗名」は、シート「店舗コード」から、「VLOOKUP関数」を使って表示させます。

	A	B	C	D	E	F	G	H
1	日付	店舗コード	店舗名	商品コード	商品名	数量	単価	金額
2	11月1日	1035		H18	デスクトップパソコン	7	98,000	686,000
3	11月1日	1204		H25	ノートパソコン	3	120,000	360,000
4	11月2日	1204		E20	インクジェットプリンタ	6	20,000	120,000
5	11月2日	1203		P42	デジタルビデオカメラ	3	85,000	255,000

	A	B
1		
2	コード	店舗名
3	1203	たま電化サービス
4	1204	㈱ディーエーエフ
5	1205	よこた電機㈲
6	1035	やまお電気

①シート「請求書」に日付ごとに集計した請求書を作成

	A	B	C	D	E	F	G
1							
2			請 求 書				
3							
4			御中				
5							
6					NAKKA電機販売株式会社		
7						経理部	佐藤
8		※下記のとおり、ご請求申し上げます					
9				円			
10							
11							
12		日付	商品名	単価	数量	金額	
13							
14							
15							
16							
17							
18							
19							
20							
21							
22							
23							
24							
25					合計		

②シート「構成比」商品名ごとに売上金額を集計して、構成比を計算

	A	B	C
1			
2			
3	商品名	売上金額(円)	構成比(%)
4			
5			
6			
7			
8			
9			
10			
11	合計		

解説

11月度の各取引電気店の売上

●問題1

「販売データ」表の作成です。「店舗名」は、シート「店舗コード」から、「VLOOKUP関数」を使って表示させます。表の最終行までオートフィルしておきます。

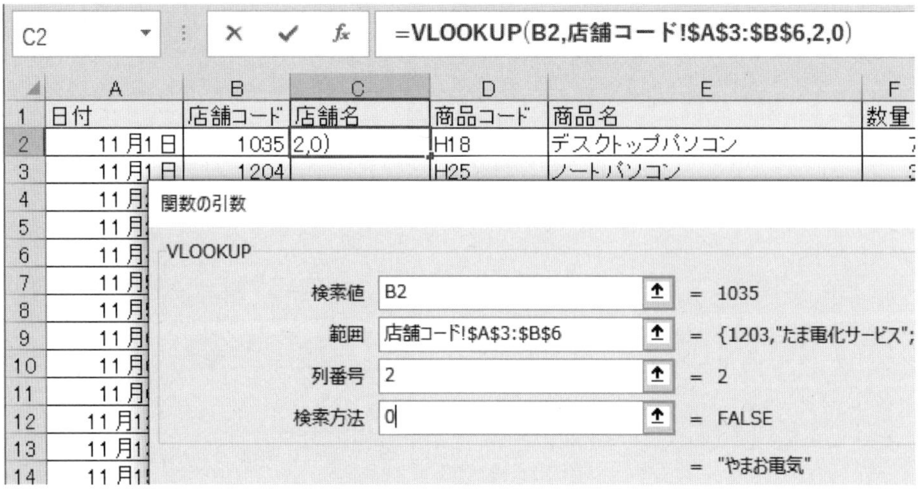

シート「経費明細」の適切な箇所に行を挿入し、追加データを入力していきます。12行目をクリックして、「ホーム」タブの「挿入」ボタンをクリックして、行の挿入をします。

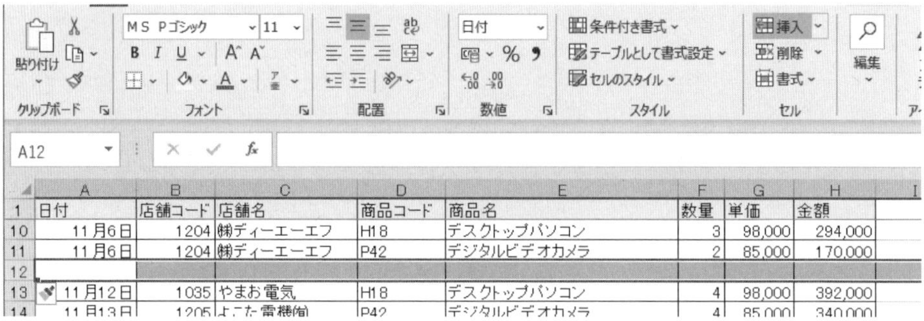

日付は、元から入力されている日付の「年」を、数式バーで確認してください。必ず、元ファイルと同じ「年」で入力するようにします。

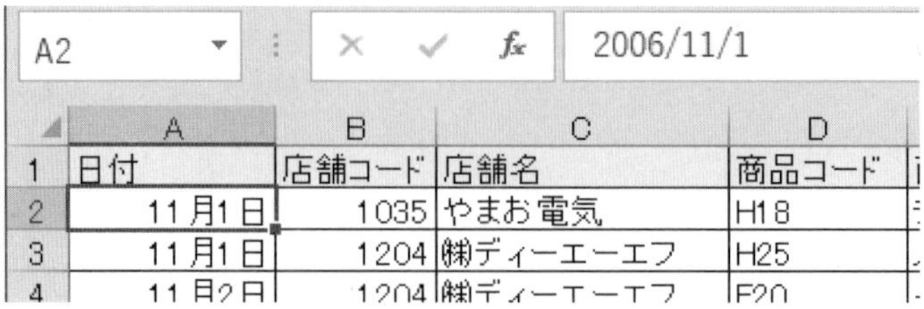

今回の問題は、「2006/11/1」と「2006年」のデータになっています。追加入力する日付も「2006/11/10」と「年」の数値から入力してください。もしくは、元から入力されている日付のセルをコピーして、「日」の数値だけを変更します。

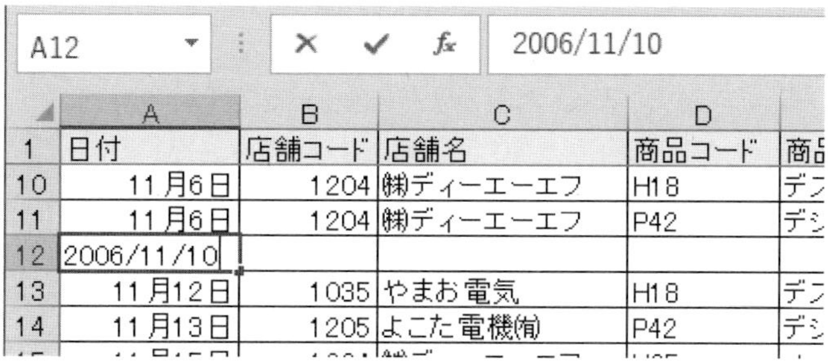

A12 　2006/11/10

	A	B	C	D	
1	日付	店舗コード	店舗名	商品コード	商品
10	11月6日	1204	㈱ディーエーエフ	H18	デフ
11	11月6日	1204	㈱ディーエーエフ	P42	デシ
12	2006/11/10				
13	11月12日	1035	やまお電気	H18	デフ
14	11月13日	1205	よこた電機㈲	P42	デシ

「店舗コード」は、直接数値を入力します。

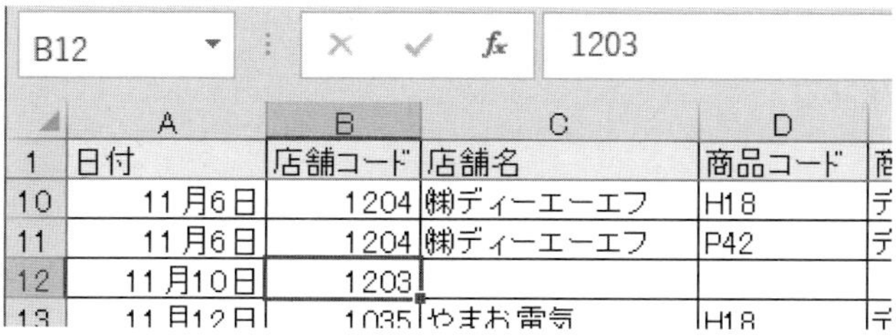

B12 　1203

	A	B	C	D	
1	日付	店舗コード	店舗名	商品コード	商
10	11月6日	1204	㈱ディーエーエフ	H18	デ
11	11月6日	1204	㈱ディーエーエフ	P42	デ
12	11月10日	1203			
13	11月12日	1035	やまお電気	H18	デ

「店舗名」は、すぐ上のセルに入力されたVLOOKUP関数の計算式をオートフィルします。

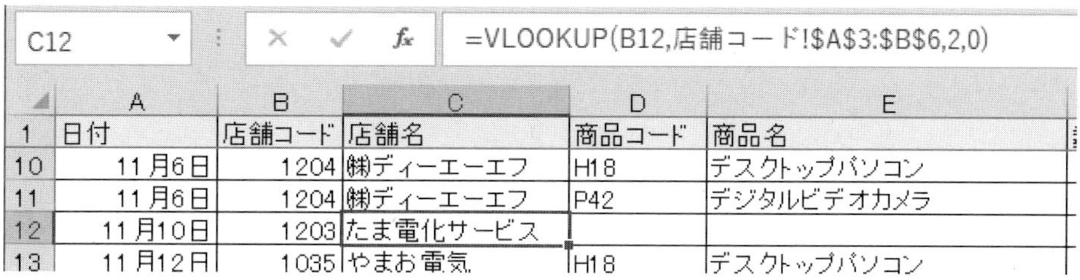

C12 　=VLOOKUP(B12,店舗コード!$A$3:$B$6,2,0)

	A	B	C	D	E
1	日付	店舗コード	店舗名	商品コード	商品名
10	11月6日	1204	㈱ディーエーエフ	H18	デスクトップパソコン
11	11月6日	1204	㈱ディーエーエフ	P42	デジタルビデオカメラ
12	11月10日	1203	たま電化サービス		
13	11月12日	1035	やまお電気	H18	デスクトップパソコン

店舗コードに応じた店舗名が表示されます。

「商品コード」から「単価」までは、元から入力されているデータをコピーして利用します。「11月10日」は「ネットブックパソコン」なので、ネットブックパソコンが入力されている行を探して、商品コードから単価までをコピーします。

	A	B	C	D	E	F	G	H
1	日付	店舗コード	店舗名	商品コード	商品名	数量	単価	金額
10	11月6日	1204	㈱ディーエーエフ	H18	デスクトップパソコン	3	98,000	294,000
11	11月6日	1204	㈱ディーエーエフ	P42	デジタルビデオカメラ	2	85,000	170,000
12	11月10日	1203	たま電化サービス					
13	11月12日	1035	やまお電気	H18	デスクトップパソコン	4	98,000	392,000
14	11月13日	1205	よこた電機㈲	P42	デジタルビデオカメラ	4	85,000	340,000
15	11月15日	1204	㈱ディーエーエフ	H25	ノートパソコン	4	120,000	480,000
16	11月15日	1204	㈱ディーエーエフ	P42	デジタルビデオカメラ	3	85,000	255,000
17	11月15日	1035	やまお電気	E32	レーザープリンタ	5	200,000	1,000,000
18	11月15日	1204	㈱ディーエーエフ	P42	デジタルビデオカメラ	5	85,000	425,000
19	11月18日	1204	㈱ディーエーエフ	E20	インクジェットプリンタ	5	20,000	100,000
20	11月18日	1035	やまお電気	P42	デジタルビデオカメラ	2	85,000	170,000
21	11月18日	1205	よこた電機㈲	E32	レーザープリンタ	3	200,000	600,000
22	11月19日	1035	やまお電気	H42	ネットブックパソコン	8	40,000	320,000
23	11月22日	1205	よこた電機㈲	E20	インクジェットプリンタ	6	20,000	120,000

「商品コード」により「商品名」と「単価」は決まっています。自分で入力すると入力ミスになりかねないので、ここは元から入力されている商品コードから単価の数値を利用して入力していくようにしましょう。

「数量」の数値を入力しなおします。 コピーした数値のままにしないように気をつけましょう。

	A	B	C	D	E	F	G	H
1	日付	店舗コード	店舗名	商品コード	商品名	数量	単価	金額
10	11月6日	1204	㈱ディーエーエフ	H18	デスクトップパソコン	3	98,000	294,000
11	11月6日	1204	㈱ディーエーエフ	P42	デジタルビデオカメラ	2	85,000	170,000
12	11月10日	1203	たま電化サービス	H42	ネットブックパソコン	5	40,000	
13	11月12日	1035	やまお電気	H18	デスクトップパソコン	4	98,000	392,000
14	11月13日	1205	よこた電機㈲	P42	デジタルビデオカメラ	4	85,000	340,000
15	11月15日	1204	㈱ディーエーエフ	H25	ノートパソコン	4	120,000	480,000
16	11月15日	1204	㈱ディーエーエフ	P42	デジタルビデオカメラ	3	85,000	255,000
17	11月15日	1035	やまお電気	E32	レーザープリンタ	5	200,000	1,000,000
18	11月15日	1204	㈱ディーエーエフ	P42	デジタルビデオカメラ	5	85,000	425,000
19	11月18日	1204	㈱ディーエーエフ	E20	インクジェットプリンタ	5	20,000	100,000
20	11月18日	1035	やまお電気	P42	デジタルビデオカメラ	2	85,000	170,000
21	11月18日	1205	よこた電機㈲	E32	レーザープリンタ	3	200,000	600,000
22	11月19日	1035	やまお電気	H42	ネットブックパソコン	8	40,000	320,000
23	11月22日	1205	よこた電機㈲	E20	インクジェットプリンタ	6	20,000	120,000

「金額」は、すぐ上のセルの計算式（「数量×単価」のかけ算）をオートフィルします。

H12　=G12*F12

	A	B	C	D	E	F	G	H
1	日付	店舗コード	店舗名	商品コード	商品名	数量	単価	金額
10	11月6日	1204	㈱ディーエーエフ	H18	デスクトップパソコン	3	98,000	294,000
11	11月6日	1204	㈱ディーエーエフ	P42	デジタルビデオカメラ	2	85,000	170,000
12	11月10日	1203	たま電化サービス	H42	ネットブックパソコン	5	40,000	200,000
13	11月12日	1035	やまお電気	H18	デスクトップパソコン	4	98,000	392,000

同様の手順で、すべてのデータを追加入力していきます。 直接入力するデータ（日付・店舗コード）と、計算式をオートフィルして入力するデータ（店舗名・金額）を、しっかりと使い分けるようにしてください。 元ファイルのデータに合わせて入力することが大切です。「数量」の数値を修正するのを忘れないようにしましょう。

以下の通り、追加データの入力が完成しました。 途中のデータは非表示にしてあります。 下記の画面では、わかりやすいように、追加した行に色を付けていますが、実際の試験では、セルに色をつける必要はありません。

	A	B	C	D	E	F	G	H
1	日付	店舗コード	店舗名	商品コード	商品名	数量	単価	金額
10	11月6日	1204	㈱ディーエーエフ	H18	デスクトップパソコン	3	98,000	294,000
11	11月6日	1204	㈱ディーエーエフ	P42	デジタルビデオカメラ	2	85,000	170,000
12	11月10日	1203	たま電化サービス	H42	ネットブックパソコン	5	40,000	200,000
13	11月12日	1035	やまお電気	H18	デスクトップパソコン	4	98,000	392,000
14	11月13日	1205	よこた電機㈲	P42	デジタルビデオカメラ	4	85,000	340,000
15	11月15日	1204	㈱ディーエーエフ	H25	ノートパソコン	4	120,000	480,000
16	11月15日	1204	㈱ディーエーエフ	P42	デジタルビデオカメラ	3	85,000	255,000
17	11月15日	1035	やまお電気	E32	レーザープリンタ	5	200,000	1,000,000
18	11月15日	1204	㈱ディーエーエフ	P42	デジタルビデオカメラ	5	85,000	425,000
19	11月15日	1205	よこた電機㈲	H18	デスクトップパソコン	2	98,000	196,000
20	11月18日	1204	㈱ディーエーエフ	E20	インクジェットプリンタ	5	20,000	100,000
21	11月18日	1035	やまお電気	P42	デジタルビデオカメラ	2	85,000	170,000
22	11月18日	1205	よこた電機㈲	E32	レーザープリンタ	3	200,000	600,000
23	11月19日	1035	やまお電気	H42	ネットブックパソコン	8	40,000	320,000
24	11月22日	1205	よこた電機㈲	E20	インクジェットプリンタ	6	20,000	120,000
25	11月22日	1203	たま電化サービス	H25	ノートパソコン	5	120,000	600,000
26	11月23日	1204	㈱ディーエーエフ	P37	一眼レフデジタルカメラ	3	80,000	240,000
27	11月25日	1203	たま電化サービス	E32	レーザープリンタ	4	200,000	800,000
28	11月26日	1205	よこた電機㈲	H18	デスクトップパソコン	1	98,000	98,000
29	11月26日	1204	㈱ディーエーエフ	H42	ネットブックパソコン	3	40,000	120,000
30	11月29日	1205	よこた電機㈲	E20	インクジェットプリンタ	3	20,000	60,000
31	11月29日	1035	やまお電気	H42	ネットブックパソコン	7	40,000	280,000
32	11月29日	1035	やまお電気	E32	レーザープリンタ	8	200,000	1,600,000
33	11月30日	1035	やまお電気	H42	ネットブックパソコン	5	40,000	200,000
34	11月30日	1203	たま電化サービス	H18	デスクトップパソコン	4	98,000	392,000
35	11月30日	1204	㈱ディーエーエフ	P37	一眼レフデジタルカメラ	5	80,000	400,000

●問題2

シート「請求書」の作成です。問題1で作成したシート「販売データ」をピボットテーブルを使って集計します。ピボットテーブルのデザインは「表形式」を使います。

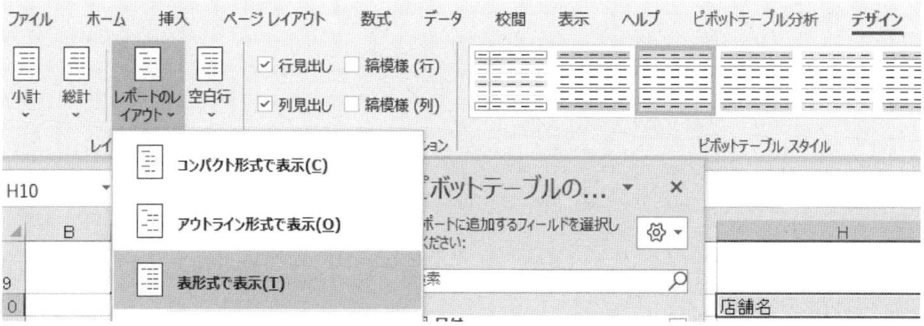

「フィルター」に「店舗名」（「㈱ディーエーエフ」のみ表示）、「行」に「日付」「商品名」「単価」、「値」に「数量」をドラッグしてください。

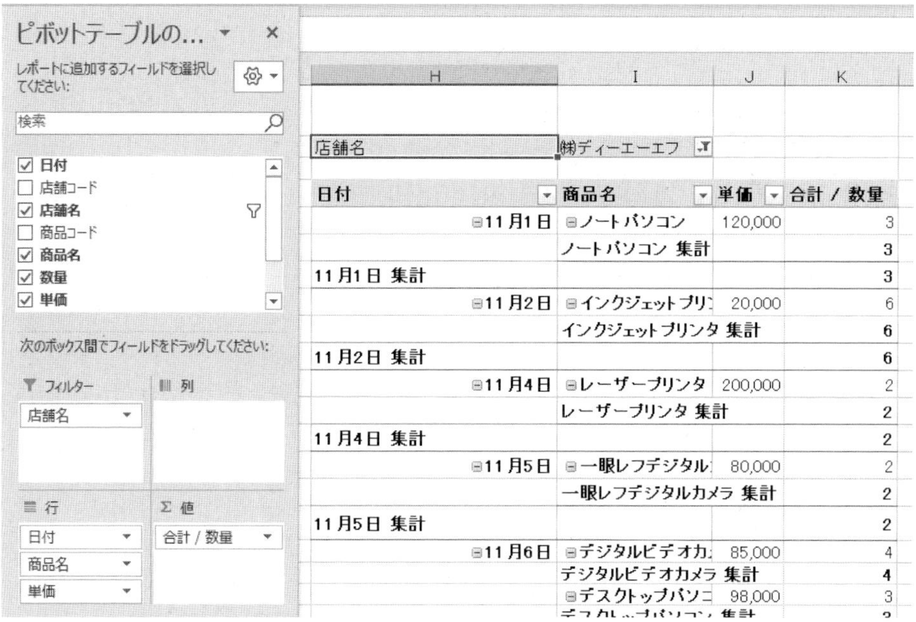

「日付」ごとの小計行と「商品名」ごとの小計行を非表示にします。小計行の上で右クリックして、「"日付"の小計」のチェックを外します。

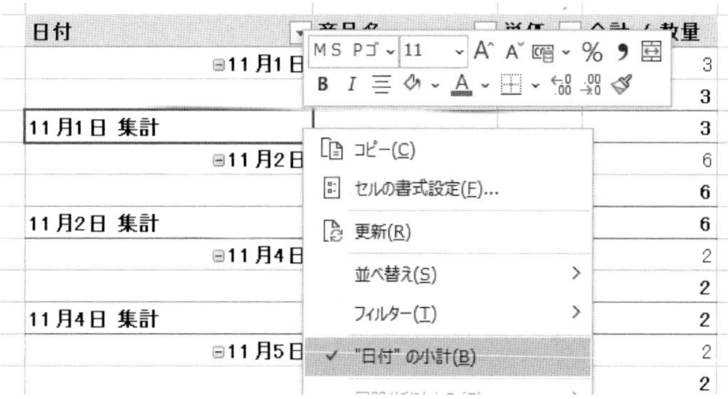

同様に、"商品名の小計"行も非表示にします。出来上がったピボットテーブルのセル「H13」から「K25」までをコピーして、シート「請求書」のセル「B13」に値を貼り付けます。

「日付」の表示形式を設定しなおします。

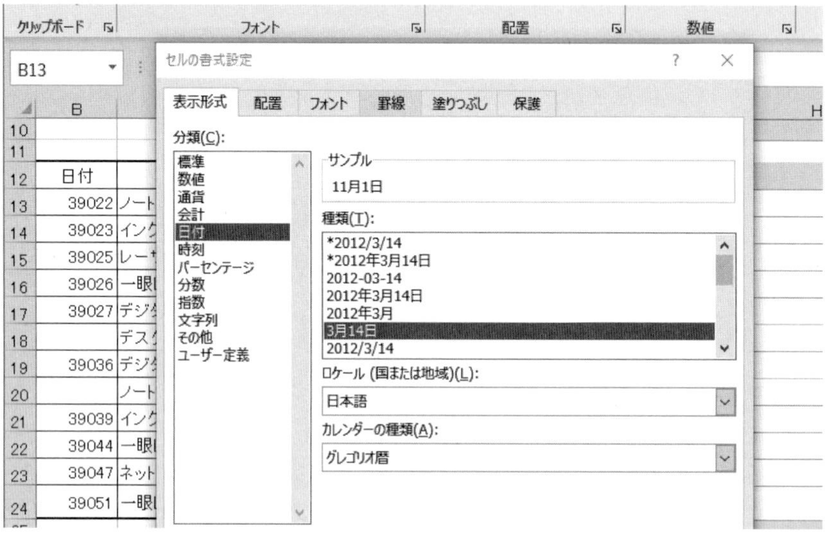

列「F」に、「金額」を計算します。「単価*数量」です。24行目までオートフィルしておきます。

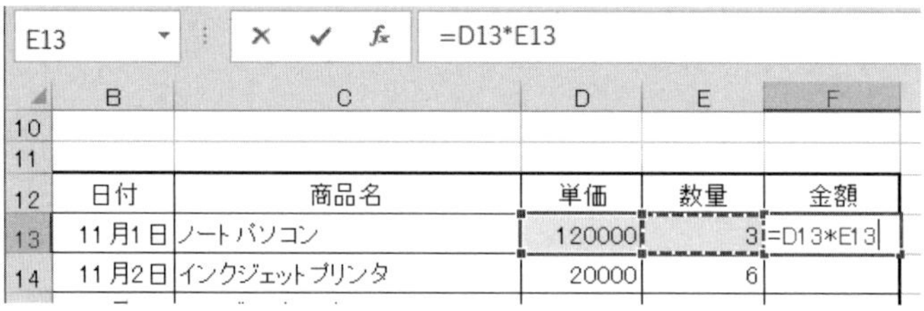

オートSUMを使って、合計金額を計算します。

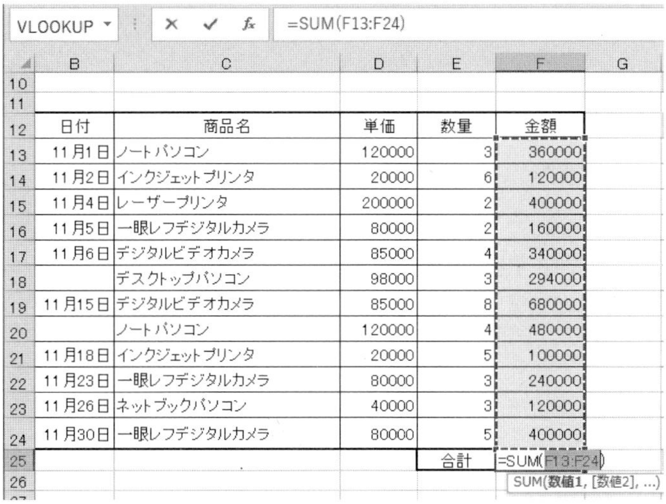
VLOOKUP　=SUM(F13:F24)

	B	C	D	E	F	G
10						
11						
12	日付	商品名	単価	数量	金額	
13	11月1日	ノートパソコン	120000	3	360000	
14	11月2日	インクジェットプリンタ	20000	6	120000	
15	11月4日	レーザープリンタ	200000	2	400000	
16	11月5日	一眼レフデジタルカメラ	80000	2	160000	
17	11月6日	デジタルビデオカメラ	85000	4	340000	
18		デスクトップパソコン	98000	3	294000	
19	11月15日	デジタルビデオカメラ	85000	8	680000	
20		ノートパソコン	120000	4	480000	
21	11月18日	インクジェットプリンタ	20000	5	100000	
22	11月23日	一眼レフデジタルカメラ	80000	3	240000	
23	11月26日	ネットブックパソコン	40000	3	120000	
24	11月30日	一眼レフデジタルカメラ	80000	5	400000	
25				合計	=SUM(F13:F24)	
26					SUM(数値1, [数値2], ...)	

「単価」から「金額」の数値には、桁区切りを設定します。セル「C9」には、セル参照を使って、請求金額を表示させます。「＝」を入力して、セル「F25」をクリックして、Enterキーを押します（セル参照）。

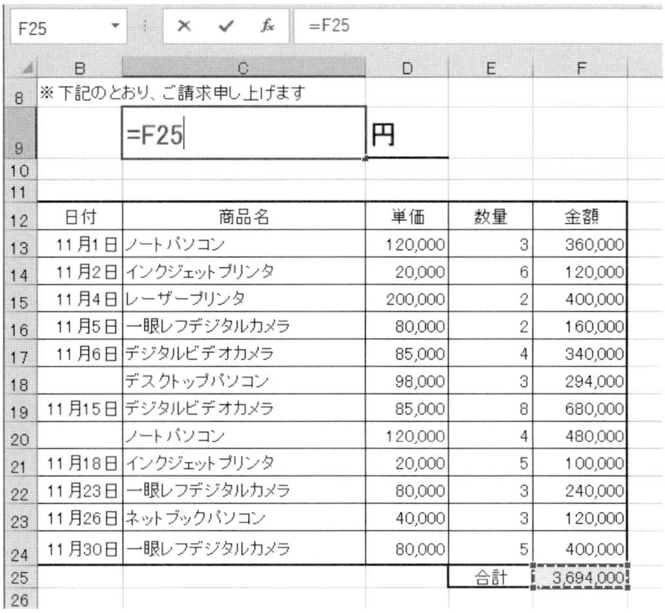
F25　=F25

	B	C	D	E	F
8	※下記のとおり、ご請求申し上げます				
9		=F25	円		
10					
11					
12	日付	商品名	単価	数量	金額
13	11月1日	ノートパソコン	120,000	3	360,000
14	11月2日	インクジェットプリンタ	20,000	6	120,000
15	11月4日	レーザープリンタ	200,000	2	400,000
16	11月5日	一眼レフデジタルカメラ	80,000	2	160,000
17	11月6日	デジタルビデオカメラ	85,000	4	340,000
18		デスクトップパソコン	98,000	3	294,000
19	11月15日	デジタルビデオカメラ	85,000	8	680,000
20		ノートパソコン	120,000	4	480,000
21	11月18日	インクジェットプリンタ	20,000	5	100,000
22	11月23日	一眼レフデジタルカメラ	80,000	3	240,000
23	11月26日	ネットブックパソコン	40,000	3	120,000
24	11月30日	一眼レフデジタルカメラ	80,000	5	400,000
25				合計	3,694,000
26					

請求書のあて先（㈱ディーエーエフ）を入力して完成です。

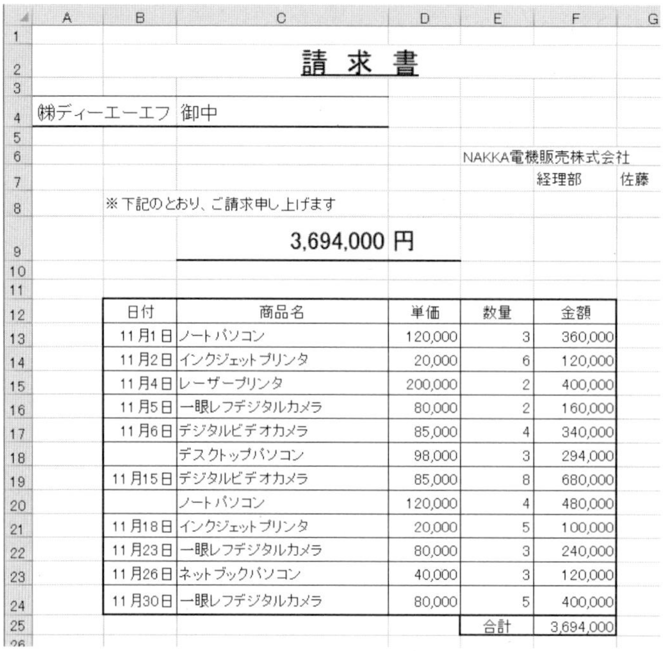

請 求 書

㈱ディーエーエフ 御中

NAKKA電機販売株式会社
経理部 佐藤

※下記のとおり、ご請求申し上げます

3,694,000 円

日付	商品名	単価	数量	金額
11月1日	ノートパソコン	120,000	3	360,000
11月2日	インクジェットプリンタ	20,000	6	120,000
11月4日	レーザープリンタ	200,000	2	400,000
11月5日	一眼レフデジタルカメラ	80,000	2	160,000
11月6日	デジタルビデオカメラ	85,000	4	340,000
	デスクトップパソコン	98,000	3	294,000
11月15日	デジタルビデオカメラ	85,000	8	680,000
	ノートパソコン	120,000	4	480,000
11月18日	インクジェットプリンタ	20,000	5	100,000
11月23日	一眼レフデジタルカメラ	80,000	3	240,000
11月26日	ネットブックパソコン	40,000	3	120,000
11月30日	一眼レフデジタルカメラ	80,000	5	400,000
			合計	3,694,000

●問題3

問題2で作成したピボットテーブルを、「商品名」と「金額」の集計に変更します。 このとき、すべての店舗名で集計するようにしてください。 店舗名のフィールドを外すことを忘れないようにしましょう。

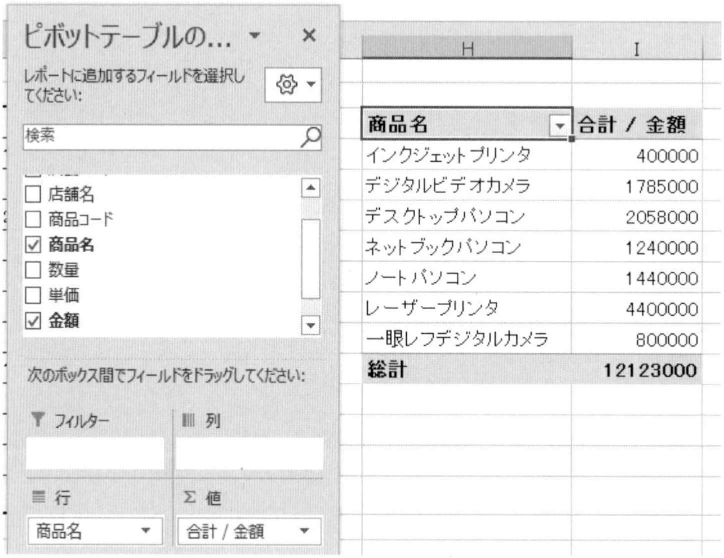

商品名	合計 / 金額
インクジェットプリンタ	400000
デジタルビデオカメラ	1785000
デスクトップパソコン	2058000
ネットブックパソコン	1240000
ノートパソコン	1440000
レーザープリンタ	4400000
一眼レフデジタルカメラ	800000
総計	12123000

集計した数値をコピーして、シート「構成比」のセル「A4」に値を貼り付けます。

	A	B	C
1			
2			
3	商品名	売上金額(円)	構成比(%)
4	インクジェットプリンタ	400000	
5	デジタルビデオカメラ	1785000	
6	デスクトップパソコン	2058000	
7	ネットブックパソコン	1240000	
8	ノートパソコン	1440000	
9	レーザープリンタ	4400000	
10	一眼レフデジタルカメラ	800000	
11	合計		

セル「B11」に、売上金額の合計を計算します。 金額の数値には桁区切りを設定します。

B11 =SUM(B4:B10)

	A	B	C
1			
2			
3	商品名	売上金額(円)	構成比(%)
4	インクジェットプリンタ	400,000	
5	デジタルビデオカメラ	1,785,000	
6	デスクトップパソコン	2,058,000	
7	ネットブックパソコン	1,240,000	
8	ノートパソコン	1,440,000	
9	レーザープリンタ	4,400,000	
10	一眼レフデジタルカメラ	800,000	
11	合計	12,123,000	

「構成比（%）」の計算をします。 構成比を計算する際は、「絶対参照」を忘れないようにしましょう。

C4 =B4/$B$11*100

	A	B	C	D
1				
2				
3	商品名	売上金額(円)	構成比(%)	
4	インクジェットプリンタ	400,000	=B4/$B$11*100	
5	デジタルビデオカメラ	1,785,000		
6	デスクトップパソコン	2,058,000		
7	ネットブックパソコン	1,240,000		
8	ノートパソコン	1,440,000		
9	レーザープリンタ	4,400,000		
10	一眼レフデジタルカメラ	800,000		
11	合計	12,123,000		

11行目までオートフィルして、小数点第1位までの設定にします。

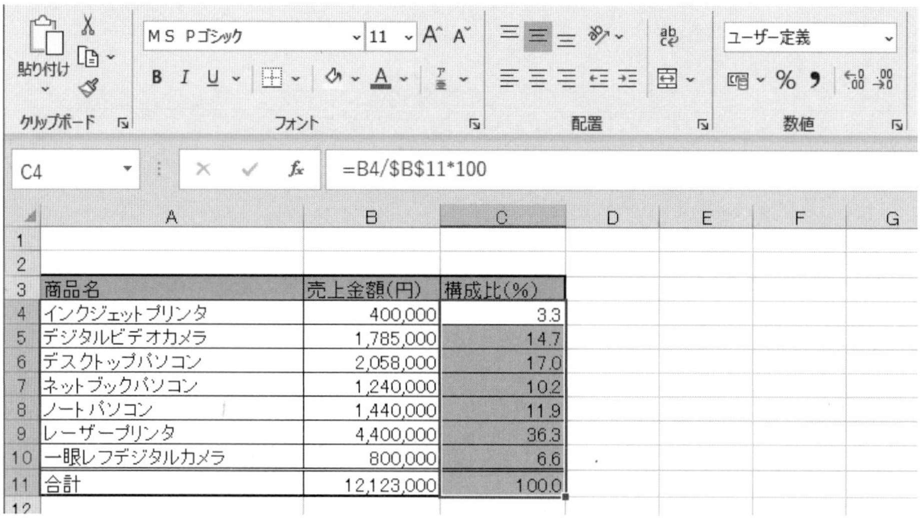

	A	B	C
3	商品名	売上金額(円)	構成比(%)
4	インクジェットプリンタ	400,000	3.3
5	デジタルビデオカメラ	1,785,000	14.7
6	デスクトップパソコン	2,058,000	17.0
7	ネットブックパソコン	1,240,000	10.2
8	ノートパソコン	1,440,000	11.9
9	レーザープリンタ	4,400,000	36.3
10	一眼レフデジタルカメラ	800,000	6.6
11	合計	12,123,000	100.0

「構成比」の高い順に並べ替えをします。 タイトルを入力して、表の完成です。

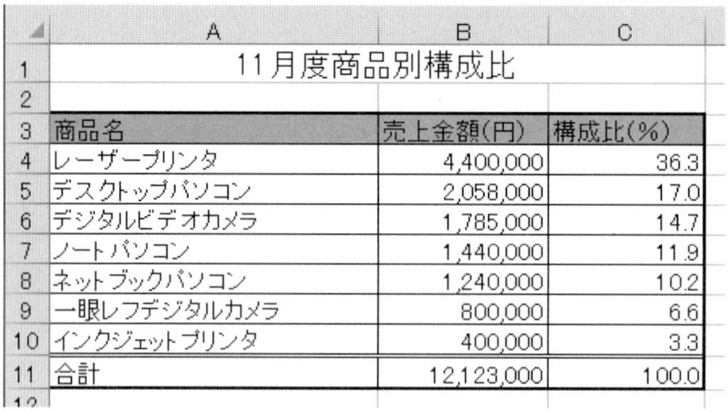

	A	B	C
1	11月度商品別構成比		
3	商品名	売上金額(円)	構成比(%)
4	レーザープリンタ	4,400,000	36.3
5	デスクトップパソコン	2,058,000	17.0
6	デジタルビデオカメラ	1,785,000	14.7
7	ノートパソコン	1,440,000	11.9
8	ネットブックパソコン	1,240,000	10.2
9	一眼レフデジタルカメラ	800,000	6.6
10	インクジェットプリンタ	400,000	3.3
11	合計	12,123,000	100.0

「商品別売上構成比」グラフの作成です。 円グラフは、元々「割合」を表すグラフです。 今回のデータ範囲も、「売上金額」をデータ範囲に指定し、円グラフを作成すると、自動的に「構成割合」を表したグラフとなります。

- グラフの作成範囲…セル「A4:B10」　（売上金額をデータ範囲に設定）
- グラフの種類…「円グラフ」

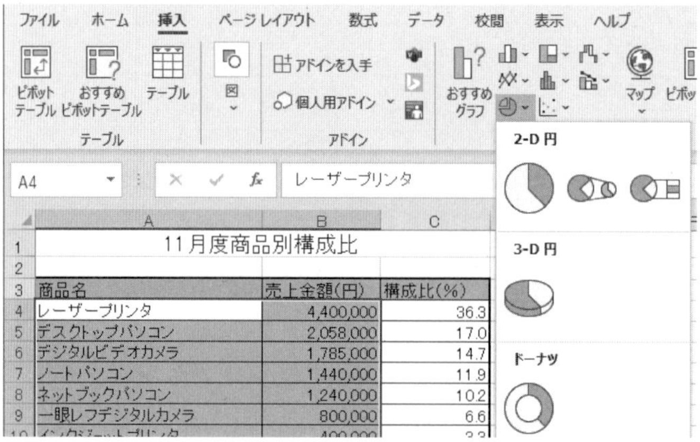

- グラフタイトル…「商品別売上構成比」
- グラフの要素…「データラベル」にチェック
- データラベルの書式設定…「パーセンテージ」
  表示形式…「パーセンテージ」
  小数点以下の桁数…「1」
- 凡例…「右」

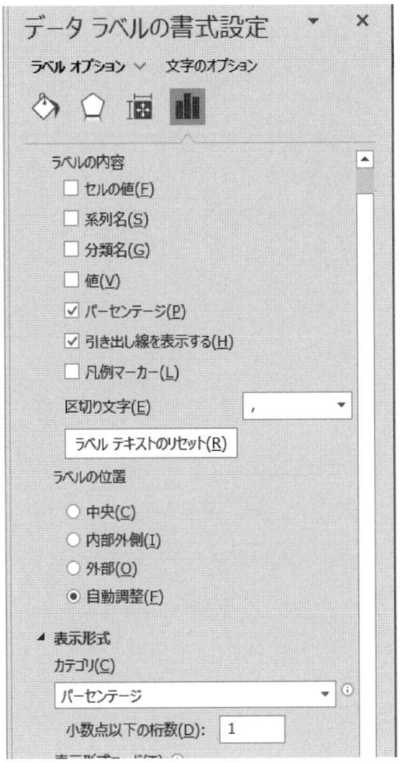

グラフの完成図は次の通りです。

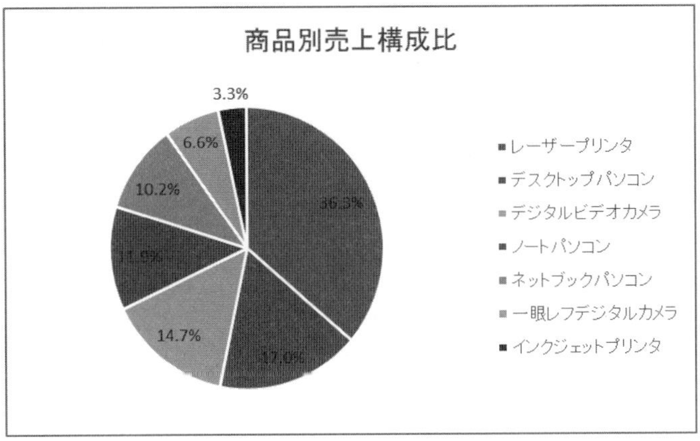

4-3-3 売上に関する請求書

「3-3　請求書作成問題」ファイルを開いてください。

売上に関する請求書を作成してください。

●問題1

売上金額の集計を行う際に、未入力のデータがあることに気が付きました。シート「販売データ」に、下記の伝票をもとにデータを追加入力・修正してください。データの入力後は、以下の指示に従って表を完成させること。

5月売上伝票

店名　　星文堂

日	商品名	数量
8	ブックカバー	3
8	ボールペン(1ダース)	5
9	卓上メモ	4

5月売上伝票

店名　　木村文具店

日	商品名	数量
20	色鉛筆	6
23	電卓	3
24	B5ノート	8

5月29日の『中田事務機器販売』ブックカバーの数量を、「6」に修正すること。

（指示）

- 「店名」「と「単価」は、シート「店コード・単価・原価表」からのデータを表示させること。
- 「売上金額」を計算すること。数値には、「桁区切り」を設定すること。

●問題2

問題1で作成した表を元に、「ステーショナリー林」の5月分の請求書を完成させてください。請求内容は、日付順に表示できるようにし、請求金額はセルの参照によって表示してください。

●問題3

「利益集計表」シートに、各商品の5月売上金額と粗利益（円）を計算してください。また、粗利益（円）の表の下に、5月の商品別の売上金額を縦棒グラフ、粗利益金額を折れ線グラフで表した複合グラフを作成してください。その際、以下の指示に従うこと。

（指示）

- 表の標題は、「5月利益集計」とし、作成した表の上、中央に配置すること。

- グラフタイトルは「5月度売上 ・ 利益比較グラフ」とすること。
- 数値軸には、単位を表示すること。
- 凡例をグラフの下に表示すること。
- 作成したグラフは、「5月利益集計」の表の下に配置すること。

●問題4

問題1～3で作成したファイルは、「5月請求書」というファイル名にして保存してください。

※なお、「●問題4」については本稿では解説を省略しております。 ファイルを保存する手順については、2章の「2-1-3　ファイルの保存」をご参照ください。

ポイント

問題に使うデータと解答の表を確認してみましょう。
シート「販売データ」の「店名」と「単価」は、シート「店コード・単価・原価表」よりVLOOKUP関数を使って表示します。

	A	B	C	D	E	F	G
1	日付	店コード	店名	商品名	数量	単価	売上金額
2	1	4703		B５ノート	5		
3	1	3705		ブックカバー	3		
4	2	3705		電卓	10		
5	2	3702		ペンケース	3		
6	4	3705		ボールペン(1ダース)	2		
7	5	3702		色鉛筆	3		

	A	B	C	D	E	F
1						
2	コード	店名		商品名	単価	原価率
3	3702	木村文具店		B５ノート	480	65%
4	3705	ステーショナリー林		ブックカバー	680	70%
5	4703	中田事務機器販売		電卓	980	75%
6	4708	星文堂		ペンケース	1,480	60%
7				ボールペン(1ダース)	580	50%
8				色鉛筆	780	62%
9				卓上メモ	400	55%

①シート「請求書」に日付ごとに集計した請求書を作成

	A	B	C	D	E	F	G
1							
2			請 求 書(5月)				
3							
4			御中				
5							
6					モンブラン販売株式会社		
7						経理部	本田
8		※下記のとおり、ご請求申し上げます					
9				円			
10							
11							
12		日付	商品名	単価	数量	金額	
13							
14							
15							
16							
17							
18							
19							
20							
21							
22							
23							
24							
25					合計		

②シート「利益集計表」に5月の売上金額を集計して、粗利益を計算

	A	B	C	D
1				
2				
3	商品名	4月売上金額	5月売上金額	粗利益(円)
4	B５ノート	15,840		
5	ブックカバー	12,240		
6	電卓	19,600		
7	ペンケース	39,960		
8	ボールペン(1ダース)	20,300		
9	色鉛筆	18,720		
10	卓上メモ	5,200		

解説

売上に関する請求書

●問題1

シート「販売データ」の適切な箇所に行を挿入し、データの追加、修正をします。「店名」「単価」は、VLOOKUP関数を使って表示させせます。

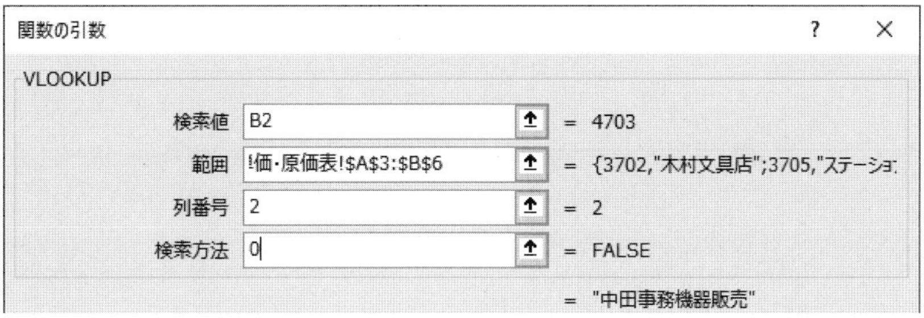

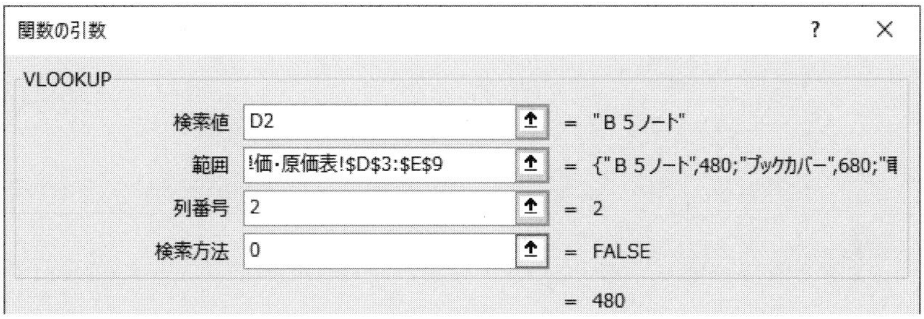

列「G」に、「売上金額」を計算します。最終行までオートフィルして、「桁区切り」を設定します。

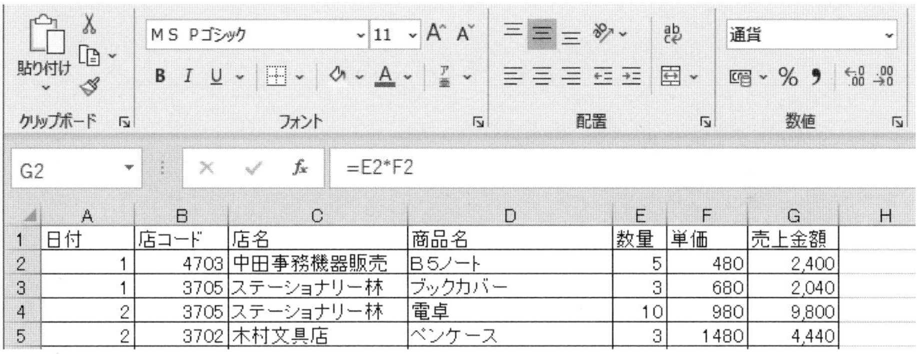

	A	B	C	D	E	F	G	H
1	日付	店コード	店名	商品名	数量	単価	売上金額	
2	1	4703	中田事務機器販売	Ｂ５ノート	5	480	2,400	
3	1	3705	ステーショナリー林	ブックカバー	3	680	2,040	
4	2	3705	ステーショナリー林	電卓	10	980	9,800	
5	2	3702	木村文具店	ペンケース	3	1480	4,440	

必要なデータを追加・修正していきます。「6日」と「12日」の間に3行挿入します。「日付」と「店コード」はそのまま数値を入力します。

	A	B	C	D	E	F	G
1	日付	店コード	店名	商品名	数量	単価	売上金額
11	6	3705	ステーショナリー林	ペンケース	2	1480	2,960
12	8	4708					
13	8	4708					
14	9	4708					
15	12	4703	中田事務機器販売	Ｂ５ノート	4	480	1,920

「店名」は、すぐ上のセルに入力されたVLOOKUP関数の計算式をオートフィルします。

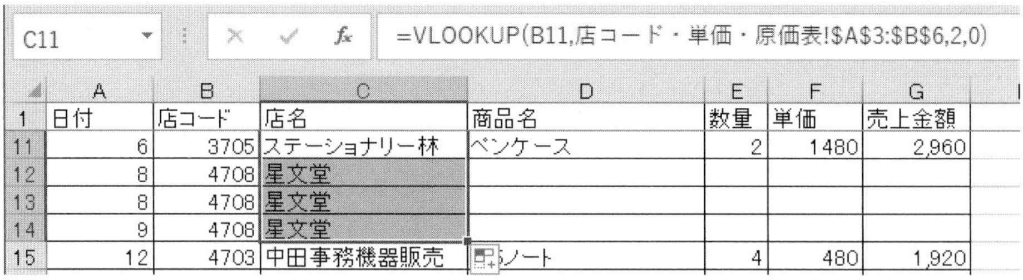
C11 =VLOOKUP(B11,店コード・単価・原価表!$A$3:$B$6,2,0)

	A	B	C	D	E	F	G
1	日付	店コード	店名	商品名	数量	単価	売上金額
11	6	3705	ステーショナリー林	ペンケース	2	1480	2,960
12	8	4708	星文堂				
13	8	4708	星文堂				
14	9	4708	星文堂				
15	12	4703	中田事務機器販売	ノート	4	480	1,920

「商品名」から「単価」までは、元から入力されているデータから、同じ商品名を探してコピー・貼り付けします。

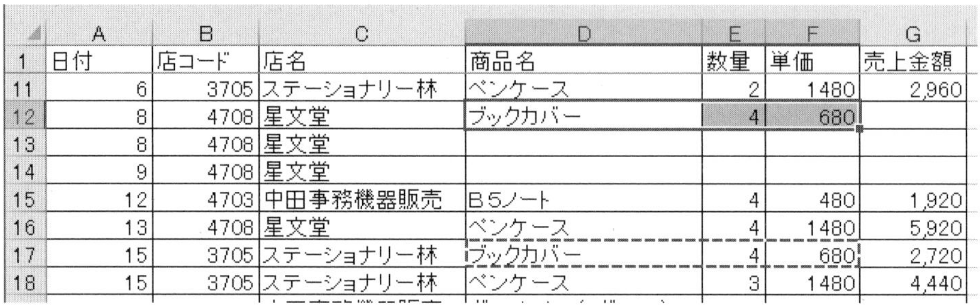

	A	B	C	D	E	F	G
1	日付	店コード	店名	商品名	数量	単価	売上金額
11	6	3705	ステーショナリー林	ペンケース	2	1480	2,960
12	8	4708	星文堂	ブックカバー	4	680	
13	8	4708	星文堂				
14	9	4708	星文堂				
15	12	4703	中田事務機器販売	Ｂ５ノート	4	480	1,920
16	13	4708	星文堂	ペンケース	4	1480	5,920
17	15	3705	ステーショナリー林	ブックカバー	4	680	2,720
18	15	3705	ステーショナリー林	ペンケース	3	1480	4,440

数量だけ修正します。

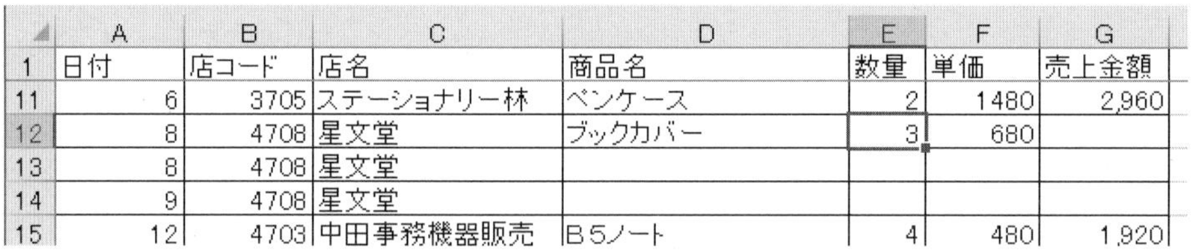

	A	B	C	D	E	F	G
1	日付	店コード	店名	商品名	数量	単価	売上金額
11	6	3705	ステーショナリー林	ペンケース	2	1480	2,960
12	8	4708	星文堂	ブックカバー	3	680	
13	8	4708	星文堂				
14	9	4708	星文堂				
15	12	4703	中田事務機器販売	Ｂ５ノート	4	480	1,920

「商品名」と「単価」を別々にコピーすると間違いを起こしやすいので、「商品名」「数量」「単価」までをまとめてコピーして、「数量」だけを修正する、という方法で入力してください。

　「売上金額」は、上のセルに入力されている「数量×単価」の計算式をオートフィルします。

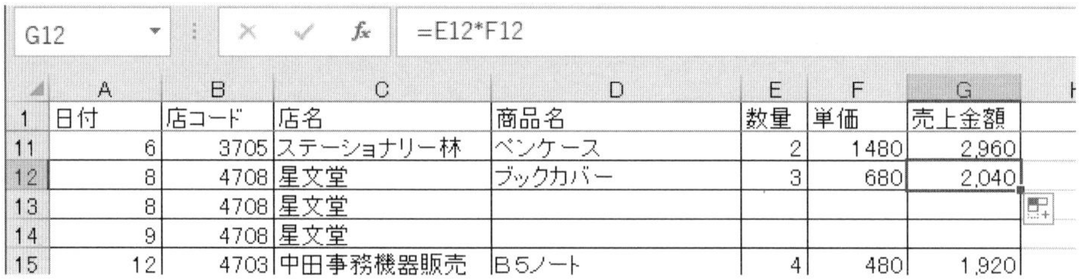
G12 =E12*F12

	A	B	C	D	E	F	G
1	日付	店コード	店名	商品名	数量	単価	売上金額
11	6	3705	ステーショナリー林	ペンケース	2	1480	2,960
12	8	4708	星文堂	ブックカバー	3	680	2,040
13	8	4708	星文堂				
14	9	4708	星文堂				
15	12	4703	中田事務機器販売	Ｂ５ノート	4	480	1,920

同様の手順で、すべてのデータを追加入力していきます。「29日」の「ブックカバー」の数量を「6」に修正します。

	A	B	C	D	E	F	G
1	日付	店コード	店名	商品名	数量	単価	売上金額
11	6	3705	ステーショナリー林	ペンケース	2	1480	2,960
12	8	4708	星文堂	ブックカバー	3	680	2,040
13	8	4708	星文堂	ボールペン(1ダース)	5	580	2,900
14	9	4708	星文堂	卓上メモ	4	400	1,600
15	12	4703	中田事務機器販売	B5ノート	4	480	1,920
16	13	4708	星文堂	ペンケース	4	1480	5,920
17	15	3705	ステーショナリー林	ブックカバー	4	680	2,720
18	15	3705	ステーショナリー林	ペンケース	3	1480	4,440
19	15	4703	中田事務機器販売	ボールペン(1ダース)	5	580	2,900
20	15	3705	ステーショナリー林	ペンケース	5	1480	7,400
21	18	3705	ステーショナリー林	電卓	5	980	4,900
22	18	4703	中田事務機器販売	ペンケース	2	1480	2,960
23	18	4708	星文堂	ボールペン(1ダース)	11	580	6,380
24	19	4703	中田事務機器販売	色鉛筆	5	780	3,900
25	20	3702	木村文具店	色鉛筆	6	780	4,680
26	22	4708	星文堂	電卓	6	980	5,880
27	22	3702	木村文具店	ブックカバー	5	680	3,400
28	23	3702	木村文具店	電卓	3	980	2,940
29	24	3702	木村文具店	B5ノート	8	480	3,840
30	25	3702	木村文具店	ボールペン(1ダース)	7	580	4,060
31	26	4708	星文堂	B5ノート	3	480	1,440
32	26	3705	ステーショナリー林	色鉛筆	3	780	2,340
33	29	4708	星文堂	電卓	3	980	2,940
34	29	4703	中田事務機器販売	ブックカバー	6	680	4,080
35	30	4703	中田事務機器販売	色鉛筆	4	780	3,120
36	30	3702	木村文具店	B5ノート	4	480	1,920
37	30	3705	ステーショナリー林	卓上メモ	5	400	2,000

途中のデータは非表示にしてあります。解答見本は、追加、修正した個所をわかりやすくするために色を付けていますが、実際は色を付ける必要はありません。

●問題2

「請求書」シートの作成です。問題1で作成したシート「販売データ」を、ピボットテーブルを使って集計します。「フィルター」に「店名」（「ステーショナリー林」のみ表示）、「行」に「日付」「商品名」「単価」、「値」に「数量」にドラッグしてください。

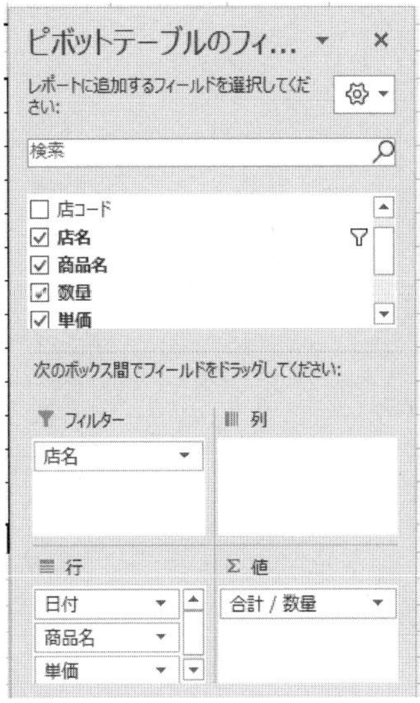

店名	ステーショナリー林		
日付	商品名	単価	合計 / 数量
1	ブックカバー	680	3
	ブックカバー 集計		3
1 集計			3
2	電卓	980	10
	電卓 集計		10
2 集計			10
4	ボールペン(1ダース	580	2
	ボールペン(1ダース) 集計		2
4 集計			2
5	卓上メモ	400	5
	卓上メモ 集計		5
5 集計			5
6	B5ノート	480	11
	B5ノート 集計		11
	ペンケース	1480	8
	ペンケース 集計		8
6 集計			19
15	ブックカバー	680	4

ピボットテーブルのレイアウトデザインは「表形式で表示」を使います。

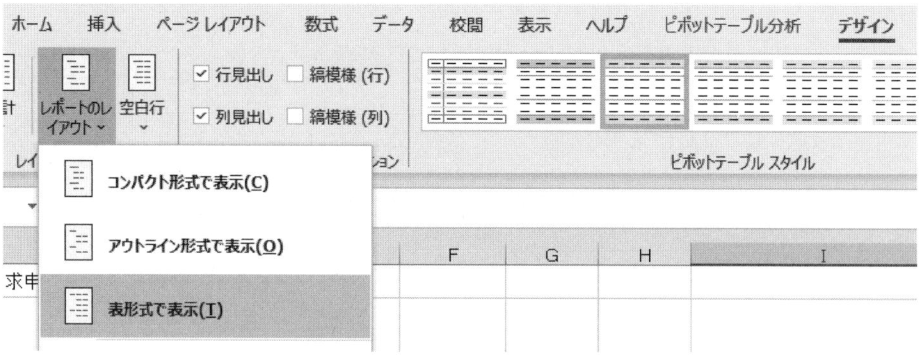

「日付」ごとの小計行と「商品名」ごとの小計行を非表示にします。小計行の上で右クリックして、「"日付"の小計」をクリックして、チェックを外します。同様に、「"商品名"の小計」のチェックも外します。

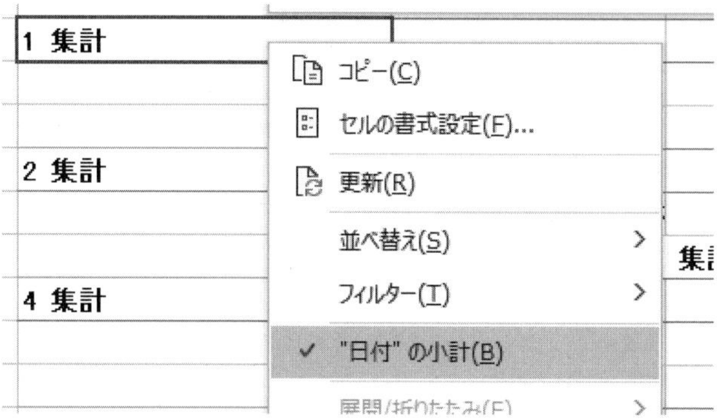

出来上がったピボットテーブルのセル「I13」から「L23」までをコピーして、シート「請求書」のセル「B13」に値を貼り付けます。

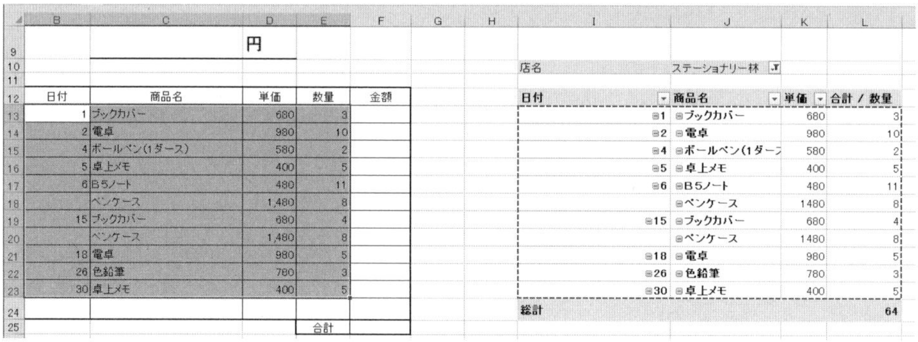

「金額」を計算します。「単価*数量」です。

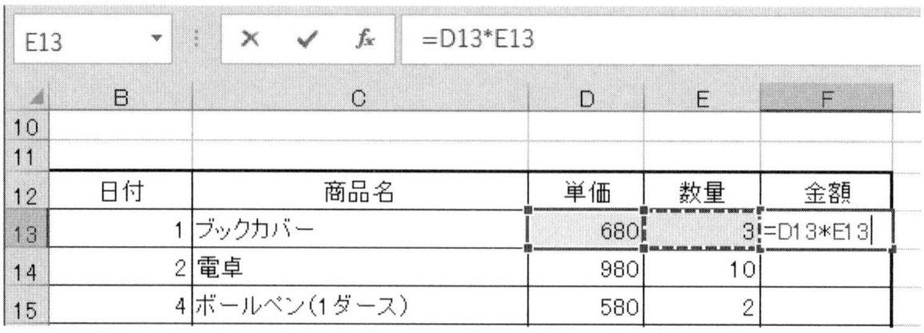

オートSUMを使って、「合計」を計算します。

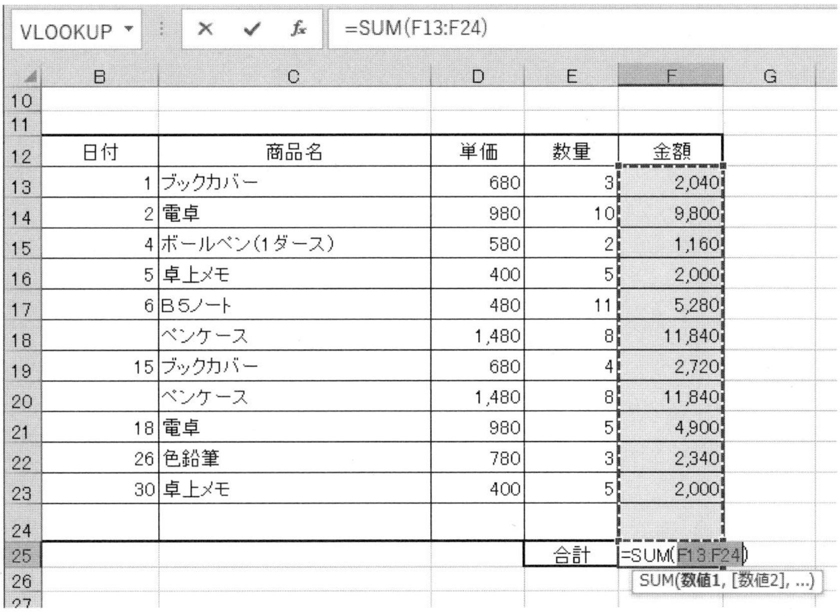
VLOOKUP　=SUM(F13:F24)

	B	C	D	E	F	G
10						
11						
12	日付	商品名	単価	数量	金額	
13	1	ブックカバー	680	3	2,040	
14	2	電卓	980	10	9,800	
15	4	ボールペン(1ダース)	580	2	1,160	
16	5	卓上メモ	400	5	2,000	
17	6	B5ノート	480	11	5,280	
18		ペンケース	1,480	8	11,840	
19	15	ブックカバー	680	4	2,720	
20		ペンケース	1,480	8	11,840	
21	18	電卓	980	5	4,900	
22	26	色鉛筆	780	3	2,340	
23	30	卓上メモ	400	5	2,000	
24						
25				合計	=SUM(F13:F24)	
26					SUM(数値1, [数値2], ...)	

セル「C9」には、セル参照を使って、合計金額を表示させます。

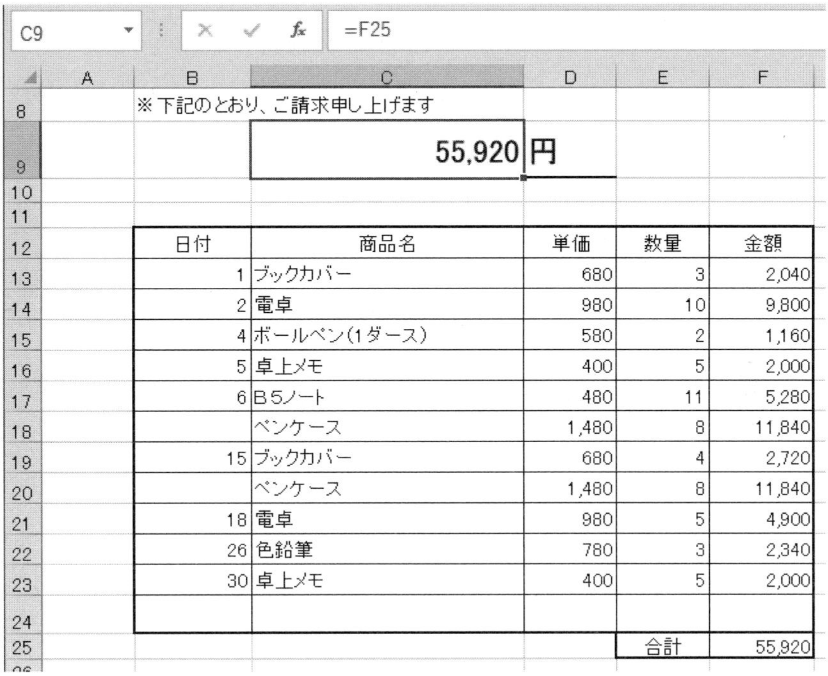
C9　=F25

	A	B	C	D	E	F
8		※下記のとおり、ご請求申し上げます				
9			55,920	円		
10						
11						
12		日付	商品名	単価	数量	金額
13		1	ブックカバー	680	3	2,040
14		2	電卓	980	10	9,800
15		4	ボールペン(1ダース)	580	2	1,160
16		5	卓上メモ	400	5	2,000
17		6	B5ノート	480	11	5,280
18			ペンケース	1,480	8	11,840
19		15	ブックカバー	680	4	2,720
20			ペンケース	1,480	8	11,840
21		18	電卓	980	5	4,900
22		26	色鉛筆	780	3	2,340
23		30	卓上メモ	400	5	2,000
24						
25					合計	55,920

請求書のあて先（ステーショナリー林）を入力して完成です。

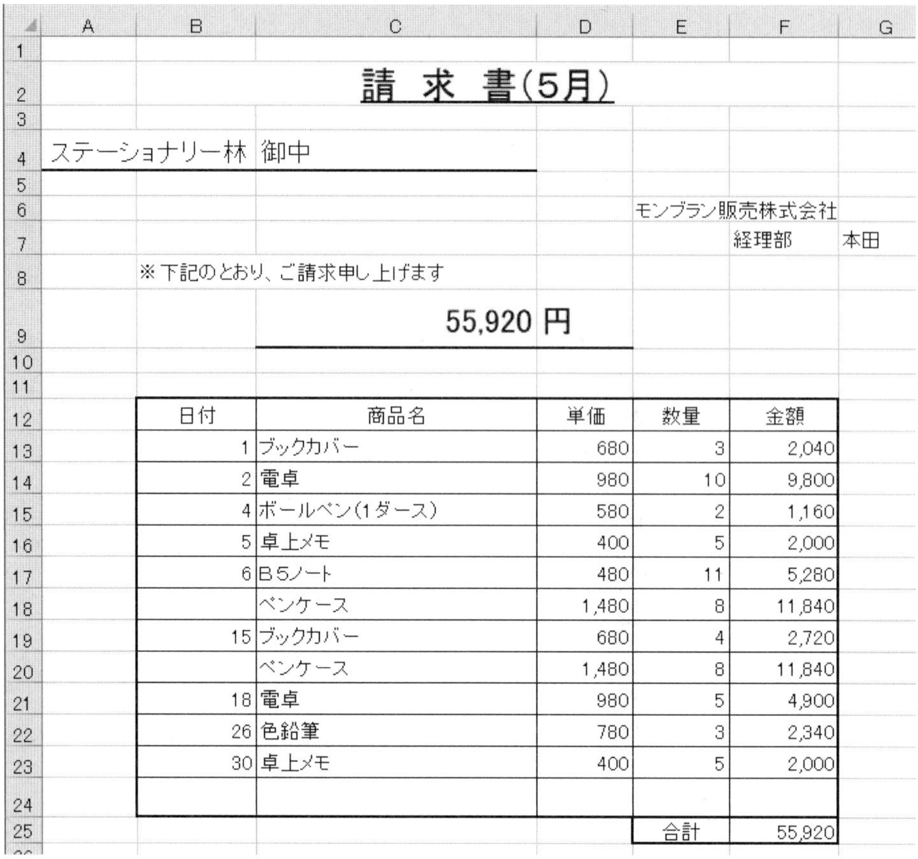

請 求 書(5月)

ステーショナリー林 御中

モンブラン販売株式会社
経理部 本田

※下記のとおり、ご請求申し上げます

55,920 円

日付	商品名	単価	数量	金額
1	ブックカバー	680	3	2,040
2	電卓	980	10	9,800
4	ボールペン(1ダース)	580	2	1,160
5	卓上メモ	400	5	2,000
6	Ｂ５ノート	480	11	5,280
	ペンケース	1,480	8	11,840
15	ブックカバー	680	4	2,720
	ペンケース	1,480	8	11,840
18	電卓	980	5	4,900
26	色鉛筆	780	3	2,340
30	卓上メモ	400	5	2,000
			合計	55,920

●問題3

ピボットテーブルを、シート「利益集計表」に移動します（後のコピー・ 貼り付け作業を楽にするためです）。 ピボットテーブル内をクリックし、「ピボットテーブル分析」タブ→「アクション」をクリックし、「ピボットテーブルの移動」をクリックしてください。

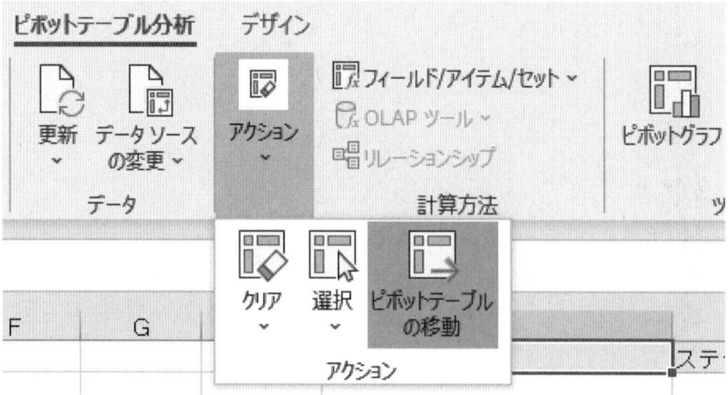

ピボットテーブルレポートの配置する場所に、シート「利益集計表」の任意のセルを選択します。

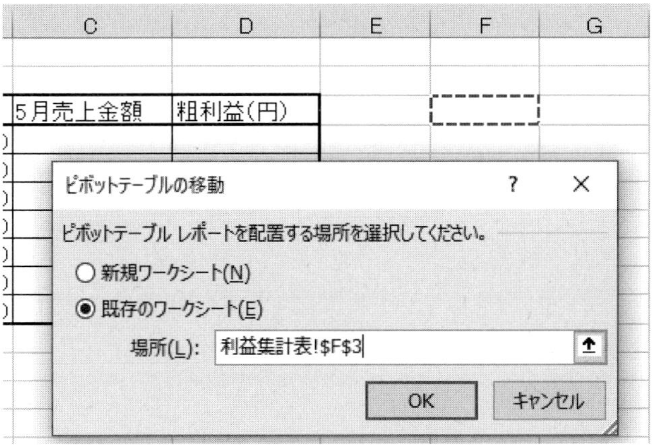

ポイント

ピボットテーブルの配置場所は、解答となる表の「右横」を使うようにしてください。解答の表の下に作成してしまうと、ピボットテーブルの項目をドラッグしたときに、列の幅が変わってしまいます。解答の表の書式は「変更しない」ことが、試験のコツです。

問題2で作成したピボットテーブルを「行」に「商品名」、「値」に「売上金額」と変更します。

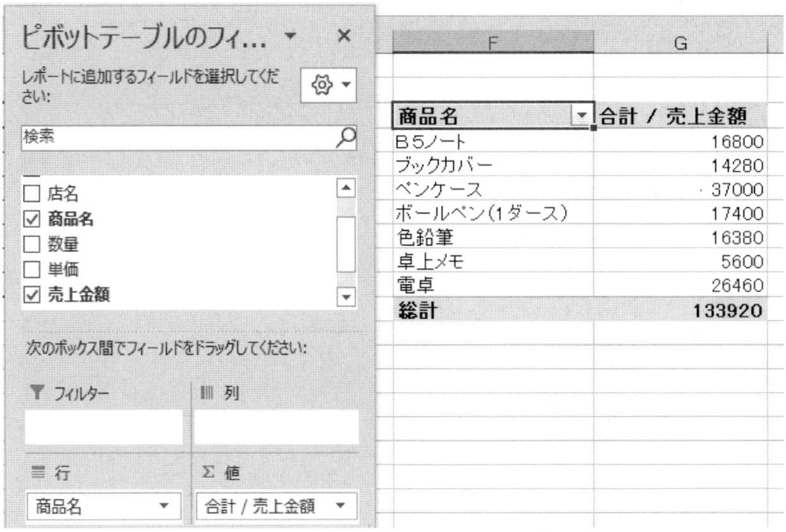

ピボットテーブルの商品名の並び順を集計させる表に合わせて変更します。

商品名	4月売上金額	5月売上金額	粗利益(円)
B5ノート	15,840		
ブックカバー	12,240		
電卓	19,600		
ペンケース	39,960		
ボールペン(1ダース)	20,300		
色鉛筆	18,720		
卓上メモ	5,200		

商品名	合計 / 売上金額
B5ノート	16800
ブックカバー	14280
ペンケース	37000
ボールペン(1ダース)	17400
色鉛筆	16380
卓上メモ	5600
電卓	26460
総計	133920

出来上がったピボットテーブルの値をコピーして、解答の表に値を貼り付けます。

	A	B	C	D	E	F	G
1							
2							
3	商品名	4月売上金額	5月売上金額	粗利益(円)		商品名	合計 / 売上金額
4	B5ノート	15,840	16800			B5ノート	16800
5	ブックカバー	12,240	14280			ブックカバー	14280
6	電卓	19,600	26460			電卓	26460
7	ペンケース	39,960	37000			ペンケース	37000
8	ボールペン(1ダース)	20,300	17400			ボールペン(1ダース)	17400
9	色鉛筆	18,720	16380			色鉛筆	16380
10	卓上メモ	5,200	5600			卓上メモ	5600
11						総計	133920
12							

粗利益（円）を計算します。商品ごとの原価率（%）が別のシート「店コード・単価・原価表」にあるので、計算しやすいように、原価率（%）をコピーして、任意のセルに貼り付けておきます。

	A	B	C	D	E	F	G	H	I	J
1										
2										
3	商品名	4月売上金額	5月売上金額	粗利益(円)		商品名	合計 / 売上金額		商品名	原価率
4	B5ノート	15,840	16800			B5ノート	16800		B5ノート	0.65
5	ブックカバー	12,240	14280			ブックカバー	14280		ブックカバ-	0.7
6	電卓	19,600	26460			電卓	26460		電卓	0.75
7	ペンケース	39,960	37000			ペンケース	37000		ペンケース	0.6
8	ボールペン(1ダース)	20,300	17400			ボールペン(1ダース)	17400		ボールペン	0.5
9	色鉛筆	18,720	16380			色鉛筆	16380		色鉛筆	0.62
10	卓上メモ	5,200	5600			卓上メモ	5600		卓上メモ	0.55
11						総計	133920			

粗利益（円）を求める計算式は「粗利益＝売上金額－（売上金額×原価率）」です。このときの計算に使う「売上金額」の数値は、ピボットテーブル内の数値を使って計算するのではなく、列「C」にある売上金額の数値を使った計算をしてください。

	C	D	E	F	G	H	I	J	K
1									
2									
3	5月売上金額	粗利益(円)		商品名	合計 / 売上金額		商品名	原価率	粗利益
4	16800			B5ノート	16800		B5ノート	0.65	=C4-(C4*J4)
5	14280			ブックカバー	14280		ブックカバ-	0.7	
6	26460			電卓	26460		電卓	0.75	
7	37000			ペンケース	37000		ペンケース	0.6	
8	17400			ボールペン(1ダース)	17400		ボールペン	0.5	
9	16380			色鉛筆	16380		色鉛筆	0.62	
10	5600			卓上メモ	5600		卓上メモ	0.55	
11				総計	133920				

注　意

今回の問題では、原価率が解答の表以外のセルにあります。この場合、解答となる表の中に、表の外にあるデータ（原価率）を使って計算式を入れないように、表の外（任意のセル）で計算を行い、解答表には計算した答え（値）のみ貼り付けるようにします。

計算した「粗利益（円）」の数値をコピーして、解答の表に値を貼り付けます。

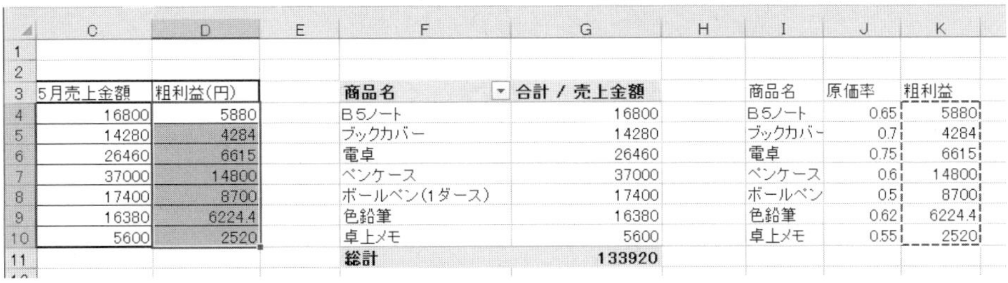

	C	D	E	F	G	H	I	J	K
1									
2									
3	5月売上金額	粗利益(円)		商品名	合計 / 売上金額		商品名	原価率	粗利益
4	16800	5880		B5ノート	16800		B5ノート	0.65	5880
5	14280	4284		ブックカバー	14280		ブックカバー	0.7	4284
6	26460	6615		電卓	26460		電卓	0.75	6615
7	37000	14800		ペンケース	37000		ペンケース	0.6	14800
8	17400	8700		ボールペン(1ダース)	17400		ボールペン	0.5	8700
9	16380	6224.4		色鉛筆	16380		色鉛筆	0.62	6224.4
10	5600	2520		卓上メモ	5600		卓上メモ	0.55	2520
11				総計	133920				

金額には「桁区切り」を設定し、表のタイトルを入力して、完成です。

	A	B	C	D
1	5月利益集計			
2				
3	商品名	4月売上金額	5月売上金額	粗利益(円)
4	B5ノート	15,840	16,800	5,880
5	ブックカバー	12,240	14,280	4,284
6	電卓	19,600	26,460	6,615
7	ペンケース	39,960	37,000	14,800
8	ボールペン(1ダース)	20,300	17,400	8,700
9	色鉛筆	18,720	16,380	6,224
10	卓上メモ	5,200	5,600	2,520
11				

複合グラフの作成です。グラフのデータ範囲を選択して、「組み合わせ」→「縦棒ー第2軸の折れ線」を選択します。

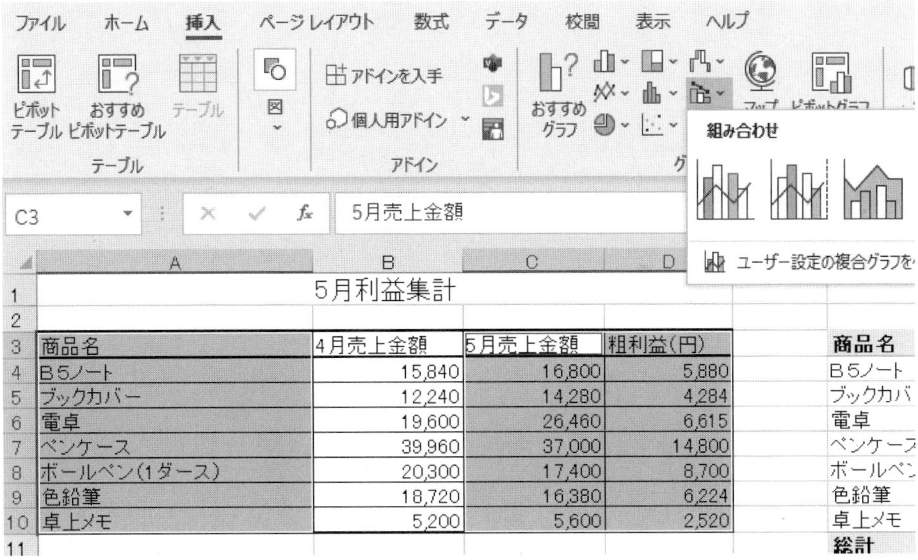

	A	B	C	D
1	5月利益集計			
2				
3	商品名	4月売上金額	5月売上金額	粗利益(円)
4	B5ノート	15,840	16,800	5,880
5	ブックカバー	12,240	14,280	4,284
6	電卓	19,600	26,460	6,615
7	ペンケース	39,960	37,000	14,800
8	ボールペン(1ダース)	20,300	17,400	8,700
9	色鉛筆	18,720	16,380	6,224
10	卓上メモ	5,200	5,600	2,520
11				

グラフタイトルは「5月度売上・利益比較グラフ」とし、グラフ要素は「軸ラベル」を選択し数値軸の単位は「単位:円」と入力してください。

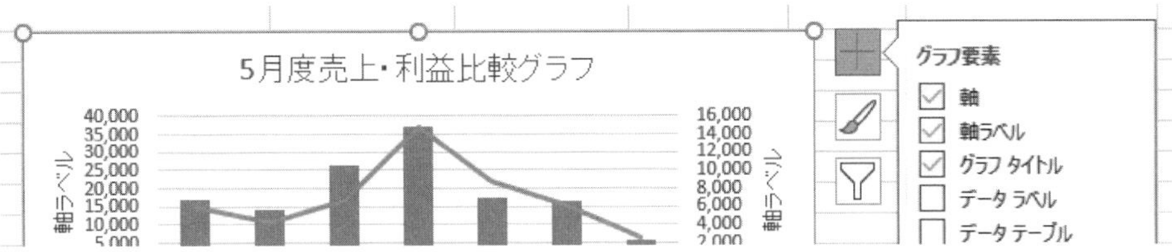

「軸ラベルの書式設定」は以下のようにしてください。

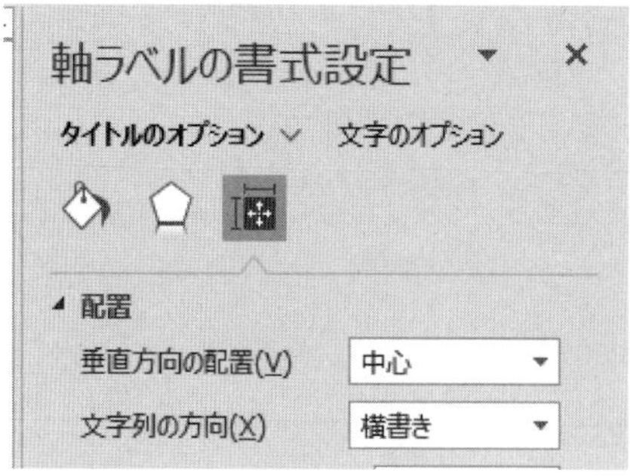

最後に、グラフが完成しました。

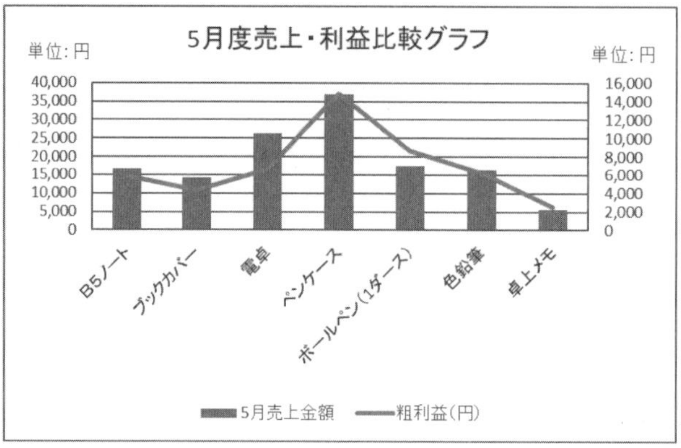

4-4 チャレンジ問題

「4-1 チャレンジ問題」ファイルを開いてください。

売上に関する集計表を作成してください。

●問題1

売上金額の集計を行う際に、未入力のデータがあることに気が付きました。シート「売上高」に、下記の伝票をもとにデータを追加入力してください。

日付　7月1日 商品　緑茶 数量　1780	日付　8月10日 商品　レモン炭酸 数量　2255
日付　9月26日 商品　緑茶 数量　2490	日付　11月10日 商品　紅茶 数量　1645

作成した表をもとに、2011年度の売上実績を集計した表を完成させてください。

（指示）

- シート「売上実績」に集計すること。
- 集計の際には、数値の単位を合わせ、形式を統一して作成すること。

●問題2

問題1で作成した表をもとに、シート「売上目標」に、5年間の売上金額の平均と、売上構成比率（%）、2012年度売上目標を計算してください。その際、以下の指示に従うこと。また、金額には桁区切りを設定し、割合は小数点以下第1位までの表示とすること。

（指示）

- シート「売上目標」に集計すること。
- 5年間の売上金額の平均は、2007年度から2011年度までの5年間の平均売上額とすること。
- 売上構成比率（%）は、5年間の売上金額の平均の構成比として計算し、小数点以下第1位までの表示とすること。
- 2012年度売上目標は、「5年間平均売上」年間売上の13%増として計算した値をもとに、売上構成比率に従って求めること。

●問題3

問題1で作成した「売上実績」シートをコピーし、2010年度実績から2012年度売上目標までの売上実績表を作成すること。その際、以下の指示に従うこと。

（指示）

- コピーしたシートに、「2012年度売上目標」の項目を追加し、2010年度から2012年度売上目標までの売上実績表を作成すること。
- コピーしたシートは、シート名を「3年間の売上推移」とすること。

●問題4

問題3で作成した表をもとに、3年間の売上推移を表した折れ線グラフを作成してください。 その際、以下の指示に従うこと。

（指示）

- グラフタイトルは「3年間の売上推移グラフ」とすること。
- 数値軸は、最小値を「1000」とし、軸には単位を表示すること。
- 凡例をグラフの下に表示すること。
- 作成したグラフは、「3年間の売上実績表」の下に配置すること。

●問題5

問題1～4で作成したファイルは、「売上実績」というファイル名にして保存してください。

※なお、「●問題5」については本稿では解説を省略しております。 ファイルを保存する手順については、2章の「2-1-3　ファイルの保存」をご参照ください。

解説　チャレンジ問題

●問題1

データの追加入力です。 問題文の指示通りにデータを追加入力していきます。

- 日付の「年」は、元から入力されている日付「2011年」に合わせて入力してください。
- 「商品分類」から「単価」までは、同じ商品分類からコピーして貼り付け、「売上数量」だけ変更します。
- 「売上高」は、「売上数量×単価」の計算式をオートフィルします。

	A	B	C	D	E	F
1	今年度売上				単位:円	
2	日付	商品分類	売上数量	単価	売上高	
47	6月28日	レモン炭酸	1,605	160	256,800	
48	6月30日	緑茶	2,130	130	276,900	
49	7月1日	緑茶	1,780	130	231,400	
50	7月2日	紅茶	2,280	250	570,000	
68	8月7日	100%オレンジ	2,845	250	711,250	
69	8月9日	100%りんご	2,280	220	501,600	
70	8月10日	レモン炭酸	2,255	160	360,800	
71	8月11日	紅茶	2,770	250	692,500	
94	9月26日	コーヒー	2,450	280	686,000	
95	9月26日	緑茶	2,490	130	323,700	
96	9月28日	100%オレンジ	3,295	250	823,750	
116	11月7日	100%オレンジ	1,605	250	401,250	
117	11月9日	コーヒー	2,250	280	630,000	
118	11月10日	紅茶	1,645	250	411,250	
119	11月11日	栄養ドリンク	1,850	260	481,000	
120	11月13日	100%りんご	2,280	220	501,600	

途中の表示は省略してあります。 色をつける必要はありません。

ポイント

データの追加入力には、細心の注意を払ってください。 ここで日付、商品名、単価や数量を間違えて入力してしまうと、この先の計算やグラフがすべて間違いになってしまいます。

シート「売上実績」に集計します。 シート「売上高」の表には、1行目に「表のタイトル」と「単位:円」が入力されています。 ここをピボットテーブルのデータ範囲に含めないよう、先に範囲（A2:E187）をドラッグして選択してから、「挿入」タブより「ピボットテーブル」をクリックしてください。

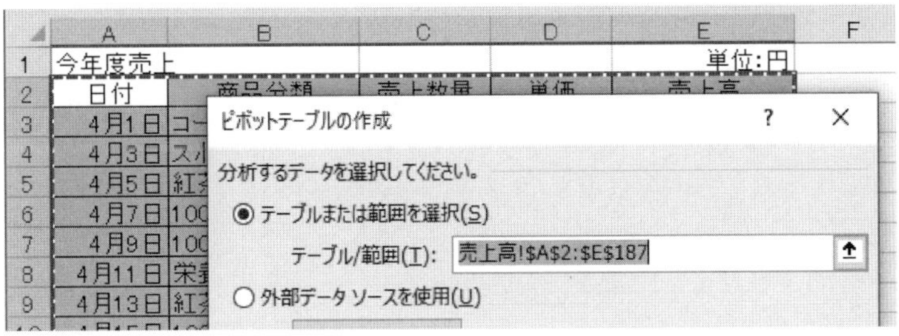

ピボットテーブルの作成場所は、シート「売上実績」の任意のセルにしておくと便利です。

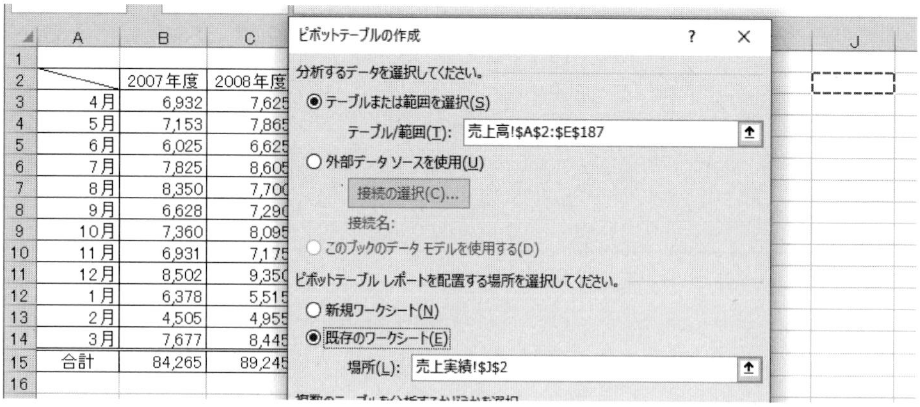

ピボットテーブルを以下のように作成します。「行」ラベルに「日付」、「値」エリアに「売上高」をそれぞれドラッグしてください。

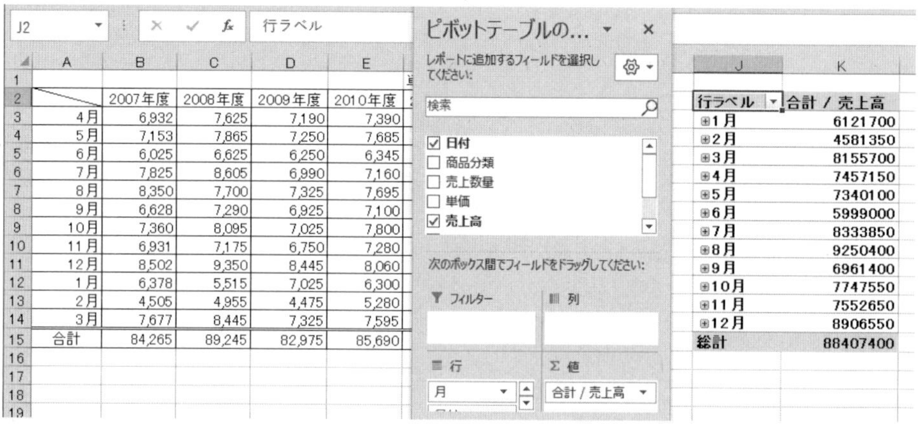

「日付」を月ごとにグループ化します（Excel 2019は自動で月ごとにグループ化）。集計させる表に合わせて、月の順番を4月から順になるように並べ替えます。

問題文の指示に、「数値の単位を合わせ、形式を統一して作成」とあるので、集計した数値を「千円単位」の数値にします。ピボットテーブルの数値を任意のセルにコピー、値を貼り付けます。

! 注　意　ピボットテーブル内の数値を、そのまま計算に使うことはできません。

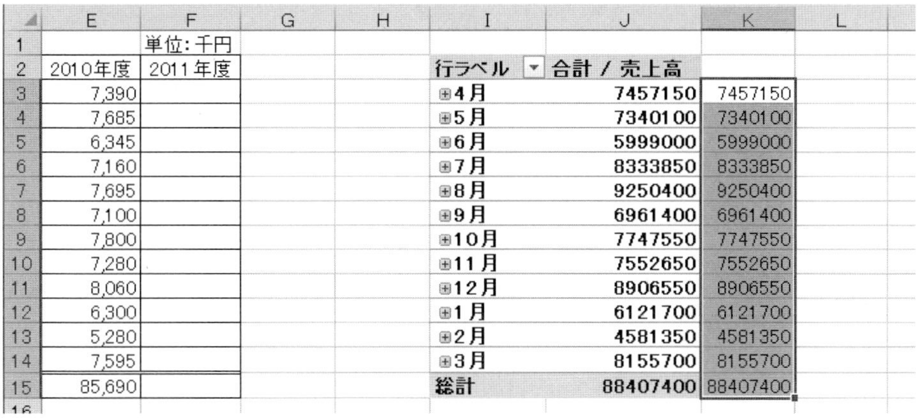

	E	F	G	H	I	J	K	L
1		単位: 千円						
2	2010年度	2011年度			行ラベル ▼	合計 / 売上高		
3	7,390				⊞4月	7457150	7457150	
4	7,685				⊞5月	7340100	7340100	
5	6,345				⊞6月	5999000	5999000	
6	7,160				⊞7月	8333850	8333850	
7	7,695				⊞8月	9250400	9250400	
8	7,100				⊞9月	6961400	6961400	
9	7,800				⊞10月	7747550	7747550	
10	7,280				⊞11月	7552650	7552650	
11	8,060				⊞12月	8906550	8906550	
12	6,300				⊞1月	6121700	6121700	
13	5,280				⊞2月	4581350	4581350	
14	7,595				⊞3月	8155700	8155700	
15	85,690				総計	88407400	88407400	

貼り付けた値を、千円単位になるよう計算します。（÷1000）

VLOOKUP　=K3/1000

	E	F	G	H	I	J	K	L
1		単位: 千円						
2	2010年度	2011年度			行ラベル ▼	合計 / 売上高		
3	7,390				⊞4月	7457150	7457150	=K3/1000
4	7,685				⊞5月	7340100	7340100	
5	6,345				⊞6月	5999000	5999000	
6	7,160				⊞7月	8333850	8333850	
7	7,695				⊞8月	9250400	9250400	
8	7,100				⊞9月	6961400	6961400	
9	7,800				⊞10月	7747550	7747550	
10	7,280				⊞11月	7552650	7552650	
11	8,060				⊞12月	8906550	8906550	
12	6,300				⊞1月	6121700	6121700	
13	5,280				⊞2月	4581350	4581350	
14	7,595				⊞3月	8155700	8155700	
15	85,690				総計	88407400	88407400	

計算した数値をコピー、値を貼り付けます。

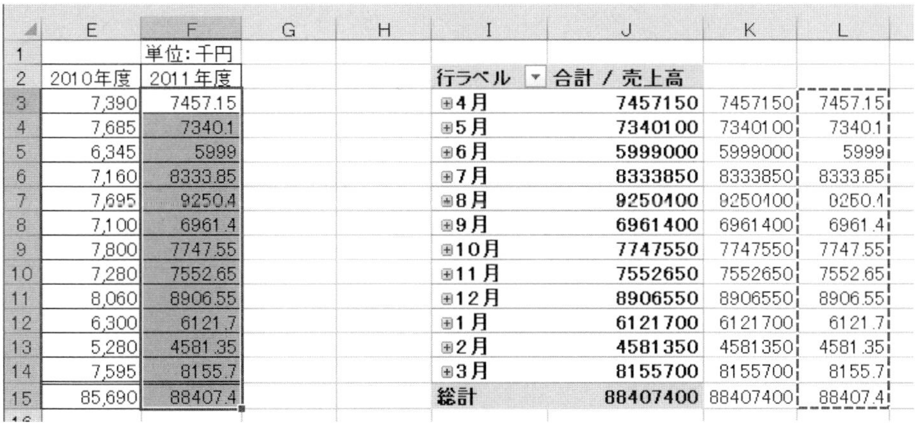

	E	F	G	H	I	J	K	L
1		単位: 千円						
2	2010年度	2011年度			行ラベル ▼	合計 / 売上高		
3	7,390	7457.15			⊞4月	7457150	7457150	7457.15
4	7,685	7340.1			⊞5月	7340100	7340100	7340.1
5	6,345	5999			⊞6月	5999000	5999000	5999
6	7,160	8333.85			⊞7月	8333850	8333850	8333.85
7	7,695	9250.4			⊞8月	9250400	9250400	9250.4
8	7,100	6961.4			⊞9月	6961400	6961400	6961.4
9	7,800	7747.55			⊞10月	7747550	7747550	7747.55
10	7,280	7552.65			⊞11月	7552650	7552650	7552.65
11	8,060	8906.55			⊞12月	8906550	8906550	8906.55
12	6,300	6121.7			⊞1月	6121700	6121700	6121.7
13	5,280	4581.35			⊞2月	4581350	4581350	4581.35
14	7,595	8155.7			⊞3月	8155700	8155700	8155.7
15	85,690	88407.4			総計	88407400	88407400	88407.4

貼り付けた数値には「桁区切り」を設定します。

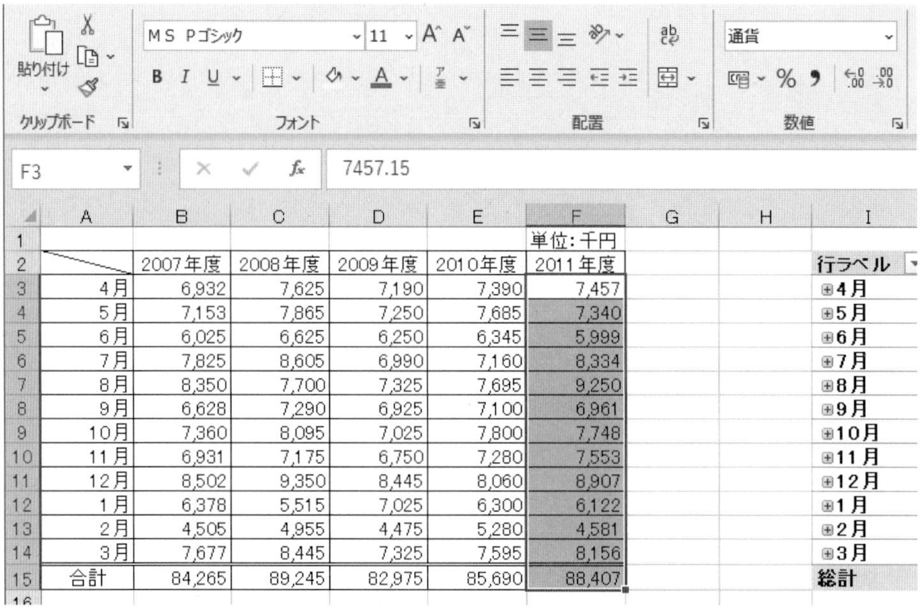

	A	B	C	D	E	F
1						単位：千円
2		2007年度	2008年度	2009年度	2010年度	2011年度
3	4月	6,932	7,625	7,190	7,390	7,457
4	5月	7,153	7,865	7,250	7,685	7,340
5	6月	6,025	6,625	6,250	6,345	5,999
6	7月	7,825	8,605	6,990	7,160	8,334
7	8月	8,350	7,700	7,325	7,695	9,250
8	9月	6,628	7,290	6,925	7,100	6,961
9	10月	7,360	8,095	7,025	7,800	7,748
10	11月	6,931	7,175	6,750	7,280	7,553
11	12月	8,502	9,350	8,445	8,060	8,907
12	1月	6,378	5,515	7,025	6,300	6,122
13	2月	4,505	4,955	4,475	5,280	4,581
14	3月	7,677	8,445	7,325	7,595	8,156
15	合計	84,265	89,245	82,975	85,690	88,407

●**問題2**

シート「売上目標」を作成します。「5年間月別平均売上高」を計算します。オートSUMの横にある三角をクリックして、「平均」をクリックします。「=AVERAGE()」という計算式が表示されるので、セル「B3」から「F3」までをドラッグして選択し、Enterキーで決定します。（AVERAGE関数＝平均を計算する関数）

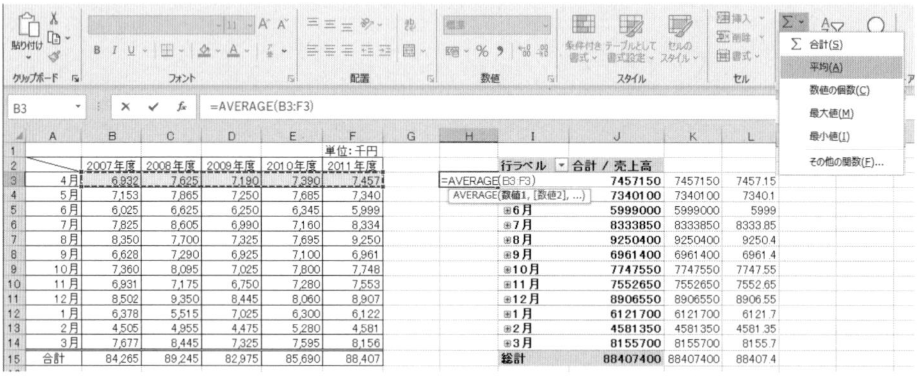

計算した平均の値をコピーし、シート「売上目標」の平均売上高の列に値を貼り付けます。貼り付けた値には、桁区切りを設定しておきます。

	A	B	C	D
1				単位：千円
2		5年間月別 平均売上高	売上高 構成比率(%)	2012年度 売上目標
3	4月	7,319		
4	5月	7,459		
5	6月	6,249		
6	7月	7,783		
7	8月	8,064		
8	9月	6,981		
9	10月	7,606		
10	11月	7,138		
11	12月	8,653		
12	1月	6,268		
13	2月	4,759		
14	3月	7,840		
15	合計	86,117		
16				

「売上構成比率（%）」を計算します。

C3 =B3/$B$15*100

	A	B	C	D
1				単位：千円
2		5年間月別 平均売上高	売上高 構成比率(%)	2012年度 売上目標
3	4月	7,319	=B3/$B$15*100	
4	5月	7,459		
5	6月	6,249		
6	7月	7,783		
7	8月	8,064		
8	9月	6,981		
9	10月	7,606		
10	11月	7,138		
11	12月	8,653		
12	1月	6,268		
13	2月	4,759		
14	3月	7,840		
15	合計	86,117		
16				

セル「C15」までオートフィルして、小数点以下の桁数を1桁に設定しておきます。

「2012年売上目標」を計算します。 5年間平均売上の年間売上額の13％増を計算し、その値を元に、売上構成比率に従って計算します。

F15 =B15*113%

	A	B	C	D	E	F
1				単位: 千円		
2		5年間月別 平均売上高	売上高 構成比率(%)	2012年度 売上目標		
3	4月	7,319	8.5			
4	5月	7,459	8.7			
5	6月	6,249	7.3			
6	7月	7,783	9.0			
7	8月	8,064	9.4			
8	9月	6,981	8.1			
9	10月	7,606	8.8			
10	11月	7,138	8.3			
11	12月	8,653	10.0			
12	1月	6,268	7.3			
13	2月	4,759	5.5			
14	3月	7,840	9.1			
15	合計	86,117	100.0			=B15*113%
16						

年間売上の13％増の数値に、売上構成比率をかけて2012年度売上目標を計算します。

F3 =$F$15*C3/100

	A	B	C	D	E	F	G
1				単位: 千円			
2		5年間月別 平均売上高	売上高 構成比率(%)	2012年度 売上目標			
3	4月	7,319	8.5			=$F$15*C3/100	
4	5月	7,459	8.7				
5	6月	6,249	7.3				
6	7月	7,783	9.0				
7	8月	8,064	9.4				
8	9月	6,981	8.1				
9	10月	7,606	8.8				
10	11月	7,138	8.3				
11	12月	8,653	10.0				
12	1月	6,268	7.3				
13	2月	4,759	5.5				
14	3月	7,840	9.1				
15	合計	86,117	100.0			97311.7	
16							

計算した数値を15行目までオートフィルして、コピーします。 解答の表に値を貼り付けて、「桁区切り」を設定し、表の完成です。

	A	B	C	D	E	F
1				単位: 千円		
2		5年間月別 平均売上高	売上高 構成比率(%)	2012年度 売上目標		
3	4月	7,319	8.5	8,270		8270.285
4	5月	7,459	8.7	8,428		8428.134
5	6月	6,249	7.3	7,061		7061.144
6	7月	7,783	9.0	8,795		8794.53
7	8月	8,064	9.4	9,112		9112.41
8	9月	6,981	8.1	7,888		7888.336
9	10月	7,606	8.8	8,594		8594.292
10	11月	7,138	8.3	8,066		8065.535
11	12月	8,653	10.0	9,777		9777.449
12	1月	6,268	7.3	7,083		7082.847
13	2月	4,759	5.5	5,378		5377.989
14	3月	7,840	9.1	8,859		8858.753
15	合計	86,117	100.0	97,312		97311.7
16						

●**問題3**

まず、問題1で作成したシート「売上実績」をコピーします。シート「売上実績」の上で右クリックし、「移動またはコピー」をクリックします。

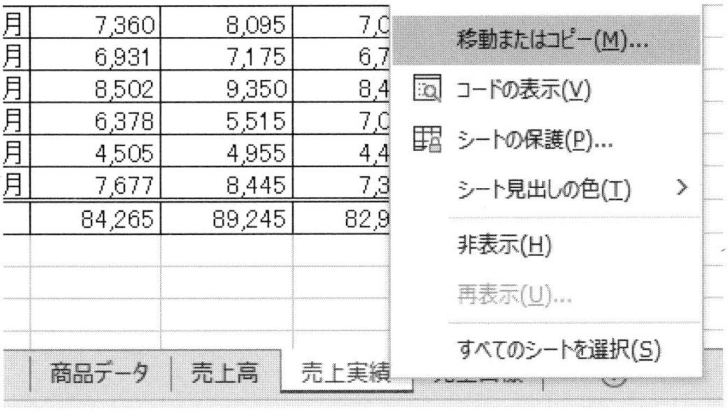

「（末尾へ移動）」をクリックし「コピーを作成する」にチェックを入れて「OK」をクリックします。

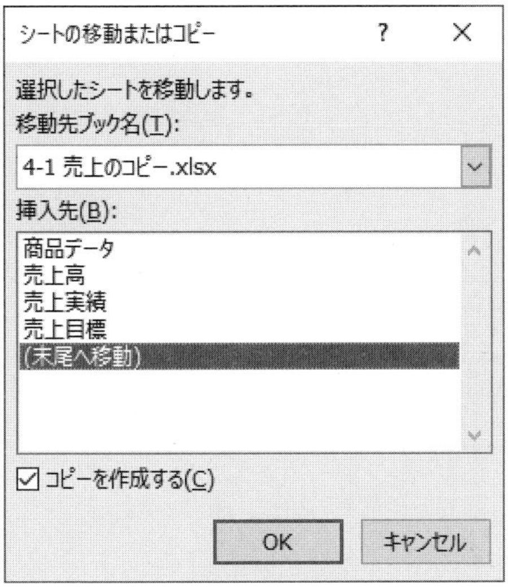

コピーした「売上実績（2）」のシートを以下のように編集します。まず、「2007年度」から「2009年度」までの列を削除します。

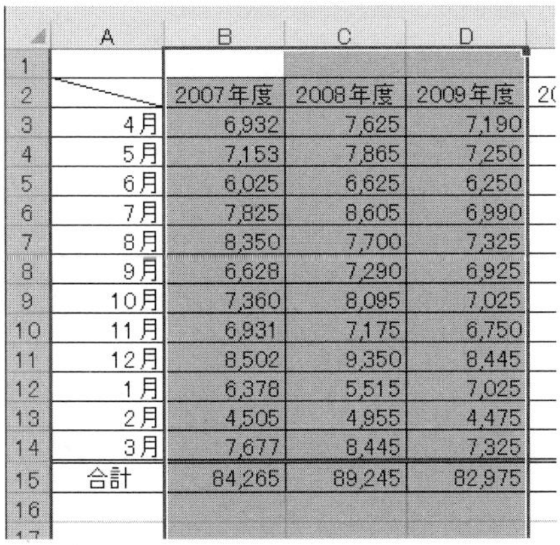

	A	B	C	D
1				
2		2007年度	2008年度	2009年度
3	4月	6,932	7,625	7,190
4	5月	7,153	7,865	7,250
5	6月	6,025	6,625	6,250
6	7月	7,825	8,605	6,990
7	8月	8,350	7,700	7,325
8	9月	6,628	7,290	6,925
9	10月	7,360	8,095	7,025
10	11月	6,931	7,175	6,750
11	12月	8,502	9,350	8,445
12	1月	6,378	5,515	7,025
13	2月	4,505	4,955	4,475
14	3月	7,677	8,445	7,325
15	合計	84,265	89,245	82,975
16				

「2012年度売上目標」の項目を追加します。表の右側にある平均の計算とピボットテーブルも列ごとドラッグして「削除」してください。

	A	B	C	D
1			単位:千円	
2		2010年度	2011年度	2012年度売上目標
3	4月	7,390	7,457	
4	5月	7,685	7,340	
5	6月	6,345	5,999	
6	7月	7,160	8,334	
7	8月	7,695	9,250	
8	9月	7,100	6,961	
9	10月	7,800	7,748	
10	11月	7,280	7,553	
11	12月	8,060	8,907	
12	1月	6,300	6,122	
13	2月	5,280	4,581	
14	3月	7,595	8,156	
15	合計	85,690	88,407	

! 注　意

ピボットテーブルの削除は、必ず「列」ごとドラッグして削除します。列の記号の上をドラッグするようにしましょう。

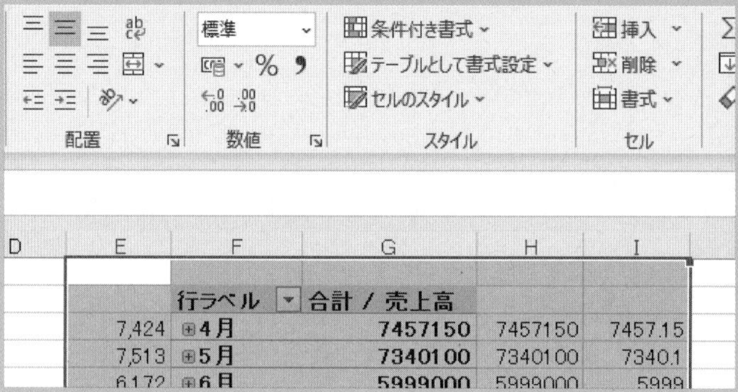

問題2で計算した2012年度売上目標の数値をコピー、値を貼り付けます。また、シート名を「3年間の売上推移」に変更します。

	A	B	C	D
1			単位:千円	
2		2010年度	2011年度	2012年度売上目標
3	4月	7,390	7,457	8,270
4	5月	7,685	7,340	8,428
5	6月	6,345	5,999	7,061
6	7月	7,160	8,334	8,795
7	8月	7,695	9,250	9,112
8	9月	7,100	6,961	7,888
9	10月	7,800	7,748	8,594
10	11月	7,280	7,553	8,066
11	12月	8,060	8,907	9,777
12	1月	6,300	6,122	7,083
13	2月	5,280	4,581	5,378
14	3月	7,595	8,156	8,859
15	合計	85,690	88,407	97,312

商品データ | 売上高 | 売上実績 | 売上目標 | 3年間の売上推移

シート名の変更は以下のようにしてください。

●問題4

グラフの作成です。 以下に注意して入力しましょう。

- グラフタイトル…「3年間の売上推移グラフ」
- グラフ要素…「軸ラベル」
- 主縦軸ラベル…「単位:千円」
- 軸の書式設定…「最小値:1000」

グラフの完成図は以下のようになります。

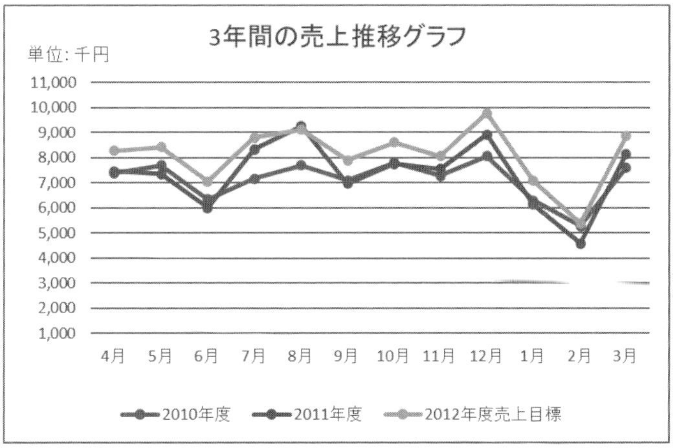

「ピボットテーブル分析」タブにある覚えておくと便利なボタンです。ただし、Excelの画面を縮小している場合、一部のアイコンが見えなくなってしまいます。「アクション」の下のVボタンをクリックすると、隠れているアイコンを表示することができます。

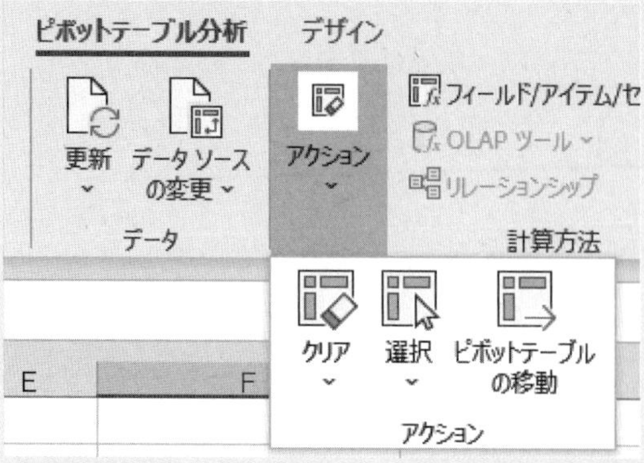

● 更新…ピボットテーブルの元データの入力間違いに気づいた場合、元データを修正した後に、「更新」ボタンをクリックしてください。修正したデータを、再度ピボットテーブルに読み込んでくれます。

● データソースの変更…ピボットテーブルのデータ範囲を選びなおすときに使います。「データソースの変更」ボタンをクリックすると、データ範囲を選択するウィンドウが表示されますので、正しいデータ範囲をドラッグして選択してください。

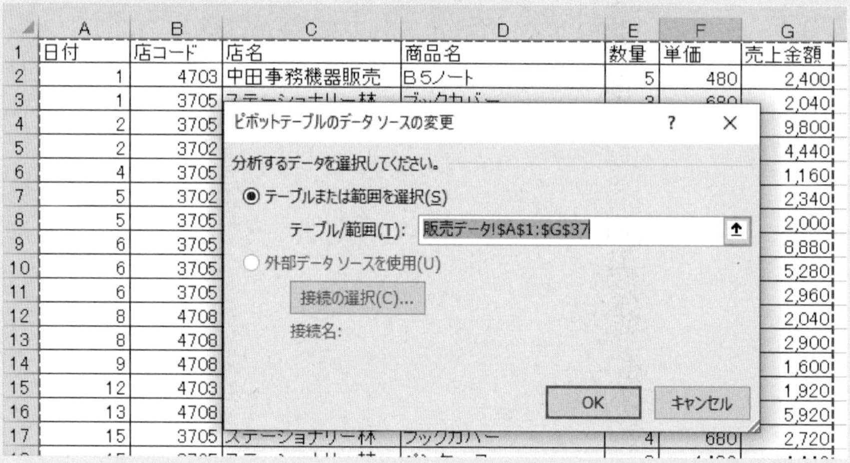

●ピボットテーブルの移動…ピボットテーブルを別のシートに移動する際に使います。「ピボットテーブルの移動」ボタンをクリックすると、移動先のシートを選択する画面が表示されるので、移動先のシートをクリックして、任意のセルをクリックしてください。

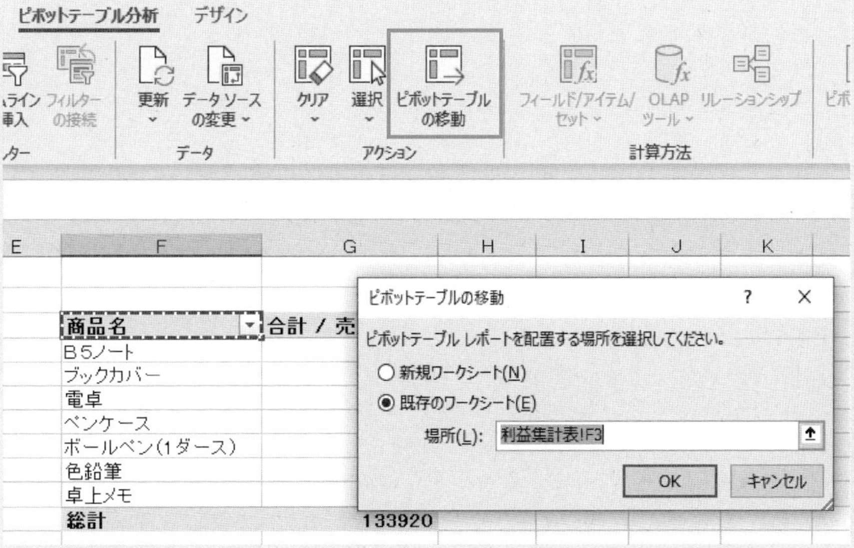

第5章 知識科目の練習

この章では、過去に出題された試験問題を参考に実践的なトレーニングができるように実際の試験と同様に3択の方法で学習していきます。また、インターネットで採点付きで学習できるシステム「DEKIDAS-WEB」を利用することで、追加問題にも挑戦することができます。なお、「DEKIDAS-WEB」は有効期限以降ご利用いただけなくなります。あしからずご了承ください。

DEKIDAS-WEBの使い方

本書をご購入いただいた方への特典として、「DEKIDAS-WEB」がご利用いただけます。「DEKIDAS-WEB」はスマホやPCからアクセスできる問題演習用WEBアプリです。知識科目の対策にお役立てください。

対応ブラウザは、Edge、Chrome、Safariです（IEは対応していません）。
スマートフォン、タブレットで利用する場合は以下のQRコードを読み取り、エントリーページにアクセスしてください。なお、ログインの際にメールアドレスが必要になります。QRコードを読み取れない場合は、下記URLからアクセスして登録してください。

・URL：https://entry.dekidas.com/
・認証コード：nd21kgBiT53jAs71

※本アプリの有効期限は2024年03月18日です。

知識科目の概要

共通分野

共通分野の知識科目は、とても幅広い範囲から出題されます。技術の細かい部分まで詳しく知っている必要はありませんが、一般常識のような知識やよく耳にする用語の意味は理解して覚えておくようにしましょう。なかなかすぐには身に着けられない知識なので、日ごろの積み重ねが大切になります。

試験範囲が広いため、ポイントを絞って学習することが大切です。日本商工会議所では、3級の共通分野の出題範囲として、以下を挙げています。こうした項目に注意して知識を習得しましょう。

- ハードウェア、ソフトウェア、ネットワークに関する基本的な知識を身につけている。
- ネット社会における企業実務、ビジネススタイルについて理解している。
- 電子データ、電子コミュニケーションの特徴と留意点を理解している。
- デジタル情報、電子化資料の整理・管理について理解している。
- 電子メール、ホームページの特徴と仕組みについて理解している。
- 情報セキュリティ、コンプライアンスに関する基本的な知識を身につけている。

専門分野

「データ活用」3級の知識科目では、独自の範囲として次のような項目について理解しているかどうか問われます。学生の方には身近でない用語ばかりかもしれませんが、社会に出れば必ず必要になる知識なので、しっかり身につけましょう。

- 取引の仕組み（見積、受注、発注、納品、請求、契約、覚書等）と業務データの流れについて理解している。
- データベース管理（ファイリング、共有化、再利用）について理解している。
- 電子商取引の現状と形態、その特徴を理解している。
- 電子政府、電子自治体について理解している。
- ビジネスデータの取り扱い（売上管理、利益分析、生産管理、顧客管理、マーケティング等）について理解している。

練習問題

[問題1] USBメモリに関する説明で誤っている記述を、次の中から選びなさい。

❶ パソコンから直接読み書きできる。
❷ 100MBを超す大容量のファイルは保存できない。
❸ リーダーライターなどを必要とせず、単体で動作する。

[問題2] 一元管理で既存文書を更新する際には、どの方法を使いますか。 次の中から選びなさい。

❶ 別名で保存する。
❷ 上書き保存する。
❸ 文書のコピーを保存する。

[問題3] インターネットにおける情報の「住所」にあたるものはどれですか。 次の中から選びなさい。

❶ URL
❷ WWW
❸ HTTP

[問題4] パソコンの入れ替えにあたり、できる限り処理速度の速い機種を選定しようと考えている。 考慮すべき優先順位が最も低いものを、次の中から選びなさい。

❶ CPU
❷ ディスプレイの解像度
❸ メモリ

[問題5] ホームページにいつどれだけの来訪者があり、どういう経路で来訪したかなど、来訪者の動向を知ることができる機能を、次の中から選びなさい。

❶ アクセスログ
❷ 検索エンジン
❸ グループウェア

[問題6] パソコンの頭脳にあたるCPUの処理速度を示す動作周波数の単位を、次の中から選びなさい。

❶ Hz（ヘルツ）
❷ W（ワット）
❸ B（バイト）

[問題7] 社内でファイルを保管する際のファイル名の付け方として不適切なものを、次の中から選びなさい。

❶ ファイル名は自由に付けてよい。
❷ ファイル名は社内ルールに基づいて付ける。
❸ ファイル名はわかりやすいように付ける。

[問題8] 検索エンジンには「ロボット型」と「ディレクトリ型」があります。「ロボット型」検索エンジンの特長を次の中から選びなさい。

❶ 検索サービス会社が審査をして適切なカテゴリーに分類、登録する。
❷ プログラムを使ってインターネット上のサイトを巡回して索引を作る。
❸ 登録依頼を受付け、人手によって階層的にジャンル分けする。

[問題9] データベースにデータを入力する際に注意すべきことを、次の中から選びなさい。

❶ 項目ごとにデータの形式や桁数を決めて入力する。
❷ データの入力前に、郵便番号順やあいうえお順に整理してから入力する。
❸ データの発生した時間順に入力する。

[問題10] サーバーにあるファイルを特定のユーザーだけに読み書きできるようにするために与えるものを、次の中から選びなさい。

❶ アクセス権限
❷ アドレス
❸ ライセンス

[問題11] ネット社会の特徴として適切なものを、次の中から選びなさい。

❶ 「ネット社会」は、実体のない空想の社会である。
❷ 「ネット社会」は、直接目には見えない社会である。
❸ 「ネット社会」は、情報通信機器が主役の社会である。

[問題12] 一般に、商取引において作成する書類の順序として適切なものを、次の中から選びなさい。

❶ 納品書→請求書→見積書
❷ 見積書→納品書→請求書
❸ 請求書→納品書→見積書

[問題13] グループウェアの機能に該当しないものを、次の中から選びなさい。

❶ プレゼンテーション機能
❷ 電子掲示板機能
❸ スケジュール管理機能

[問題14] デジタルデータの容量として、左から小さい順に並んでいるものを、次の中から選びなさい。

❶ 1MB→1KB→1GB
❷ 1KB→1MB→1GB
❸ 1KB→1GB→1MB

[問題15] ファイルを保管する際に、すでに同名のファイルがあった場合の注意事項として適切なものを、次の中から選びなさい。

❶ 自動的に別名ファイルになるので、特に注意することはない。
❷ 上書きされてしまう可能性があるので、別名で保管するようにする。
❸ 元のファイルとの差分が保管されるので、特に注意することはない。

[問題16] 障害者や高齢者を含め、誰でも簡単な操作でホームページを利用しやすくすることを表した用語を、次の中から選びなさい。

❶ アクセシビリティー
❷ アカウンタビリティー
❸ トレーサビリティー

[問題17] あなたは、上司からあるグラフィックスソフトの購入を指示された。購入する際に必ず確認しなければならないことを、次の中から選びなさい。

❶ 使用するパソコンの色
❷ 使用するパソコンのメーカー
❸ 使用するパソコンのOS

[問題18] 文書作成中に打ち合わせの時間になりました。次のうち作成中の文書の扱いとして最も適切なものを選びなさい。

❶ 作成中の文書を上書き保存し、ファイルを開いたままにしておく。
❷ 作成中の文書を保存せず、ファイルを開いたままにしておく。
❸ 作成中の文書を上書き保存し、ファイルを閉じておく。

[問題19] ネットを使って仕事をするうえで重要となる考え方として適切なものを次の中から選びなさい。

❶ それぞれの部門・組織で最適な方法を考えること。
❷ 企業・組織全体として最適な方法を考えること。
❸ 個々人が自分にとって最適な方法を考えること。

[問題20] LANとインターネット機器を接続する際に使うのは、次のうちどれですか?

❶ USB
❷ ルーター
❸ ハブ（HUB）

[問題21] ある商品の販売予測をするように言われました。1万5千個売り上げればいわゆる収支が“トントン”になることがわかりました。この1万5千個という売上数字のポイントのことを何というでしょうか?

❶ 費用償却点
❷ 利益収支点
❸ 損益分岐点

[問題22] 商品の販売価格を決定するように言われました。販売価格は、商品原価に何を加えて決定するのでしょうか?

❶ 製造費
❷ 利益
❸ 人件費

[問題23] 商品サンプルの画像データ（約450MB）を取引先に渡したいのですが、この画像データの受け渡し方法で最適な方法はどれで

しょうか?
❶ フロッピーディスク
❷ CD-ROM
❸ 携帯メールに添付

[問題24] **得意先の売上管理データを集計するように言われました。 担当者別、商品別の売上金額をExcelで集計するのに最も効率のいい機能はどれでしょうか?**
❶ ピボットテーブル
❷ 並び替え
❸ オートフィルタ

[問題25] **顧客情報を表形式の一覧にまとめて顧客データベースを作成しました。 データを表形式にまとめたものを何というでしょうか?**
❶ レコード
❷ テーブル
❸ フィールド

[問題26] **B10セルの値が95以上をExcelで表すとどうなるでしょうか?**
❶ B10>=95
❷ B10<95
❸ B10>95

[問題27] **Excelで顧客の名前を五十音順に並べ替えるように命じられました。 次のどの機能が最適でしょうか?**
❶ オートフィル機能
❷ ソート機能
❸ マクロ機能

[問題28] **企業のすべての取引をまとめた、残高が把握できる帳簿のことを何というでしょうか?**
❶ 貸借対照表
❷ 損益計算書
❸ 総勘定元帳

[問題29] **Excelに表形式でデータを取り込む事の出来るファイル形式は、次のうちどれでしょうか?**
❶ JPG形式
❷ CSV形式
❸ PDF形式

[問題30] **先月、商品の代金を今月支払う約束で仕入れました。 この代金のことを何というでしょうか?**
❶ 回収金
❷ 買掛金
❸ 売掛金

解説

[問題1] ❷ **100MBを超す大容量のファイルは保存できない。**
USBメモリはリーダーライターなどを利用せずに単体でパソコンに接続して使用できる。 また、保存容量もG（ギガ）単位の大容量の保存もできる。

[問題2] ❷ **上書き保存する。**
既存文書の更新とは、元の文書の内容を書き換えることなので、上書き保存する。

[問題3] ❶ **URL**
URLは、https://www.pcukaru.jp/など、httpもwwwも含むすべてを示し、世界に1つしかないインターネットのアドレスを表す。

[問題4] ❷ **ディスプレイの解像度**
優先度　CPU＞メモリ＞ハードディスク＞モニター（ディスプレイ）

[問題5] ❶ **アクセスログ**
アクセスログは、来訪者のIPアドレス（来訪元）、来訪時間、使用デバイス、サイト内行動（ページの移動）使用ブラウザー、検索来訪方法、など数々の情報が得られる記録。
検索エンジンは、探したい情報に関するキーワードで検索すると、その情報が載っているWebページを探すことができるサービス。
グループウェアとは、電子掲示板やスケジュール管理など、社内のネットワークを活用した情報共有のための仕組み。

[問題6] ❶ **Hz（ヘルツ）**
CPUの動作数は、ヘルツで表す。 ワットは、消費電力単位、バイトはファイルの容量。

[問題7] ❶ **ファイル名は自由に付けてよい。**
個人使用のPCならファイル名は自由に付けられるが、社内でファイル名やフォルダー名を付ける場合は、付け方のルールなどを社内で統一しておくと、再利用したり検索したりするときでもネットワーク上から探しやすくなる。

[問題8] ❷ **プログラムを使ってインターネット上のサイトを巡回して索引を作る。**
「検索ロボット」というプログラムを使用して索引を作り、その索引をキーワードから探し出していくシステムを「ロボット型」検索という。

[問題9] ❶ **項目ごとにデータの形式や桁数を決めて入力する。**
入力後のデータの活用を考えて、データ形式や桁数など入力項目ごとにデータ入力規則を決めてから入力することが大切である。

[問題10] ❶ **アクセス権限**
閲覧のみの権限や読み書きできる権限など、ファイルやシステムを利用する権限を「アクセス権限」と呼ぶ。 フォルダーやファイル単位でユーザーに対して管理者がアクセス権限を付与することができる。 アクセス制限と勘違いしないこと。

[問題11] ❷ **「ネット社会」は、直接目には見えない社会である。**
「ネット社会」は、そのままでは目に見えない社会であるため、参加していないと理解しづらい。 パソコンや携帯端末を通じて「ネット社会」に参加し体験し、その便利さやスピードを理解してもらうことが重要である。

[問題12] ❷ **見積書→納品書→請求書**
商品やサービスが幾らになるか提示（見積）が応諾されれば、商品やサービスを先方に引き渡す（納品）、先方が受領すれば当初の取り決めの条件で代金を支払ってもらう（請求）。

[問題13] ❶ **プレゼンテーション機能**
グループウェアが有する主な機能「電子メール機能」「電子掲示板機能」「スケジュール管理機能」「電子会議機能」など。

[問題14] ❷ **1KB→1MB→1GB**
キロバイト（KB）→メガバイト（MB）→ギガバイト（GB）→テラバイト（TB）

[問題15] ❷ 上書きされてしまう可能性があるので、別名で保管するようにする。
社内でファイル名やフォルダー名を付ける場合は、付け方のルールなどを社内で統一しておく。

[問題16] ❶ アクセシビリティー
アカウンタビリティーは、説明責任、トレーサビリティーは、商品、荷物などの追跡。

[問題17] ❸ 使用するパソコンのOS
ソフトを購入する時は、動作環境の確認が必要である。動作環境とは、ソフトを正常に動作させるために最低限必要となるパソコンの条件のことであり、OSの種類、メモリ容量、ハードディスク容量などがある。

[問題18] ❸ 作成中の文書を上書き保存し、ファイルを閉じておく。
セキュリティやPCの不具合を考え上書き保存しファイルを閉じておく。

[問題19] ❷ 企業・組織全体として最適な方法を考えること。
「デジタル仕事術」では、企業・組織全体としてのポリシーやルールづくりなど、組織全体での最適な方法を考えると同時に、業界や社会全体との整合性なども加味して運用していくことが求められている。

[問題20] ❷ ルーター
USBはLANには、使用しない。ハブ（HUB）は、分岐する機器。

[問題21] ❸ 損益分岐点
固定費＋変動費が利益と同等額になる（収支トントンになる）ポイントが損益分岐点。その損益分岐点の売上高が損益分岐点売上。

[問題22] ❷ 利益
売上は「利益＋原価」で表される。

[問題23] ❷ CD-ROM
フロッピーディスクには1.44MBしか入らない。CD-ROMは、600～700MBの容量がある。なお、携帯電話に限らず、メールに添付するファイルの容量は数十MBまでが常識的な範囲。

[問題24] ❶ ピボットテーブル
オートフィルタでも可能であるが、条件の切り替えに手間がかかり、最終報告用集計表のデザインが瞬時に変更できない。

[問題25] ❷ テーブル
レコード…1件分の情報のまとまり。行情報1件分。住所録で言えば、1名の人の名前、住所など。
フィールド…項目情報、列情報。住所録で言えば、全ての人の名前、全ての人の住所など縦欄情報のこと。
テーブル…すべてを指す。住所録の表全体を言う。

[問題26] ❶ B10>=95
95以上は、95も含むのでイコール（=）が必要。

[問題27] ❷ ソート機能
ソートとは、並べ替えのこと。

[問題28] ❸ 総勘定元帳
貸借対照表は、資産、負債、資本の各項目。損益計算書は、収益、費用の各項目を表示。

[問題29] ❷ CSV形式
JPEGは、画像として取り込まれる。PDFも、画像のように一体のものとしてしか扱えないので、表形式に変更できない。
CSVファイルを読み込むとExcelでは、表形式に変換される。

[問題30] ❷ 買掛金
一定期間後に支払う約束のもとに商品などを仕入れる勘定科目が買掛金。逆に、一定期間後に代金を回収する約束のもとに商品を販売する勘定科目が売掛金。回収金は、回収したお金のことで勘定科目ではない。

第6章 模擬試験

この章では、過去に出題された実際の試験の問題に即した実践問題で実力を安定させていきます。この模擬問題を繰り返し練習し、自信をもって解答できるようになれば、高得点合格の実力が付きます。

●ファイルを開く

「第6章　模擬試験」のフォルダーには、以下のExcelファイルが入っています。問題ごとに、それぞれのExcelファイルをダブルクリックで開いて解答してください。

- 問題1
- 問題2　調査結果
- 問題3　元データ
- 問題4　販売管理

第1回　模擬試験

知識科目

【試験時間】7分30秒

[問題1] **ファイルの種類を大きく2つに分けると、次のうちどれになりますか?**

❶ CSVファイルとXMLファイル
❷ プログラムファイルとデータファイル
❸ LZHファイルとZIPファイル

[問題2] **ネットワーク上でコンピューターを1台1台識別する設定情報を、次の中から選びなさい。**

❶ HUB
❷ DHCP
❸ IPアドレス

[問題3] **ファイルを階層別に整理すると便利ですが、階層が深くなるとファイルにアクセスしにくくなります。 こうした場合に利用するショートカット機能の説明として正しいものを次の中から選びなさい。**

❶ ファイルへの参照として機能する実態のないアイコン
❷ マウスの右ボタンをクリックして表示させるメニュー
❸ [Ctrl]キーと組み合わせて使うキー操作

[問題4] **組織内では、それぞれの端末でスケジュールなどの情報管理をしていると、食い違いが出てきます。 この食い違いを修正するためには、定期的に(　　　)を行い、調整する必要があります。 (　　　)に該当するものはどれでしょうか?**

❶ 一元管理の実施
❷ 復元作業
❸ 同期をとる作業

[問題5] **コンピューターのシステムを管理し、ユーザーが利用するための操作環境を提供するソフトは、どれでしょうか?**

❶ BIOS
❷ OS
❸ ドライバー

[問題6] **情報伝達力の説明として間違っているものは、どれでしょうか?**

❶ 発信者がどんな情報を流したかではなく、受け手に正しく伝わったかが重要である。
❷ 伝えるためには、受け手の理解しやすい、わかりやすい表現とタイミングで伝えることが重要である。
❸ 伝わり方が、受け手のITに対する知識や経験の差により左右されることは当然であり、発信者が考える立場ではない。

[問題7] **自分の予定と仕事の管理はビジネスの基本です。 自分だけでなく他の人の予定も参照でき、仕事の予定を管理するのに有効なソフトウェアを次の中から選びなさい。**

❶ グループウェア
❷ vCard
❸ タイムスタンプ

[問題8] **ブロードバンドの普及によりネット社会は急速な進歩を遂げています。 次のうち、ブロードバンドによる効果が最も大きいといえるものを選びなさい。**

❶ 社内LANが高速になった。
❷ 音楽や映像など大量のデータの送受信が可能になった。
❸ メールの送受信が速くなった。

[問題9] **コンピューターウィルスの感染は企業活動に大きな影響を与えることから、社員全員が日ごろから十分に注意しておくことが必要です。 次の中からウィルス感染に直接関係ないものを選びなさい。**

❶ ウィルス対策ソフトの最新情報を更新しておく。
❷ メールで大容量のファイルは送信しない。
❸ 出所の分からないソフトはインストールしない。

[問題10] 紙に書かれた情報とデジタルデータでは、さまざまな違いがあります。 デジタルデータの特徴として正しくないものを次の中から選びなさい。
❶ 大量の複写、配布、交換が容易になる。
❷ データの再利用、再加工、再編集が可能になる。
❸ データの入力はキーボードからのみ可能になる。

[問題11] 新しい販売管理ソフトを購入しました。 バックアップしてある既存のデータを利用し、新しいソフトで使えるように変換して取り込みたいと考えています。 その方法はどれでしょうか?
❶ インストール
❷ エクスポート
❸ インポート

[問題12] 上司から過去5年間の売上高の推移がわかるようなグラフを作成するように指示されました。 最適なグラフの種類は、どれでしょう?
❶ 棒グラフ
❷ 折れ線グラフ
❸ 円グラフ

[問題13] 商品の仕入れに際して在庫を確認しておくように言われました。 在庫数の求め方は「仕入数量」－「　?　」で求められます。「　?　」を下記から選びなさい。
❶ 売上数量
❷ 生産数量
❸ 流通数量

[問題14] 企業の一定期間の収益及び費用の状況を示し、企業の経営成績がわかるものはどれでしょうか?
❶ 損益計算書
❷ 貸借対照表
❸ キャッシュフロー

[問題15] インターネット上でアプリケーションサービスを提供する事業者のことを何というでしょうか?
❶ IDC
❷ ASP
❸ ERP

実技科目

【試験時間】30分

ファイル「問題1」
を開いてください。

売上に関する資料を、以下の指示に従い作成してください。

●問題1　シート「売上」に、未入力のデータがあることがわかりました。そこで、シート「売上」のデータに、以下の内容を追加してください。

日　付	6月7日
販売店	中央店
品　番	K3003
種　別	観葉植物
数　量	21
日　付	6月20日
販売店	駅前店
品　番	P1001
種　別	プリザーブドフラワー
数　量	15
日　付	6月30日
販売店	郊外店
品　番	P1002
種　別	プリザーブドフラワー
数　量	13
日　付	6月30日
販売店	駅前店
品　番	H4002
種　別	鉢花
数　量	8

●問題2　問題1の追加修正が済んだ「売上」シートを元に、第1四半期支店別売上実績表を完成させてください。その際、次の指示に従うこと。

（指示）

- シート「売上実績」に集計すること。

●問題3　問題2で作成した「第1四半期支店別売上実績表」を元に、第1四半期実績と目標達成率（%）を求めた表を作成してください。また、完成した表をもとに、第2四半期の実績と目標達成率がわかるグラフを作成してください。その際、次の指示に従うこと。

（指示）

- シート「実績および目標」に集計すること。
- 表のタイトルは、「第1四半期売上実績状況」とし、作成した表の中央に配置すること。
- 目標達成率（%）は、小数点以下第2位を四捨五入し、小数点以下第1位までの表示とすること。
- グラフのタイトルは「第1四半期の実績と目標達成率」とすること。
- グラフは、第1四半期実績を縦棒グラフ、目標達成率を折れ線グラフで表した複合グラフとすること。
- 数値軸には、適切な単位を表示すること。
- グラフには、凡例と値を表示すること。
- グラフは第1四半期売上実績状況の表の下に配置すること。

●問題4　変更したファイルは、「目標達成率」というファイル名で保存してください。

第2回　模擬試験

知識科目

【試験時間】7分30秒

[問題1] 文書のライフサイクルにおける「文書データの保存」についての説明として、次の中から最も適切なものを選びなさい。

❶ 文書データを個人のパソコンまたは部門のサーバーに格納し、活用している状態をいう。

❷ あまり使われなくなったが未だ廃棄できない文書データを、ハードディスクやDVDなど他のメディアに移し記録しておくことをいう。

❸ 紙の状態で管理し、電子データは、破棄した状態をいう。

[問題2] 電子データを主体としたビジネスプロセスは、担当者以外の人からは見えなくなります。 そうなると仕事を遂行する上で何が重要なポイントになりますか。 次の中から選びなさい。

❶ 組織のチームワーク

❷ 個人の人の知識とスキル

❸ パソコンの処理能力

[問題3] ネット社会の特徴に該当するものとして、次の中から最も適切なものを選びなさい。

❶ ネット社会は、直接目に見えない社会である。

❷ ネット社会は、情報通信機器が主役の社会である。

❸ ネット社会は、実態のない空想の社会である。

[問題4] 情報を共有したり配信したりするための方法として「Push型」と「Pull型」があります。 「Push型」の説明に該当するものを、次の中から選びなさい。

❶ 新しい情報は原則として管理者以外見ることができない。

❷ 新しい情報はサーバーなどに蓄積され、必要な時に見に行く。

❸ 新しい情報は電子メールなどで知らせてくれる。

[問題5] パソコンで文書を作成していたところ、急に画面が動かなくなりました。 キーボードを押してもマウス操作にも反応しません。 このような場合にどのような操作を試みればよいでしょうか?適切なものを選択してください。

❶ {Esc} キーと {Alt} キーを同時に押す。

❷ {Ctrl} キーと {Alt} キーと {Delete} キーを同時に押す。

❸ パソコンの電源スイッチを押す。

[問題6] 訪問する会社を事前に（　　　　）で調べて情報を収集しておくことは、「デジタル仕事術」の第一歩です。 次の中から（　　　　）にあてはまるものを選んでください。

❶ 電話によるヒアリング

❷ 検索エンジン

❸ 新聞 ・ テレビ

[問題7] 電子データには紙に書かれた情報にはない多くの特徴があります。 次の中からこの特徴に該当しないものを選びなさい。

❶ 再利用、再加工、再編集が容易である。

❷ 見た目と同じ情報が相手に伝わる。

❸ 文字、音声、動画を同時に使用できる。

[問題8] 電子メールで段落を示す方法として最も見やすく一般的なものはどれですか。 次の中から選びなさい。

❶ 段落の最初の1文字分をあける。

❷ 1行空けや1字下げは行わないで改行だけで示す。

❸ 段落間を1行空ける。

[問題9] 以下のような図が表すものは、どれでしょうか?

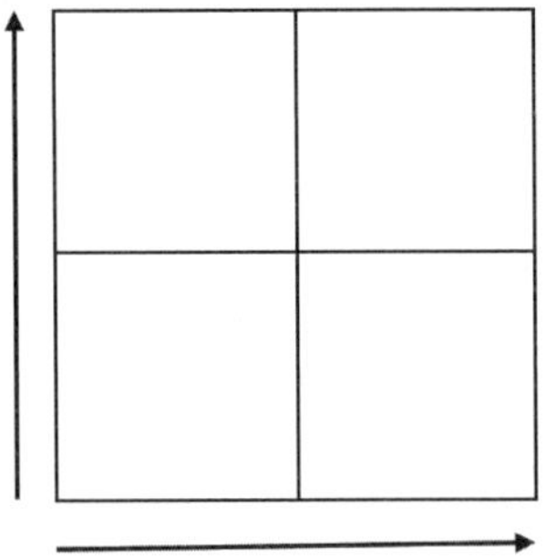

❶ マトリックス図
❷ ダイス図
❸ 正方形

[問題10] ユニバーサルデザインとユビキタス社会について誤った記述は、どれでしょうか?

❶ ユニバーサルデザインとは、男女の違い、年齢、高齢者や身体障害者の人、または、外国人の人でも、それぞれの人に能力の差があっても誰でも利用しやすいデザインのことである。
❷ ユビキタス社会とは、いつでも、どこでも、誰でもがネットワークにつながることにより、様々なサービスが提供される社会である。
❸ ユビキタス社会は、今後計画されている、コンピューターによる自動化されたインターネットの未来の姿である。

[問題11] 販売促進費や販売用消耗品費など売上高に比例して発生する費用のことを何でしょうか?

❶ 変動費
❷ 固定費
❸ 移動費

[問題12] 5,250円(税込)で買い物をしました。その際、30%割引してくれました。支払った代金はいくらでしょうか?

❶ 3,500円
❷ 3,675円
❸ 3,690円

[問題13] 本年度の売上は、100万円でした。前年度は80万円でした。本年度の対前年度比はいくらでしょうか?

❶ 125%
❷ 80%
❸ 20%

[問題14] 「売上個数」と「単価」より「売上金額」を算出する式で、個数が表示されていない場合、売上金額も表示されないように関数を使用して計算します。その際にどの関数を使用すればよいでしょうか?

❶ OR関数
❷ IF関数
❸ VLOOKUP関数

[問題15] Excelのデータで商品の売上金額を営業所別・担当者別に集計します。最適な集計方法はどれでしょうか?

❶ RANK関数を使用する
❷ ピボットテーブルを使用する
❸ SUM関数を使用する

実技科目

【試験時間】30分

「問題2　調査結果」ファイルを開いてください。

　あなたは、日用品販売会社で、顧客ニーズの市場調査業務を担当しています。この度上司から自社洗剤に関する顧客満足度調査の集計を依頼されました。問題の指示に従い、資料を作成しなさい。

●**問題1**　「2017年度データ」シートのデータを利用して、「集計結果」シートの「洗剤に関する満足度集計結果」表を完成させなさい。その際、以下の点に注意すること。

（注意）

- 回答結果の値の意味は、次のとおり。
  1＝不満　2＝やや不満　3＝普通　4＝満足　5＝大変満足

●**問題2**　問題1で作成した「洗剤に関する満足度集計結果」表を利用して「構成割合」シート内の表を完成させなさい。その際以下の指示に従い表を作成すること。

（指示）

- 2014年度のデータを参考にして作成すること。
- 表のタイトルは、「商品満足度の構成割合」と変更すること。

●**問題3**　問題2で作成した「商品満足度の構成割合」表を利用して、満足度を比較する横棒グラフを作成しなさい。その際以下の指示に従うこと。

（指示）

- 2014年度から2017年度までのデータを対象にグラフを作成すること。
- グラフの項目軸には、商品満足度を表示すること。
- グラフの数値軸には、単位を表示すること。
- グラフには、凡例と値を表示すること。
- グラフタイトルは、「商品満足度比較グラフ」とすること。
- グラフは、「商品満足度の構成割合」表の下に配置すること。

●**問題4**　問題1～問題3で作成した資料（シート）は、「調査結果」から「2017年度調査結果」とファイル名を変更して保存すること。

第3回　模擬試験

知識科目

【試験時間】7分30秒

[問題1] **業務データを共有する場合、数か所でデータを持つ複数管理と1箇所でデータを持つ一元管理があります。次の中で一元管理のメリットに該当しないものを選びなさい。**

❶ 最新のデータを把握しておくことができる。

❷ データを簡単にコピーして配布することができる。

❸ データが変更になった場合1箇所を修正するだけでよい。

[問題2] **ピクチャフォルダー内に、デジタルカメラで撮影した画像が多数あるので整理したい。不連続の画像ファイルを一度に選択するには、マウスとキーボードのどのキーを押せばよいでしょうか?**

❶ Shift

❷ Alt

❸ Ctrl

[問題3] **以下のような図が表すものは、どれでしょうか?**

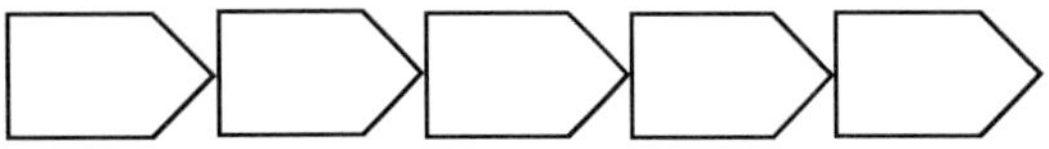

❶ 右進行図

❷ プロセス図

❸ マトリックス図

[問題4] **以下のような図が表すものは、どれでしょうか?**

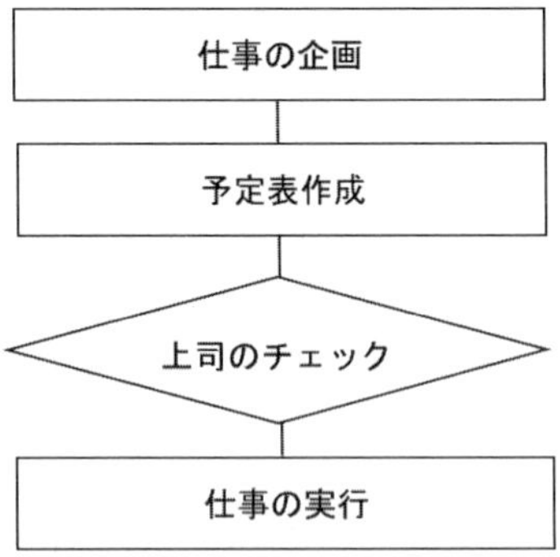

❶ 進行図

❷ フローチャート図

❸ マトリックス図

[問題5] **キーボードでCtrlキーを押しながらPキーを押すと、どのようなショートカットキー操作になりますか?**

❶ ファイルを上書き保存

❷ ファイルを印刷

❸ ファイルを開く

[問題6] **XMLの説明として適切でないものはどれでしょうか?**

❶ OSに依存しないテキスト形式

❷ 論理構造とレイアウト構造に分かれている

❸ レイアウト、装飾などを見栄えよくできる

[問題7] **HTMLとXMLの説明として正しいのはどれでしょうか?**

❶ XMLは論理構造とレイアウト構造に分けることはできるが、OSに依存するテキスト形式なので電子データの交換が容易ではない

❷ HTMLは見栄えなどを記述するために使用され、テキスト文書として読み書きすることはできない

❸ HTMLはウェブページを記述するためのマークアップ言語であり、XMLは文書やデータの意味や構造を記述するためのマークアップ言語のひとつである

[問題8] ウィルスに感染している可能性の低いものはどれですか?次の中から選びなさい。

❶ 電子メールで受信した添付ファイルを開いた。
❷ インターネットから音楽をダウンロードした。
❸ 仮想メモリ容量が少ないと表示された。

[問題9] 著作権などモラルの侵害にあたる可能性のある内容はどれでしょうか?

❶ デジタルカメラで撮った自分の写真を友人にメールで送信
❷ 芸能人のブログから気に入った写真を友人にメールで送信
❸ 自分で作詞作曲した音楽を友人にメールで送信

[問題10] Webメールの説明として正しくないものはどれでしょうか?

❶ 出先から電子メールのチェックができる。
❷ メールソフトが必要である。
❸ 自分のパソコンがなくてもインターネットが使える場所があればどこでも利用できる。

[問題11] Excelにデータを取り込む際に使うファイル形式で正しいものは次のうちどれですか?

❶ CSVファイル
❷ PDFファイル
❸ HTMLファイル

[問題12] 売上目標金額が1200万円で、実際の売上金額は900万円でした。 目標達成率は何%になるでしょうか?

❶ 113%
❷ 75%
❸ 35%

[問題13] 次のうち、売上金額を求める数式を選びなさい。

❶ 販売数量×販売単価ー値引き額
❷ 販売数量×値引き額ー販売単価
❸ 販売単価ー値引き額×販売数量

[問題14] ソートの際に数量を大きいものから小さいものに並べる呼び名を、次の中から選びなさい。

❶ 階順
❷ 昇順
❸ 降順

[問題15] 表計算ソフト(Excel)で、項目数が多いデータを入力する際、どのような機能を使うと効率的に入力できますか。 次の中から選びなさい。

❶ ヘルプ
❷ フォーム
❸ フィルタ

実技科目

【試験時間】30分

「問題3　元データ」ファイルを開いてください。

あなたは、電化製品販売会社の「TAKA電機販売株式会社」の社員です。6月度の各取引電気店の売上を集計し、商品の販売状況と請求書を作成するように命じられました。

●問題1

未入力の売上伝票が見つかりました。「販売データ」シートに下の伝票と「店舗コード」を使って「販売データ」シートを完成させなさい。

販売日	6月10日	販売日	6月15日
販売先	スター電化	販売先	よしなか電器
商　品	HDD付DVDレコーダー480GB	商　品	HDD付DVDレコーダー240GB
台　数	4台	台　数	3台
販売日	6月23日	販売日	6月29日
販売先	やまと電化	販売先	かわもと電気
商　品	プラズマ37インチテレビ	商　品	液晶32インチテレビ
台　数	2台	台　数	9台

●問題2

完成した「販売データ」シートをもとに「やまと電化」の6月分の「請求書」を仕上げなさい。請求内容は、日付順に表示できるようにし、請求金額をセルの参照によって表示しなさい。

●問題3

「構成比」シートに各商品の6月度売上の全商品に対する売上の「構成比」を求めなさい。その際、小数第2位を四捨五入し、小数点第1位まで表示し、構成比の高い順に並べ替えなさい。標題は、「6月度商品別売上構成比」としなさい。

（指示）

- 構成比の表の下に構成比のわかる円グラフを作成しなさい。グラフは、割合が表示されるように作成しなさい。凡例は、グラフの右側に表示させなさい。
- グラフのタイトルは、「商品別売上構成比」としなさい。

●問題4

問題1～問題3で作成したファイルは、「6月度売上集計」というファイル名にして保存しなさい。

第4回　模擬試験

知識科目

【試験時間】7分30秒

[問題1] **社会人になってグループで仕事をするようになると、グループの他の人の予定も把握しておく必要がある。このようなときにグループウェアと呼ばれる機能を使うと便利である。下記の内容で正しくないものはどれでしょうか?**

❶ 自分一人で行く予定は、他のメンバーに知らせる必要がない
❷ 会議など急な変更がないか、スケジュールを確認できる
❸ 同行をしてもらいたい時、メンバーの予定を確認できる

[問題2] **ファイルの圧縮には、圧縮率は低いが元に戻せる可逆圧縮と、完全には元に戻せないが、圧縮率の高い非可逆圧縮があります。可逆圧縮のものはどれでしょうか?**

❶ MP3
❷ ZIP
❸ JPEG

[問題3] **紙の文書ではできない電子データ独特の特徴はどれでしょうか?**

❶ ハイパーリンクの設定ができる。
❷ FAXで送れる。
❸ 郵送できる。

[問題4] **お客様に案内等を送るとき、何通も同じ案内が届かないようにするにはどのような処理をするとよいでしょうか?**

❶ 名寄せ
❷ 禁則処理
❸ ソート

[問題5] **コンピューターウィルスに感染すると大変なことになります。ウィルス感染の可能性が一番低いのはどれでしょうか?**

❶ メールの添付ファイルを確認しないで開く
❷ 何か不明のソフトをインストールした
❸ ウィルス対策ソフトの最新版をダウンロードした

[問題6] **写真をメールで添付して友だちに送ったら、大きくて見づらいと言われた。どのように写真の処理を変更すればよいでしょうか?**

❶ 圧縮
❷ 縮小
❸ トリミング

[問題7] **メールの機能で正しくないものはどれでしょうか?**

❶ アドレスをバックアップする
❷ 送信トレイにあるメールに返信する
❸ 受信したメールを整理する

[問題8] **取引先からパワーポイントの資料をメールで送って欲しいと依頼されました。データ容量が大きくてこのままでは送れないので圧縮して送りたいのですが、どの方法が最適な圧縮形式でしょうか。**

❶ MPEG
❷ HTML
❸ ZIP

[問題9] **電子メールの特徴でないものはどれでしょうか?**

❶ 電子メールには個人情報保護法などの法律は特にない
❷ 電話のように1対1ではなく、第3者に転送することができる
❸ 自動的に記録が取られるのでトラブルが起きたときの証拠になる

[問題10] **あなたは、画像データが無断でコピーされないようにと上司から指示を受けました。 どのような処理をすればよいでしょうか?**

❶ 暗号化
❷ 電子透かし
❸ 電子証明

[問題11] **あなたは、1,050円（税込）の商品を2割引で購入しました。 支払った代金はいくらになりますか。 次の中から選びなさい。**

❶ 840円
❷ 800円
❸ 880円

[問題12] **全国15支店の売上を分析し、対前期比が100%を超える支店の来期目標は10%増に、超えていない支店は5%増に、再計算可能な設定にしたい。 この際に使用するものを、次の中から選びなさい。**

❶ IF関数
❷ ピボットテーブル
❸ アウトライン

[問題13] **売上（縦棒グラフ）と伸び率（折れ線グラフ）のように、性質の異なるデータを1つにまとめて表示したグラフを何と呼びますか。 次の中から選びなさい。**

❶ 積み上げグラフ
❷ ABCグラフ
❸ 複合グラフ

[問題14] **次回の営業戦略会議では、主力商品について前年度売上に対する本年度売上の伸び率を報告する必要があります。 次の中からこの伸び率（%）を計算する数式を選びなさい。**

❶ （前年度売上－本年度売上）÷前年度売上×100
❷ （本年度売上－前年度売上）÷前年度売上×100
❸ （本年度売上－前年度売上）÷本年度売上×100

[問題15] **この情報を含んだ売上伝票を電子データとしてもっている場合、実際に集計できないものを、次の中から選びなさい。**

（売上伝票の項目 ：　売上日、得意先名、商品名、単価、数量、金額）

❶ 得意先別の売上金額の集計
❷ 担当者別の売上金額の集計
❸ 商品別の売上金額の集計

実技科目

【試験時間】30分

「問題4　販売管理」ファイルを開いてください。

あなたは、ヘアケア用品販売会社の「青葉ヘアケア販売株式会社」の社員です。 9月分の各商品の売上を集計し、商品の販売状況と請求書を作成するように命じられました。

●問題1

未入力の売上伝票が見つかりました。「台帳」シートに下の伝票を使って「台帳」シートを完成させなさい。 なお、同じ商品でもかけ率には違いがある。

日付	12 日
顧客コード	103
商品名	薬用マイルド<R>
数量	6 箱
かけ率	85
日付	19 日
顧客コード	150
商品名	アロエプラス<R>
数量	10 箱
かけ率	90
日付	21 日
顧客コード	149
商品名	スタイリング<A>
数量	12 箱
かけ率	85

●問題2

完成した「台帳」シートをもとに「株式会社美装館」の9月分の「請求書」を仕上げなさい。 請求書は「請求」シートに用意されている表に作成すること。

なお、「株式会社美装館」の顧客コードは、「115」である。 請求内容は、日付順に表示できるようにし、請求金額をセルの参照によって表示しなさい。

●問題3

「分析」シートに各種別の9月期売上の全商品に対する売上の「構成比」を求めなさい。 その際、小数第2位を四捨五入し、小数点第1位まで表示にすること。

（指示）

- 構成比の表の下に、売上金額の構成割合がわかる円グラフを作成しなさい。
- グラフは、凡例を表示しないこととし、項目名と構成比の割合（パーセンテージ）が表示されるようにすること。 なお、構成比の割合は、小数点以下第1位までの表示とすること。
- グラフのタイトルは、「種別売上構成比グラフ」としなさい。

●問題4

問題1～問題3で作成したファイルは、「売上管理」というファイル名にして保存しなさい。

解説　第1回　模擬試験

知識科目

[問題1] ❷ **プログラムファイルとデータファイル**
CSVファイルは、カンマ区切りのファイル形式、XMLファイルは、文書やデータの意味や構造を記述するためのマークアップ言語のひとつである。LZHファイルとZIPファイルは、どちらも圧縮ファイルの種類である。

[問題2] ❸ **IPアドレス**
ルーターにはグローバルIPアドレスが1つ割り当てられ、そこに繋がっているパソコンには、ルーターからプライベートIPアドレスが割り振られる。ルーターがプライベートIPアドレスを振り分ける機能を「DHCPサーバー機能」と呼ぶ。HUBは、ネットワークの集線（分岐）装置のこと。

[問題3] ❶ **ファイルへの参照として機能する実態のないアイコン**
実体がないとは、中身が元ファイルと違い、何もないということ。元ファイルを素早く起動するためのスイッチのような機能だけである。ウェブサイトのリンクと似た機能である。

[問題4] ❸ **同期をとる作業**
Aサーバーに午後5時の時点の最新情報があっても、Bパソコンには、前日のデータしかない場合、Bパソコンでは、Aサーバーとの同期作業を行い、リアルタイム情報を同期する必要がある。全ての情報をAサーバーに集中し常に最新であるように管理することが、一元管理。復元は、元に戻す作業（異常を正常に戻す）。

[問題5] ❷ **OS**
OS（Windowsなど）は、コンピューターを動作させるための基本ソフトのことをいう。ドライバーは「デバイスドライバー」のことで周辺機器をパソコン等で動作させるためのソフトのことである。BIOSは、コンピューターに内蔵、接続されたハードウェアを制御するプログラムのことをいう。

[問題6] ❸ **伝わり方が、受け手のITに対する知識や経験の差により左右されることは当然であり、発信者が考える立場ではない。**

[問題7] ❶ **グループウェア**
vCardは、電子名刺。タイムスタンプは、その時間にファイルが存在することの電子的証明書。

[問題8] ❷ **音楽や映像など大量のデータの送受信が可能になった。**
音楽や映像など大量のデータの送受信が可能になったことで、1件当たり、1単位当たりのコストが大幅にさがり、時間も大幅に縮小される。

[問題9] ❷ **メールで大容量のファイルは送信しない。**
送信という作業では、通常、コンピューターウィルスに感染することはない。

[問題10] ❸ **データの入力はキーボードからのみ可能になる。**
スキャナー、カメラ、各種メディア、インターネット、メールさまざまな方法で入力できる。

[問題11] ❸ **インポート**
インストールは、新しいソフトをコンピュータに設定すること。
エクスポートは、他のソフトに使用できるようにデータ（入力されている情報）を吐き出すこと。今回は、インストール後に既存のデータを読み込むことを意味するのでインポートが正解。

[問題12] ❷ 折れ線グラフ

時系列データの表示には、縦棒グラフでも可能であるが、折れ線グラフがより適している。円グラフは、割合を比較するためのものなので、時系列の比較ができない。

[問題13] ❶ 売上数量

仕入れた個数から売上数量（販売数量）を引いたものが在庫（残り）。

[問題14] ❶ 損益計算書

貸借対照表は、資産や負債等財産状況を表す。キャッシュフローは、現金や預金などすぐに使える資金の状況を管理。

[問題15] ❷ ASP

アプリケーション・サービス・プロバイダーの略。インターネット上などでソフトウェアなどの利用サービスなどを行う業者のこと。

実技科目

● 問題1

データの追加入力を行います。途中の表示は省略してあります。色をつける必要はありません。

第1四半期売上管理表

	日付	店コード	販売店	品番	種別	単価(円)	数量	売上金額(円)
27	6月1日	TT01	中央店	P1002	プリザーブドフラワー	8,200	14	114,800
28	6月1日	TT01	中央店	K3003	観葉植物	1,300	9	11,700
29	6月5日	KY01	郊外店	H4001	鉢花	9,500	7	66,500
30	6月6日	KY01	郊外店	H4003	鉢花	2,500	10	25,000
31	6月7日	TT01	中央店	K3003	観葉植物	1,300	21	27,300
32	6月10日	KY01	郊外店	A2001	アレンジメント	1,500	15	22,500
33	6月10日	TM05	港南店	P1002	プリザーブドフラワー	8,200	7	57,400
34	6月12日	TS02	駅前店	K3001	観葉植物	2,800	12	33,600
35	6月18日	TS02	駅前店	A2001	アレンジメント	1,500	10	15,000
36	6月18日	TT01	中央店	K3004	観葉植物	1,600	13	20,800
37	6月20日	TS02	駅前店	P1001	プリザーブドフラワー	1,800	15	27,000
38	6月22日	TM05	港南店	K3002	観葉植物	3,500	14	49,000
39	6月23日	TT01	中央店	A2003	アレンジメント	2,500	22	55,000
40	6月25日	TT01	中央店	K3003	観葉植物	1,300	32	41,600
41	6月29日	TM05	港南店	K3001	観葉植物	2,800	15	42,000
42	6月29日	KY01	郊外店	H4001	鉢花	9,500	16	152,000
43	6月30日	KY01	郊外店	P1002	プリザーブドフラワー	8,200	13	106,600
44	6月30日	TS02	駅前店	H4002	鉢花	5,800	8	46,400
45				合計			667	2,285,000

シート「売上実績」に集計します。ピボットテーブルの作成場所は、シート「売上実績」の任意のセルにしておくと便利です。このとき、タイトル行と合計行をピボットテーブルの範囲に含めないように、データ範囲をドラッグしてからピボットテーブルを作成します。

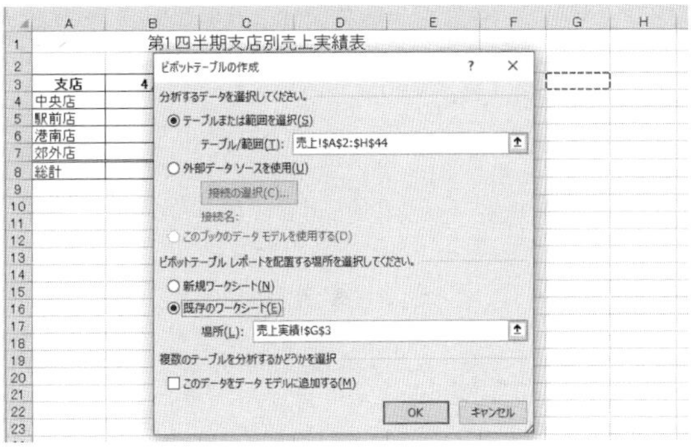

ピボットテーブルを以下のように作成します。

- 「列」に「日付」（月ごとにグループ化）
- 「行」に「販売店」　（解答の表に合わせて並べ替え）
- 「値」に「売上金額」

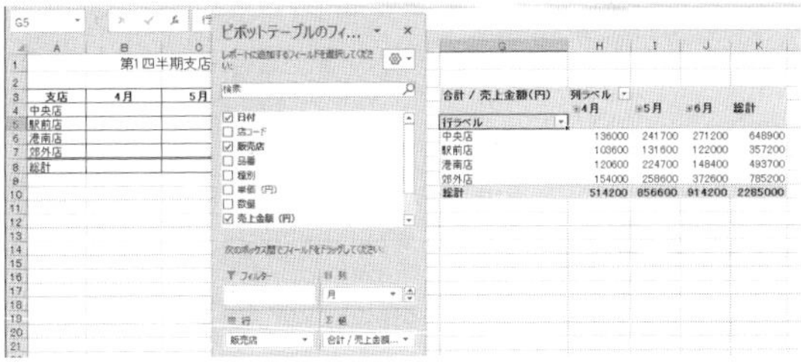

集計した値をコピーし、解答の表に値を貼り付けます。

第1四半期支店別売上実績表				
				(単位:円)
支店	4月	5月	6月	総計
中央店	136000	241700	271200	648900
駅前店	103600	131600	122000	357200
港南店	120600	224700	148400	493700
郊外店	154000	258600	372600	785200
総計	514200	856600	914200	2285000

合計 / 売上金額(円)	列ラベル			
行ラベル	4月	5月	6月	総計
中央店	136000	241700	271200	648900
駅前店	103600	131600	122000	357200
港南店	120600	224700	148400	493700
郊外店	154000	258600	372600	785200
総計	514200	856600	914200	2285000

貼り付けた数値には、「桁区切り」を設定します。

第1四半期支店別売上実績表				
				(単位:円)
支店	4月	5月	6月	総計
中央店	136,000	241,700	271,200	648,900
駅前店	103,600	131,600	122,000	357,200
港南店	120,600	224,700	148,400	493,700
郊外店	154,000	258,600	372,600	785,200
総計	514,200	856,600	914,200	2,285,000

●問題2

シート「実績および目標」の作成を行います。問題1で作成した「総計」の数値をコピーします。

第1四半期支店別売上実績表				
				(単位:円)
支店	4月	5月	6月	総計
中央店	136,000	241,700	271,200	648,900
駅前店	103,600	131,600	122,000	357,200
港南店	120,600	224,700	148,400	493,700
郊外店	154,000	258,600	372,600	785,200
総計	514,200	856,600	914,200	2,285,000

シート「実績および目標」の「第2四半期実績」の列に、値を貼り付けます。貼り付けた数値には、「桁区切り」を設定します。

支店	第1四半期目標(円)	第1四半期実績(円)	目標達成率(%)
中央店	450,000	648,900	
駅前店	460,000	357,200	
港南店	750,000	493,700	
郊外店	650,000	785,200	
総計	2,310,000	2,285,000	

「目標達成率(%)」を計算します(=実績÷目標×100)。

VLOOKUP =C4/B4*100

支店	第1四半期目標(円)	第1四半期実績(円)	目標達成率(%)
中央店	450,000	648,900	=C4/B4*100
駅前店	460,000	357,200	
港南店	750,000	493,700	
郊外店	650,000	785,200	
総計	2,310,000	2,285,000	

小数点以下第1位までを表示する設定にし、表のタイトルを入力して完成です。

第1四半期売上実績状況			
支店	第1四半期目標(円)	第1四半期実績(円)	目標達成率(%)
中央店	450,000	648,900	144.2
駅前店	460,000	357,200	77.7
港南店	750,000	493,700	65.8
郊外店	650,000	785,200	120.8
総計	2,310,000	2,285,000	98.9

●問題3

グラフの作成を行います。グラフのデータ範囲は以下を参考にしてください。

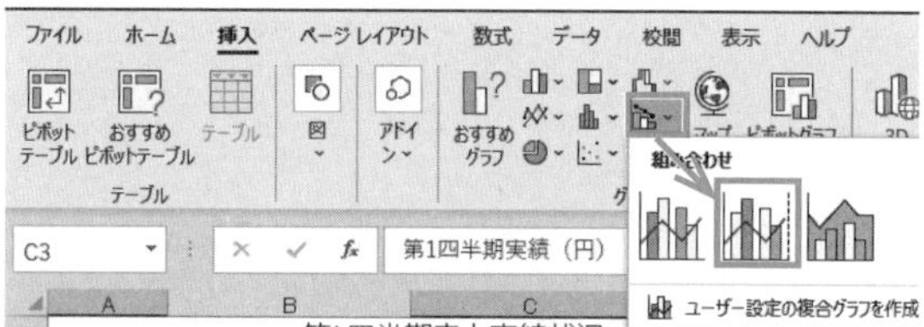

第1四半期売上実績状況			
支店	第1四半期目標(円)	第1四半期実績(円)	目標達成率(%)
中央店	450,000	648,900	144.2
駅前店	460,000	357,200	77.7
港南店	750,000	493,700	65.8
郊外店	650,000	785,200	120.8
総計	2,310,000	2,285,000	98.9

作成時は以下の点に注意してください。

- グラフタイトル「第2四半期の実績と目標達成率」
- グラフ要素「軸ラベル」「データラベル」を追加
- 主縦軸ラベル「単位:円」
- 第2縦軸ラベル「単位:%」
- データラベル「中央揃え」（データラベルの数値が重なってしまうので、「中央揃え」にしておくと、重ならないように配置されます）

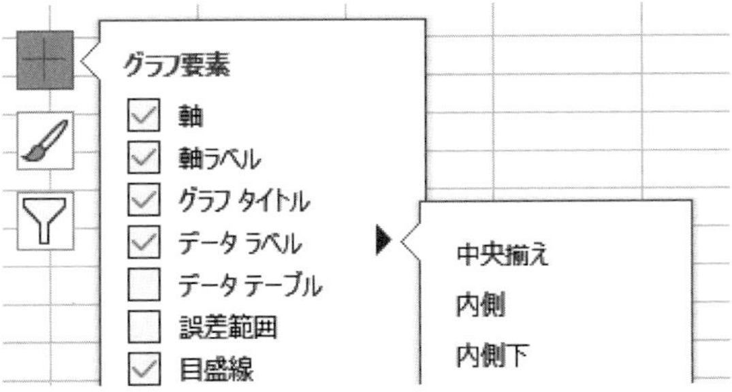

グラフの完成図は以下の通りです。

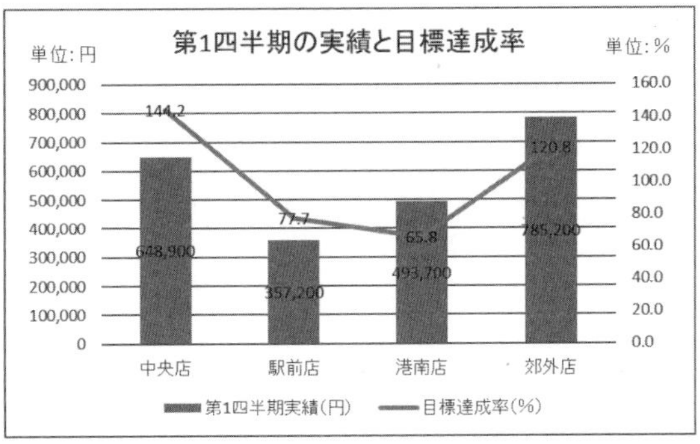

●問題4

「ファイル」タブをクリックして「名前を付けて保存」をクリックします。「参照」ボタンをクリックすると、「名前を付けて保存」ダイアログボックスが開くので、「ファイル名」の欄に「目標達成率」と入力して「保存」ボタンをクリックしてください。

解説　第2回　模擬試験

知識科目

[問題1] ❷ **あまり使われなくなったが未だ廃棄できない文書データを、ハードディスクやDVDなど他のメディアに移し記録しておくことをいう。**

ここでいう文書のライフスタイルにおける……では、最終保存状態を示す。e-文書法などの法律により、企業などに義務づけられている文書の保管には、紙に加えて、電子データの形式も認められるようになっている。

[問題2] ❷ **個人の人の知識とスキルチームワークは、重要であるが、目の前にある情報は、個人の端末上にしかなく、いちいち他の人に確認を取っていたのでは、前に進まない。**

[問題3] ❶ **ネット社会は、直接目に見えない社会である。**

人間社会が主役であり、実物、現実の世界である。仮想空間と呼ばれるが、空想の世界ではない。バーチャルモール（仮想商店街）などでは、実際の店舗ではないが、買い物も普通にできる（ネットショッピング）。買ったものは、宅急便で自宅に届く。決して空想の世界ではない。

[問題4] ❸ **新しい情報は電子メールなどで知らせてくれる。**

「Pull型」は、新しい情報はサーバーなどに蓄積され、必要な時に見に行く。「Push型」は、新しい情報は電子メールなどで知らせてくれる。

[問題5] ❷ **{Ctrl} キーと {Alt} キーと {Delete} キーを同時に押す。**

{Ctrl} キーと {Alt} キーと {Delete} キーを同時に押し、タスクマネージャーを起動させる。終了したいアプリケーション、または、シャットダウンを選択し、強制的に終了させる。このタスクマネージャーでも反応しない場合は、電源ボタンを長押しすれば、強制終了できるが、のちに不具合が起こる可能性もある。

[問題6] ❷ **検索エンジン**

「デジタル仕事術」という設問だから。その他は、従来から存在するアナログ仕事術。

[問題7] ❷ **見た目と同じ情報が相手に伝わる。**

コンピューター機器には、多数の種類があり、モニターの大きさや形も様々である。最近では、スマートフォンやインターネットテレビの登場でますます変化している。自分の見ている画面とは、全く違った画面で相手は見ている可能性がある。また、受け手の好みで、自動的に画面デザインが変えられるので、色なども変わってしまう。

[問題8] ❸ **段落間を1行空ける。**

小さなスペースの電子メールでは、文字が込み合うので、はっきり、内容の違う段落は、1行分の空白行を設けて区別する。

[問題9] ❶ **マトリックス図**

2つの評価軸を縦軸と横軸に持たせて、検討対象を交点上に配置する図法。俯瞰的に分析や分類を行うことができる。これ以外にも、表形式で行と列に検討項目を並べて、交点に関連度合いを示す形式もある。

[問題10] ❸ **ユビキタス社会は、今後計画されている、コンピューターによる自動化されたインターネットの未来の姿である。**

ユニバーサルデザインとユビキタス社会の説明は、問題文の選択肢❶ ❷ を参照。

[問題11] ❶ 変動費

売上が増加すればするほど、商品の梱包費や発送費用などが増加する。 このように売り上げの推移によって変動する費用を変動費という。 売り上げの推移にかかわらず必要な、人件費や家賃などの経費を固定費という。 移動費とは、移動するために必要な積算。 会計上の費用ではない。

[問題12] ❷ 3,675円

5250円×70%（0.7）＝3675円

[問題13] ❶ 125%

対前年比＝今年度÷前年度 よって125%

伸び率＝（今年度―前年度）÷前年度　よって25%

[問題14] ❷ IF関数

条件によって、計算したり文字表示したり、空白表示を選択できるのがIF関数。

[問題15] ❷ ピボットテーブルを使用する

ピボットテーブルは、各種の集計を行える。RANK関数は、順位を求めるための関数。SUM関数は、合計を求める関数。

実技科目

●問題1

「2017年度データ」シートの表を、ピボットテーブルで集計します。

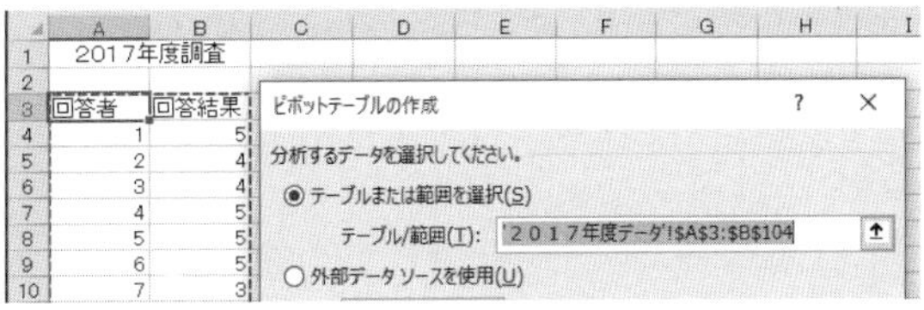

ピボットテーブルの作成場所は、シート「集計結果」の任意のセルに作成します。

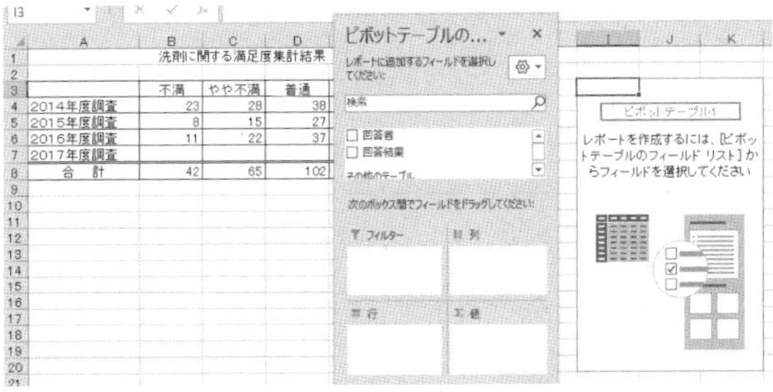

項目「回答結果」を「列」と「値」の両方にドラッグします。

「合計／回答結果」のセルの上で右クリックして、値の集計方法を「合計」から「データの個数」に変更します。

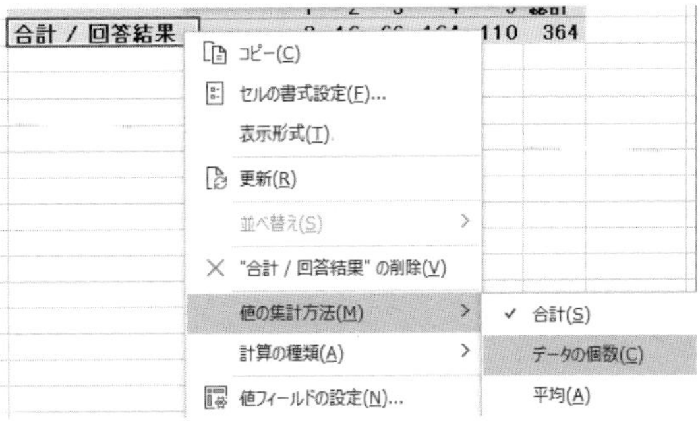

ポイント

アンケート集計の問題では、集計方法は「データの個数」を使います。

「回答結果」の並び順が、集計先の表と合っていることを確認して、集計した数値をコピー、値を貼り付けします。「1＝不満」「2＝やや不満」「3＝普通」「4＝満足」「5＝大変満足」です。

	A	B	C	D	E	F
1		洗剤に関する満足度集計結果				
2						(単位:人)
3		不満	やや不満	普通	満足	大変満足
4	2014年度調査	23	28	38	18	7
5	2015年度調査	8	15	27	31	16
6	2016年度調査	11	22	37	24	2
7	2017年度調査	8	8	22	41	22
8	合　計	50	73	124	114	47

	列ラベル					
	1	2	3	4	5	総計
個数 / 回答結果	8	8	22	41	22	101

●問題2

問題1で作成した表をもとに、「構成割合」シートの表を完成させます。構成割合を計算するためには、シート「集計結果」の表に年度ごとの合計を計算しておく必要があります。オートSUMを使って、年度ごとの合計を計算し、オートフィルしておきます。

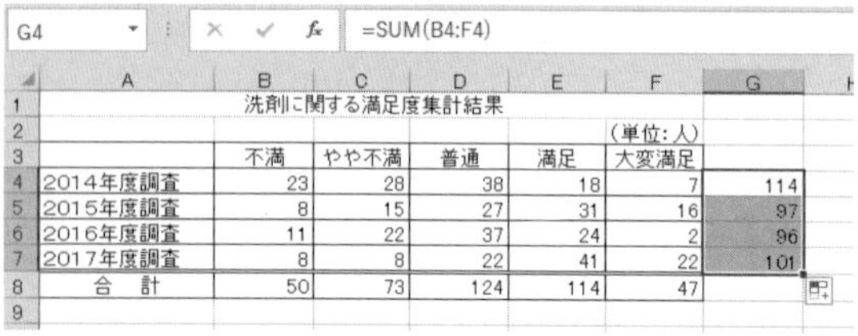

	A	B	C	D	E	F	G
1		洗剤に関する満足度集計結果					
2						(単位:人)	
3		不満	やや不満	普通	満足	大変満足	
4	2014年度調査	23	28	38	18	7	114
5	2015年度調査	8	15	27	31	16	97
6	2016年度調査	11	22	37	24	2	96
7	2017年度調査	8	8	22	41	22	101
8	合　計	50	73	124	114	47	

ポイント

構成比の計算には、必ず「合計」が必要です。

計算した「合計」の数値を使って、「構成比」を計算します。

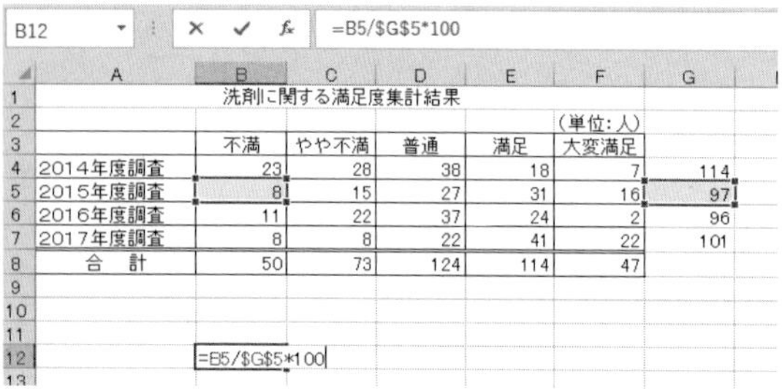

	A	B	C	D	E	F	G
1		洗剤に関する満足度集計結果					
2						(単位:人)	
3		不満	やや不満	普通	満足	大変満足	
4	2014年度調査	23	28	38	18	7	114
5	2015年度調査	8	15	27	31	16	97
6	2016年度調査	11	22	37	24	2	96
7	2017年度調査	8	8	22	41	22	101
8	合　計	50	73	124	114	47	
12		=B5/$G$5*100					

数式をオートフィルします。

	A	B	C	D	E	F	G
1		洗剤に関する満足度集計結果					
2						(単位:人)	
3		不満	やや不満	普通	満足	大変満足	
4	2014年度調査	23	28	38	18	7	114
5	2015年度調査	8	15	27	31	16	97
6	2016年度調査	11	22	37	24	2	96
7	2017年度調査	8	8	22	41	22	101
8	合　計	50	73	124	114	47	
12		8.247423	15.46392	27.83505	31.95876	16.49485	

同様の手順で、2016年度、2017年度の構成比を計算して、それぞれオートフィルします。

	A	B	C	D	E	F	G
1		洗剤に関する満足度集計結果					
2						(単位:人)	
3		不満	やや不満	普通	満足	大変満足	
4	2014年度調査	23	28	38	18	7	114
5	2015年度調査	8	15	27	31	16	97
6	2016年度調査	11	22	37	24	2	96
7	2017年度調査	8	8	22	41	22	101
8	合　計	50	73	124	114	47	
12		8.247423	15.46392	27.83505	31.95876	16.49485	
13		11.45833	22.91667	38.54167	25	2.083333	
14		7.920792	7.920792	21.78218	40.59406	21.78218	

注　意

コピーする前に小数点以下の桁数を変更しないでください。この状態では小数点以下の桁が不揃いですが、このままコピーしてください。小数点以下の桁は、値を貼り付けた後に設定します。

すべての構成比の値をコピーして、シート「構成割合」のセル「B5」に、値を貼り付けます。

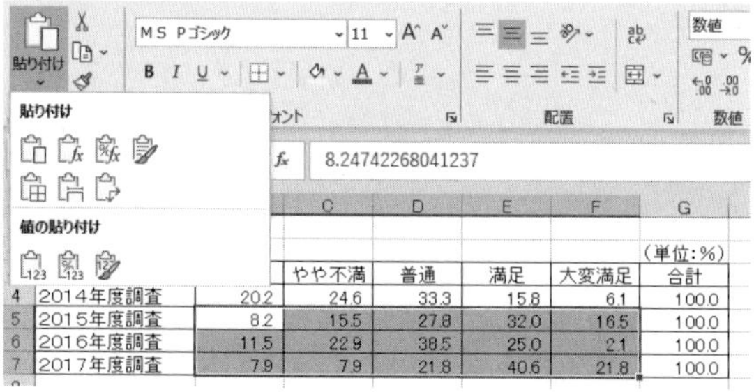

	A	B	C	D	E	F	G
2							(単位:%)
3			やや不満	普通	満足	大変満足	合計
4	2014年度調査	20.2	24.6	33.3	15.8	6.1	100.0
5	2015年度調査	8.2	15.5	27.8	32.0	16.5	100.0
6	2016年度調査	11.5	22.9	38.5	25.0	2.1	100.0
7	2017年度調査	7.9	7.9	21.8	40.6	21.8	100.0

小数点以下の桁数を、1桁に揃えます（今回の問題は、表内の数値が小数点以下第1位に設定されているので、桁数を揃える作業は不要です）。

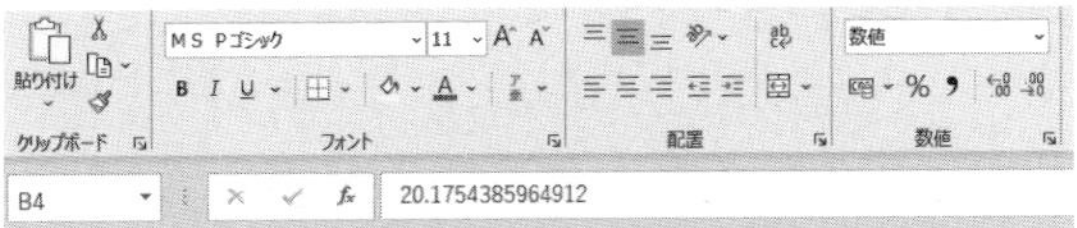

	A	B	C	D	E	F	G
1							
2							（単位:%）
3		不満	やや不満	普通	満足	大変満足	合計
4	2014年度調査	20.2	24.6	33.3	15.8	6.1	100.0
5	2015年度調査	8.2	15.5	27.8	32.0	16.5	100.0
6	2016年度調査	11.5	22.9	38.5	25.0	2.1	100.0
7	2017年度調査	7.9	7.9	21.8	40.6	21.8	100.0

! 注意

必ず、表全体の小数点の位置を揃えておきましょう。以下の表のように、小数点の位置がずれているのは減点となります。

	A	B	C	D	E	F	G
1							
2							（単位:%）
3		不満	やや不満	普通	満足	大変満足	合計
4	2014年度調査	20.2	24.6	33.3	15.8	6.1	100.0
5	2015年度調査	8.2	15.5	27.8	32.0	16.5	100.0
6	2016年度調査	11.5	22.9	38.5	25.0	2.1	100.0
7	2017年度調査	7.9	7.9	21.8	40.6	21.8	100.0

表のタイトルを入力して完成です。

	A	B	C	D	E	F	G
1	商品満足度の構成割合						
2							（単位:%）
3		不満	やや不満	普通	満足	大変満足	合計
4	2014年度調査	20.2	24.6	33.3	15.8	6.1	100.0
5	2015年度調査	8.2	15.5	27.8	32.0	16.5	100.0
6	2016年度調査	11.5	22.9	38.5	25.0	2.1	100.0
7	2017年度調査	7.9	7.9	21.8	40.6	21.8	100.0

●問題3

以下の点に注意して、商品満足度を比較する横棒グラフを作成します。

- グラフのデータ範囲「A3:F7」　（合計は範囲に含めないように）
- グラフの種類「集合横棒」　（縦棒と横棒を間違えないように注意してください）
- グラフタイトル「商品満足度比較グラフ」
- 主横軸ラベル「（単位:%）」
- データラベル「値」を表示

グラフの完成図は以下の通りです。

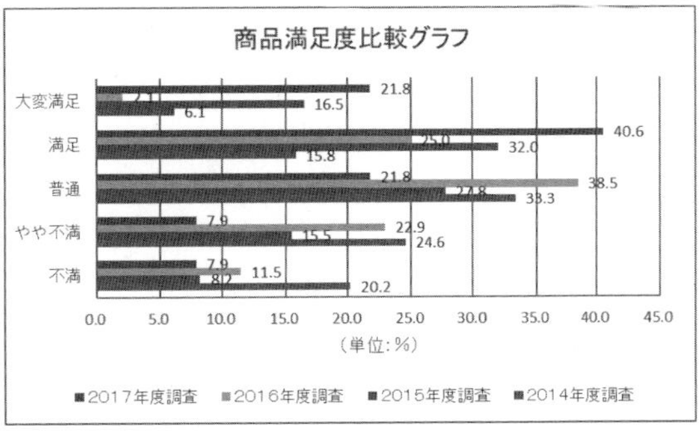

●問題4

「ファイル」をクリックして「名前を付けて保存」をクリックします。「参照」ボタンをクリックすると、「名前を付けて保存」ダイアログボックスが開くので、「ファイル名」の欄に「2017年度調査結果」と入力して「保存」ボタンをクリックしてください。

解説　第3回　模擬試験

知識科目

[問題1] ❷ データを簡単にコピーして配布することができる。

一元管理で、データをコピーして簡単に配布できるが、特に重要なメリットではない。 また、複数管理でも可能である。

[問題2] ❸ Ctrl

最初の1ファイルをクリックした後、Ctrlキーを押しそのまま、次々とマウスで選択すると、不連続のファイルを一度に選択できる。 最初の1ファイルをクリックした後、Shiftキーを押したまま、最後のファイルをクリックすると、その間にある連続したファイルすべてを選択できる。

[問題3] ❷ プロセス図

工事の進行予定やシナリオなど左から右へ時間が経過していく。

[問題4] ❷ フローチャート図

コンピューターのプログラムの企画図、工場内の作業工程図など、時には、図が枝分かれし分岐した複雑なものになる。

[問題5] ❷ ファイルを印刷

ファイルを上書き保存は、Ctrl+S、ファイルを開くは、Ctrl+O

[問題6] ❸ レイアウト、装飾などを見栄えよくできる

レイアウト、装飾などを見栄えよくできるか、できないかは、利用者のセンスや技量による。XMLだから綺麗になるわけではない。 レイアウト構造を独自のスタイルシートを導入して全く違うデザインに簡単に変更することができるのが特徴。 論理構造は、そのまま使える。

[問題7] ❸ HTMLはウェブページを記述するためのマークアップ言語であり、XMLは文書やデータの意味や構造を記述するためのマークアップ言語のひとつである

マークアップは、文書の一部を「タグ」と呼ばれる特別な文字列で囲うことで、文章の構造（見出しや箇条書き、リンク設定など）、書式情報（フォントサイズや色など）を文章中に記述していくコンピューター言語。 「タグ」とは、＜○○＞内容文＜/○○＞の形式で記載されるもの。

[問題8] ❸ 仮想メモリ容量が少ないと表示された。

メモリ不足と表示された場合は、異常にプログラムが多く活動中ということで、もしかしたら、ウィルスソフトが起動している可能性がないとは言えない。 しかし、仮想メモリは、ハードディスクの空き容量を利用して活用されるもので補助的なものであり可能性はより低い。 コンピューターウィルスの侵入経路の多くは、メールの添付ファイルと、ダウンロード。

[問題9] ❷ 芸能人のブログから気に入った写真を友人にメールで送信

カメラマンの著作権、または、タレントの肖像権などを侵害している可能性がある。

[問題10] ❷ メールソフトが必要である。

Webメールは、ブラウザーで指定のWebサイトを閲覧することで利用できる。 個別のコンピューターのメールソフトに対応しているものではない。 メールソフトではなくブラウザーが必要。

[問題11] ❶ CSVファイル

カンマ区切りのデータの集まりのCSVファイルから簡単にExcelの各セルに区切って表示できる。 PDFファイルは、一体の画像のような状態でしか表示できない。 HTMLファイルは、Webサイト用の記述ファイルなので、データの並べ方によっては、Excelで表示できるが、最適ではない。

[問題12] ❷ 75%

目標達成率の計算方法は、「売上金額÷売上目標」で求める。「900万円÷1200万円」で、答えは75%となる。

[問題13] ❶ 販売数量×販売単価ー値引き額

販売数量×販売単価＝販売金額総額なので、そこから値引きする。

[問題14] ❸ 降順

数字の大きいものから並んでいることを「降順」、数字の小さいものから並んでいることを「昇順」という。

[問題15] ❷ フォーム

別名「入力フォーム」で、「名前」「郵便番号」「住所」「電話」など多数の項目を入力する際に便利な機能。「ヘルプ」はわからないことを検索して調べる機能。「フィルタ」は「抽出」といって、あるデータを抜き出して表示させることをいう。

実技科目

●問題1

「VLOOKUP関数」を使って、店舗名を表示させます。 表の最終行まで、オートフィルしておきます。

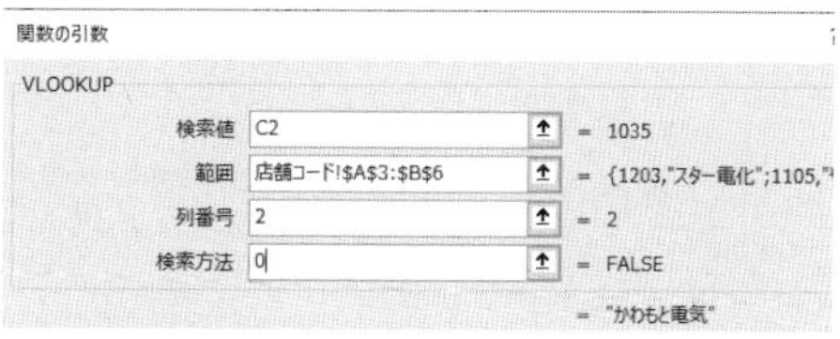

未入力の売上伝票のデータを追加入力します（途中のデータは省略してあります）。

- 「日付」は元データの年数を参考に入力（2016年のデータである）
- 「店舗コード」「商品名」「商品コード」「単価」は元のデータからコピー
- 「数量」は指示通り入力
- 「店舗名」「金額」は、計算式をオートフィルしなおす

	A	B	C	D	E	F	G	H
1	日付	店舗名	店舗コード	商品名	商品コード	数量	単価	金額
11	6月6日	やまと電化	1105	プラズマ42インチテレビ	P42	2	378,000	756,000
12	6月10日	スター電化	1203	HDD付DVDレコーダー480GB	H48	4	78,000	312,000
13	6月12日	かわもと電気	1035	HDD付DVDレコーダー160GB	H16	13	35,000	455,000
14	6月13日	よしなか電器	1004	プラズマ42インチテレビ	P42	4	378,000	1,512,000
15	6月15日	やまと電化	1105	HDD付DVDレコーダー240GB	H24	3	38,000	114,000
16	6月15日	やまと電化	1105	プラズマ42インチテレビ	P42	3	378,000	1,134,000
17	6月15日	かわもと電気	1035	液晶32インチテレビ	E32	6	200,000	1,200,000
18	6月15日	やまと電化	1105	プラズマ42インチテレビ	P42	5	378,000	1,890,000
19	6月15日	よしなか電器	1004	HDD付DVDレコーダー240GB	H24	3	38,000	114,000
20	6月18日	やまと電化	1105	液晶20インチテレビ	E20	5	100,000	500,000
21	6月18日	かわもと電気	1035	プラズマ42インチテレビ	P42	2	378,000	756,000
22	6月18日	よしなか電器	1004	液晶32インチテレビ	E32	11	200,000	2,200,000
23	6月19日	かわもと電気	1035	HDD付DVDレコーダー480GB	H48	10	78,000	780,000
24	6月22日	よしなか電器	1004	液晶20インチテレビ	E20	6	100,000	600,000
25	6月22日	スター電化	1203	HDD付DVDレコーダー240GB	H24	5	38,000	190,000
26	6月23日	やまと電化	1105	プラズマ37インチテレビ	P37	2	300,000	600,000
27	6月25日	スター電化	1203	液晶32インチテレビ	E32	4	200,000	800,000
28	6月26日	よしなか電器	1004	HDD付DVDレコーダー160GB	H16	1	35,000	35,000
29	6月26日	やまと電化	1105	HDD付DVDレコーダー480GB	H48	3	78,000	234,000
30	6月29日	よしなか電器	1004	液晶20インチテレビ	E20	3	100,000	300,000
31	6月29日	かわもと電気	1035	HDD付DVDレコーダー480GB	H48	7	78,000	546,000
32	6月29日	かわもと電気	1035	液晶32インチテレビ	E32	9	200,000	1,800,000
33	6月30日	かわもと電気	1035	HDD付DVDレコーダー480GB	H48	10	78,000	780,000
34	6月30日	スター電化	1203	HDD付DVDレコーダー160GB	H16	4	35,000	140,000
35	6月30日	やまと電化	1105	プラズマ37インチテレビ	P37	5	300,000	1,500,000

第1章 第2章 第3章 第4章 第5章 第6章

●問題2

「やまと電化」の6月分の請求書を完成させるます。問題1で作成した表を、ピボットテーブルを使って集計します。

- 「フィルター」に「店舗名」をドラッグし「やまと電化」のみ表示
- 「行」に「日付」「商品名」「単価」を順にドラッグ
- 「値」には、「数量」をドラッグ
- ピボットテーブルデザインを「表形式」に変更

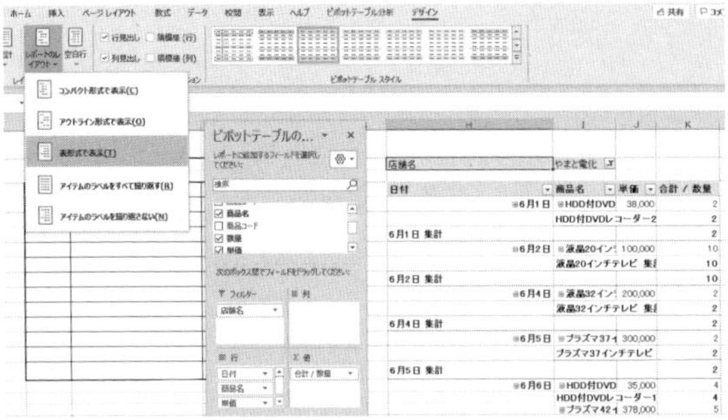

「日付」ごとの集計行と「商品名」ごとの集計行を、非表示に設定します。「日付の集計」セルの上で右クリックして、「"日付"の小計」のチェックを外してください。

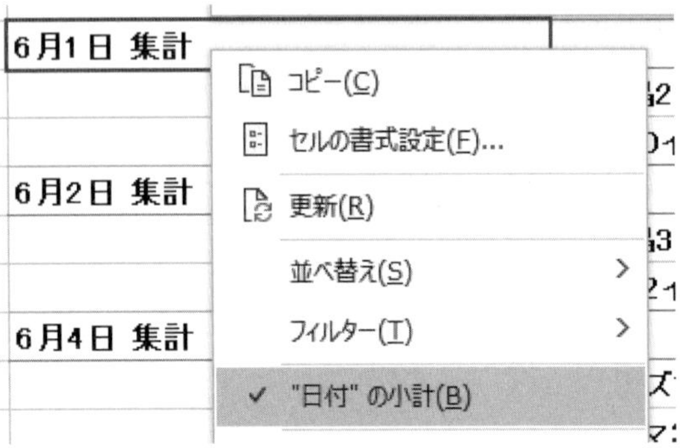

同様に、「"商品名の小計"」のチェックも外します。

ピボットテーブルの完成見本は以下の通りです。

店舗名	やまと電化		
日付	商品名	単価	合計 / 数量
⊟6月1日	⊟HDD付DVDレコ	38,000	2
⊟6月2日	⊟液晶20インチテ	100,000	10
⊟6月4日	⊟液晶32インチテ	200,000	2
⊟6月5日	⊟プラズマ37イン	300,000	2
⊟6月6日	⊟HDD付DVDレコ	35,000	4
	⊟プラズマ42イン	378,000	5
⊟6月15日	⊟HDD付DVDレコ	38,000	3
	⊟プラズマ42イン	378,000	8
⊟6月18日	⊟液晶20インチテ	100,000	5
⊟6月23日	⊟プラズマ37イン	300,000	2
⊟6月26日	⊟HDD付DVDレコ	78,000	3
⊟6月30日	⊟プラズマ37イン	300,000	5
総計			51

ピボットテーブルの必要なデータをコピーして、請求書の表に値を貼り付けます。

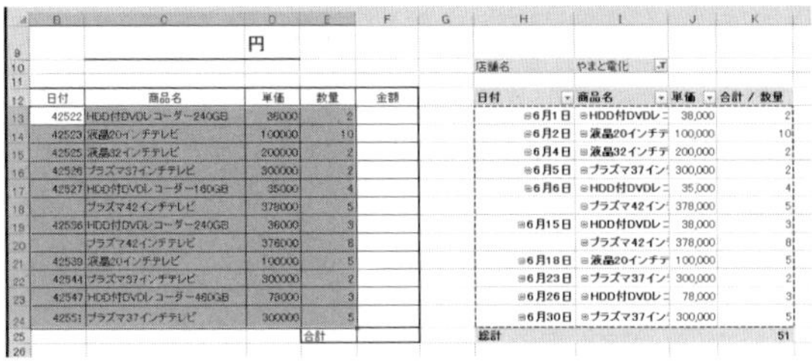

「日付」の表示形式を設定しなおします。

「金額」を計算します。「単価*数量」です。

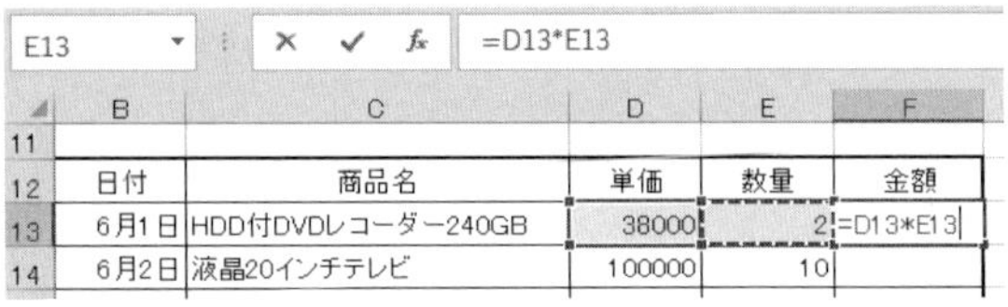

計算式をセル「F24」までオートフィルします。セル「F25」の合計を計算します。「単価」と「金額」の数値には、「桁区切り」を設定します。

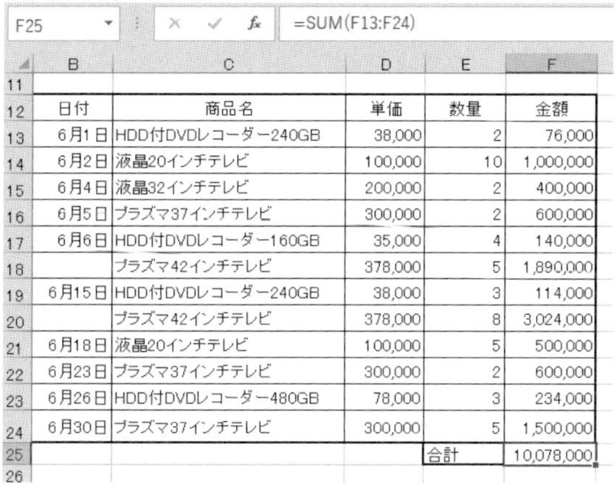

F25 =SUM(F13:F24)

	B	C	D	E	F
11					
12	日付	商品名	単価	数量	金額
13	6月1日	HDD付DVDレコーダー240GB	38,000	2	76,000
14	6月2日	液晶20インチテレビ	100,000	10	1,000,000
15	6月4日	液晶32インチテレビ	200,000	2	400,000
16	6月5日	プラズマ37インチテレビ	300,000	2	600,000
17	6月6日	HDD付DVDレコーダー160GB	35,000	4	140,000
18		プラズマ42インチテレビ	378,000	5	1,890,000
19	6月15日	HDD付DVDレコーダー240GB	38,000	3	114,000
20		プラズマ42インチテレビ	378,000	8	3,024,000
21	6月18日	液晶20インチテレビ	100,000	5	500,000
22	6月23日	プラズマ37インチテレビ	300,000	2	600,000
23	6月26日	HDD付DVDレコーダー480GB	78,000	3	234,000
24	6月30日	プラズマ37インチテレビ	300,000	5	1,500,000
25				合計	10,078,000
26					

セル「A4」に、「やまと電化」の文字を入力します。セル「C9」には、セル参照を使って、「F25」の金額を表示させます。

C9 =F25

	A	B	C	D	E	F	G
1							
2			請 求 書				
3							
4		やまと電化	御中				
5							
6					TAKA電機販売株式会社		
7						経理部	佐藤
8		※下記のとおり、ご請求申し上げます					
9			10,078,000	円			
10							
11							
12		日付	商品名	単価	数量	金額	
13		6月1日	HDD付DVDレコーダー240GB	38,000	2	76,000	
14		6月2日	液晶20インチテレビ	100,000	10	1,000,000	
15		6月4日	液晶32インチテレビ	200,000	2	400,000	
16		6月5日	プラズマ37インチテレビ	300,000	2	600,000	
17		6月6日	HDD付DVDレコーダー160GB	35,000	4	140,000	
18			プラズマ42インチテレビ	378,000	5	1,890,000	
19		6月15日	HDD付DVDレコーダー240GB	38,000	3	114,000	
20			プラズマ42インチテレビ	378,000	8	3,024,000	
21		6月18日	液晶20インチテレビ	100,000	5	500,000	
22		6月23日	プラズマ37インチテレビ	300,000	2	600,000	
23		6月26日	HDD付DVDレコーダー480GB	78,000	3	234,000	
24		6月30日	プラズマ37インチテレビ	300,000	5	1,500,000	
25					合計	10,078,000	

●問題3

「構成比」シートを完成させます。問題2で作成したピボットテーブルを、「商品名」と「金額」を集計したピボットテーブルに変更します。「店舗名」のフィールドのチェックは必ず外してください。

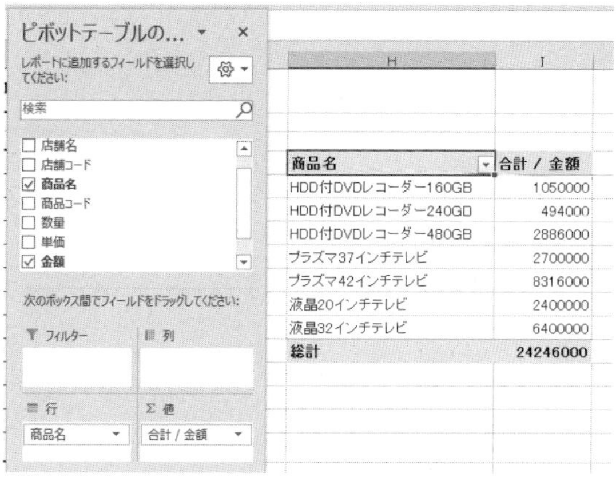

商品名	合計 / 金額
HDD付DVDレコーダー160GB	1050000
HDD付DVDレコーダー240GD	494000
HDD付DVDレコーダー480GB	2886000
プラズマ37インチテレビ	2700000
プラズマ42インチテレビ	8316000
液晶20インチテレビ	2400000
液晶32インチテレビ	6400000
総計	24246000

ピボットテーブルで集計した数値をコピーし「構成比」シートのセル「A4」に値を貼り付けます。

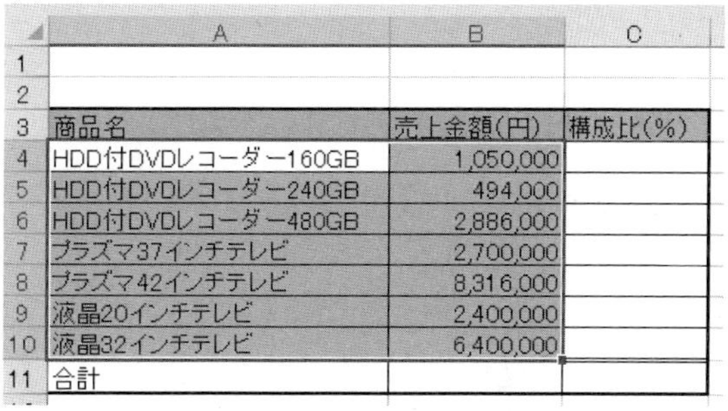

	A	B	C
1			
2			
3	商品名	売上金額(円)	構成比(%)
4	HDD付DVDレコーダー160GB	1,050,000	
5	HDD付DVDレコーダー240GB	494,000	
6	HDD付DVDレコーダー480GB	2,886,000	
7	プラズマ37インチテレビ	2,700,000	
8	プラズマ42インチテレビ	8,316,000	
9	液晶20インチテレビ	2,400,000	
10	液晶32インチテレビ	6,400,000	
11	合計		

セル「B11」に売上金額の合計を計算します。

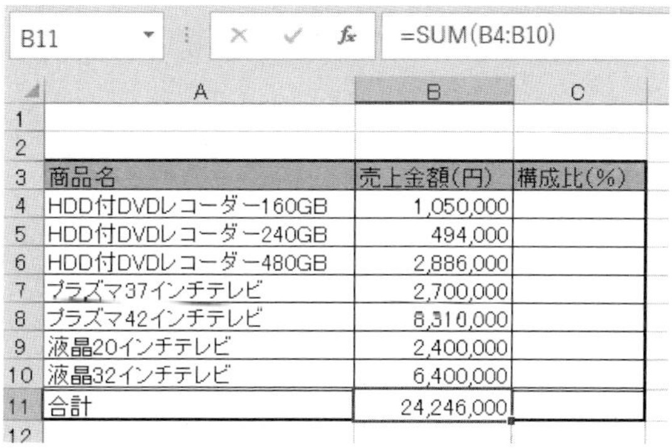

B11 =SUM(B4:B10)

	A	B	C
1			
2			
3	商品名	売上金額(円)	構成比(%)
4	HDD付DVDレコーダー160GB	1,050,000	
5	HDD付DVDレコーダー240GB	494,000	
6	HDD付DVDレコーダー480GB	2,886,000	
7	プラズマ37インチテレビ	2,700,000	
8	プラズマ42インチテレビ	8,316,000	
9	液晶20インチテレビ	2,400,000	
10	液晶32インチテレビ	6,400,000	
11	合計	24,246,000	
12			

構成比（%）を計算します。

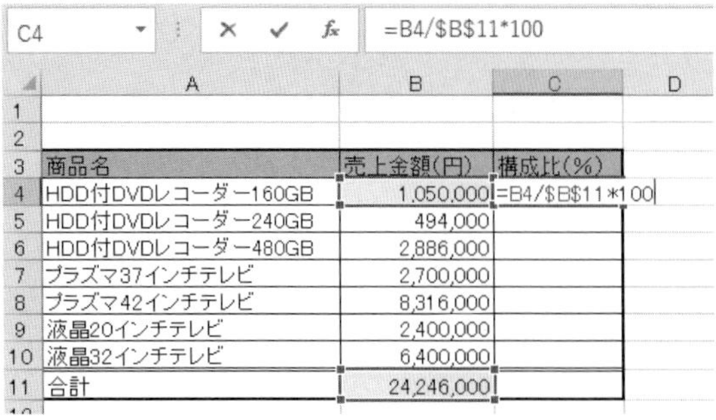

C4 =B4/$B$11*100

	A	B	C	D
1				
2				
3	商品名	売上金額(円)	構成比(%)	
4	HDD付DVDレコーダー160GB	1,050,000	=B4/$B$11*100	
5	HDD付DVDレコーダー240GB	494,000		
6	HDD付DVDレコーダー480GB	2,886,000		
7	プラズマ37インチテレビ	2,700,000		
8	プラズマ42インチテレビ	8,316,000		
9	液晶20インチテレビ	2,400,000		
10	液晶32インチテレビ	6,400,000		
11	合計	24,246,000		

11行目までオートフィルして、小数点第1位までの表示にします。

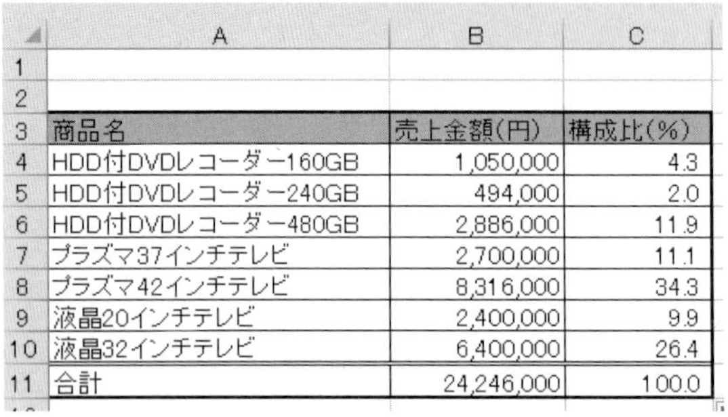

	A	B	C
1			
2			
3	商品名	売上金額(円)	構成比(%)
4	HDD付DVDレコーダー160GB	1,050,000	4.3
5	HDD付DVDレコーダー240GB	494,000	2.0
6	HDD付DVDレコーダー480GB	2,886,000	11.9
7	プラズマ37インチテレビ	2,700,000	11.1
8	プラズマ42インチテレビ	8,316,000	34.3
9	液晶20インチテレビ	2,400,000	9.9
10	液晶32インチテレビ	6,400,000	26.4
11	合計	24,246,000	100.0

構成比の高い順(大きい順)に並べ替えます。

表題を入力して、表の完成です。

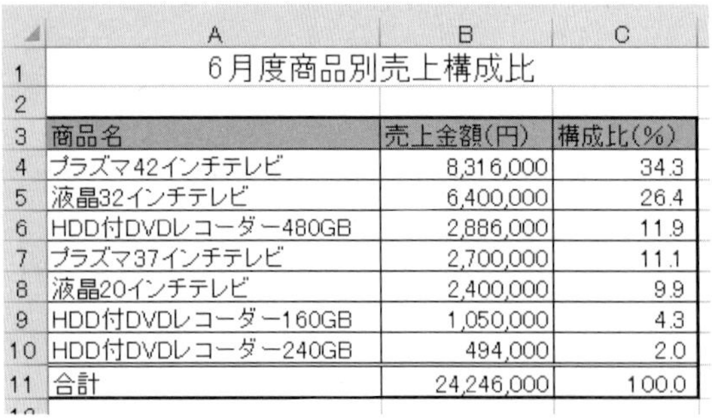

	A	B	C
1	6月度商品別売上構成比		
2			
3	商品名	売上金額(円)	構成比(%)
4	プラズマ42インチテレビ	8,316,000	34.3
5	液晶32インチテレビ	6,400,000	26.4
6	HDD付DVDレコーダー480GB	2,886,000	11.9
7	プラズマ37インチテレビ	2,700,000	11.1
8	液晶20インチテレビ	2,400,000	9.9
9	HDD付DVDレコーダー160GB	1,050,000	4.3
10	HDD付DVDレコーダー240GB	494,000	2.0
11	合計	24,246,000	100.0

以下に注意して、構成比のわかる円グラフを作成しましょう。

- データ範囲「A4:B10」（売上金額の数値をグラフにする）
- グラフタイトル「商品別売上構成比」
- 凡例:右に表示
- データラベル「パーセンテージ」（書式設定で、小数点第1位までの表示とする）

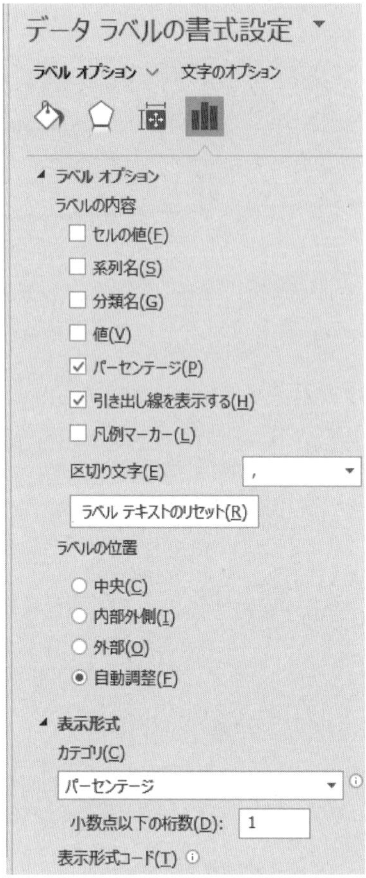

グラフの完成図は以下の通りです。

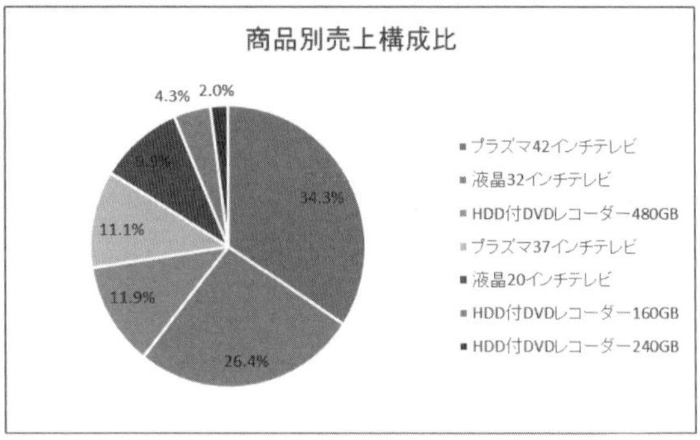

●問題4

「ファイル」をクリックして「名前を付けて保存」をクリックします。「参照」ボタンをクリックすると、「名前を付けて保存」ダイアログボックスが開くので、「ファイル名」の欄に「6月度売上集計」と入力して「保存」ボタンをクリックしてください。

解説　第4回　模擬試験

知識科目

[問題1] ❶ **自分一人で行く予定は、他のメンバーに知らせる必要がない**

他の人の予定は知りたいのに、自分の予定は秘密というのはおかしい。

[問題2] ❷ **ZIP**

MP3は、音楽などの圧縮、JPEGは、写真などの圧縮によく利用される。人の目や耳で判断できないない範囲を間引いて圧縮する。このため、圧縮後も違和感なく美しい音質や画像を楽しめる。しかし、どちらも元に戻せない非可逆圧縮。文書やプログラムなどは、完全に元に戻せないと困るのでZIPのような、可逆圧縮を利用する。

[問題3] ❶ **ハイパーリンクの設定ができる。**

インターネットのURLなどを文書内に記載して、リンクを設定したものをハイパーリンクという。参考文献としてインターネット上のページのURLを記載しておくだけで、内容をコピーして添付しておく必要がない。ただし、相手方がインターネットに接続できることが条件になる。

[問題4] ❶ **名寄せ**

ソート（並べ替え）でも同様に名前を揃えられるがベストな選択ではない。禁則処理は、文章のルールを定めておくもの。例えば、日本語で「、」「。」などは文頭に来ない、「括弧の終」を文頭には使用しない、など。

[問題5] ❸ **ウィルス対策ソフトの最新版をダウンロードした**

コンピューターウィルスの最大の感染源は、メールの添付ファイル、次にダウンロードファイルの実行。ウィルス対策ソフトの最新版をダウンロードでの感染は、確率が少ないと推測できる。

[問題6] ❷ **縮小**

圧縮は、ファイル容量を小さくすること。縮小は、画像のサイズを小さくすること。トリミングは、一部を切り取ること。

[問題7] ❷ **送信トレイにあるメールに返信する**

送信トレイにあるメールは、自分が作成したメールで送信処理待ちのメール。処理をすることで送信される。自分の作った未送信のメールに自分が返信しても…????

[問題8] ❸ **ZIP**

MPEGは、動画の圧縮形式。HTMLは、ウェブサイトのファイル形式。ZIPは、可逆圧縮のため文書等のファイルサイズを圧縮するために最適で、元に戻すことができる。

[問題9] ❶ **電子メールには個人情報保護法などの法律は特にない**

「特定電子メールの送信の適正化等に関する法律」などの法律規定がある（迷惑メール対応）。

[問題10] ❷ **電子透かし**

暗号化、電子証明は、文書ファイルに使用される。電子透かしは、画像にデジタル的に登録することができる。検出ソフトにより、不正コピーやデータの改ざんを見破ることが出来るが、コピーそのものは、防げないので、電子透かし処理をしている旨の記載によりコピーを思いとどまらせる効果しかない。この意味で、この問題は不適切であるが、日商PC検定の問題では、この問題のように最終的に実務では、どの選択をする必要があるかというポイントで出題されることが多い。問題の意味を取り違えないように。

[問題11] ❶ **840円**

（1,050円の2割）1,050×0.2＝210
（1,050円の2割を引く）1,050－210＝840
または、1,050×80%＝840

[問題12] ❶ **IF関数**

条件によって違う結果を求めるにはIF関数が適している。

[問題13] ❸ 複合グラフ

複数のグラフを同時に表示させるグラフが複合グラフ。

[問題14] ❷ （本年度売上－前年度売上）÷前年度売上×100

前年度売上に対する差額（いくら増えたか、減ったか）を求めて、それを前年度売上で割ったものが、伸び率となる。

[問題15] ❷ 担当者別の売上金額の集計

伝票に「担当者」の項目がないので集計できない。 伝票に項目のない（データのない）ものは、集計できない。

実技科目

●問題1

以下に注意してデータの追加入力を行います。

- 日付、顧客コードは問題文の指示通りに入力
- 品番、商品名、種別、標準単価は、元データからコピー
- 数量、掛け率は指示通り入力
- 販売単価、売上金額は、計算式をオートフィル

! 注　意

同じ商品でも、日によって「掛け率（%）」が異なります。 品番から標準単価までをコピーして貼り付けた際に、「掛け率」の数値を問題文の指示通りに修正するのを忘れないでください。

	A	B	C	D	E	F	G	H	I	J
1	売上台帳(9月期)									
2	日付	顧客コード	品番	商品名	種別	数量(箱)	標準単価(円)	掛け率(%)	販売単価(円)	売上金額(円)
21	10	131	TR004	アロエプラス〈T〉	トリートメント	12	48,000	90	43,200	518,400
22	12	103	RI001	薬用マイルド〈R〉	コンディショナー	6	20,000	85	17,000	102,000
23	14	107	CR002	カラーマジック	カラーリング	7	17,000	90	15,300	107,100
24	14	125	RI003	ナチュラル〈R〉	コンディショナー	7	26,000	85	22,100	154,700
25	14	156	AT003	ファインスプレー	スタイリングフォーム	5	18,000	80	14,400	72,000
26	15	129	RI001	薬用マイルド〈R〉	コンディショナー	15	20,000	90	18,000	270,000
27	15	140	AT001	スタイルハード	スタイリングフォーム	5	12,000	90	10,800	54,000
28	15	141	TR004	アロエプラス〈T〉	トリートメント	7	48,000	85	40,800	285,600
29	15	154	RI004	アロエプラス〈R〉	コンディショナー	13	36,000	85	30,600	397,800
30	16	134	SH002	ダメージケア〈S〉	シャンプー	6	42,000	85	35,700	214,200
31	17	105	CR001	マイルドカラー	カラーリング	5	14,000	85	11,900	59,500
32	17	115	AT001	スタイルハード	スタイリングフォーム	9	12,000	80	9,600	86,400
33	17	127	RI001	薬用マイルド〈R〉	コンディショナー	7	20,000	90	18,000	126,000
34	17	140	SH003	ナチュラル〈S〉	シャンプー	9	36,000	85	30,600	275,400
35	17	144	RI001	薬用マイルド〈R〉	コンディショナー	12	20,000	80	16,000	192,000
36	19	150	RI004	アロエプラス〈R〉	コンディショナー	10	36,000	90	32,400	324,000
37	20	115	SH002	ダメージケア〈S〉	シャンプー	8	42,000	80	33,600	268,800
38	20	133	SH001	薬用マイルド〈S〉	シャンプー	12	20,000	90	18,000	216,000
39	20	146	SH002	ダメージケア〈S〉	シャンプー	6	42,000	90	37,800	226,800
40	20	151	AT001	スタイルハード	スタイリングフォーム	13	12,000	85	10,200	132,600
41	21	149	AT002	スタイリング〈A〉	スタイリングフォーム	12	15,000	85	12,750	153,000
42	22	125	SH003	ナチュラル〈S〉	シャンプー	15	36,000	85	30,600	459,000

途中のデータは省略してあります。

●問題2

「株式会社美装館」の9月分の請求書を完成させます。問題1で作成した表をピボットテーブルを使って集計します。ピボットテーブルのデータ範囲に、「合計行」を含めないようにしましょう。

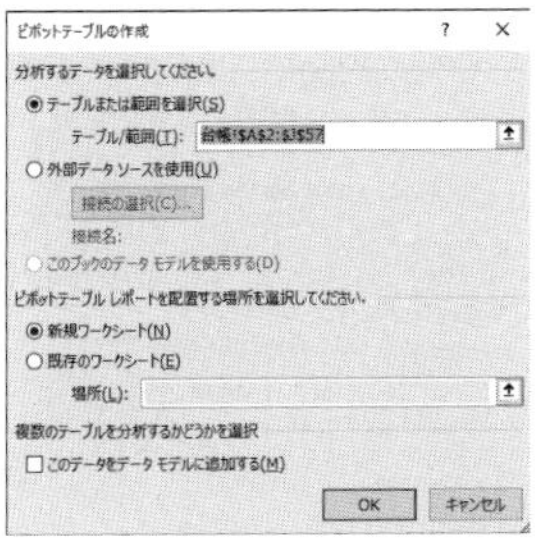

シート「請求」の解答の表の右横にピボットテーブルを作成します。

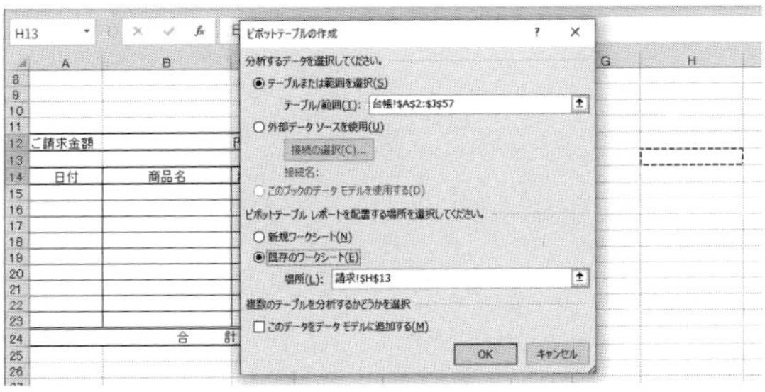

解答となる「請求書」の項目名と順番をよく確認してください。

- 「フィルター」に「顧客コード」をドラッグ、「115（株式会社美装館のコード）」のみ表示
- 「行」に「日付」「商品名」「販売単価」をドラッグ
- 「値」に「数量」をドラッグ
- ピボットテーブルデザインは「表形式で表示」に変更

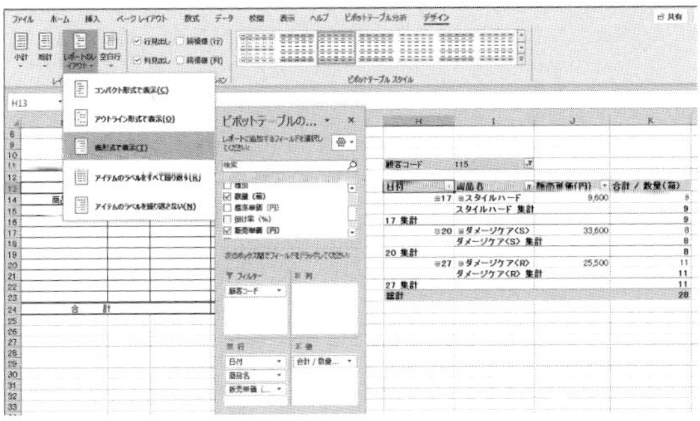

「日付」ごとの集計行と「商品名」ごとの集計行を、非表示に設定します。「日付の集計」のセルの上で右クリックして、「”日付”の小計」のチェックを外してください。

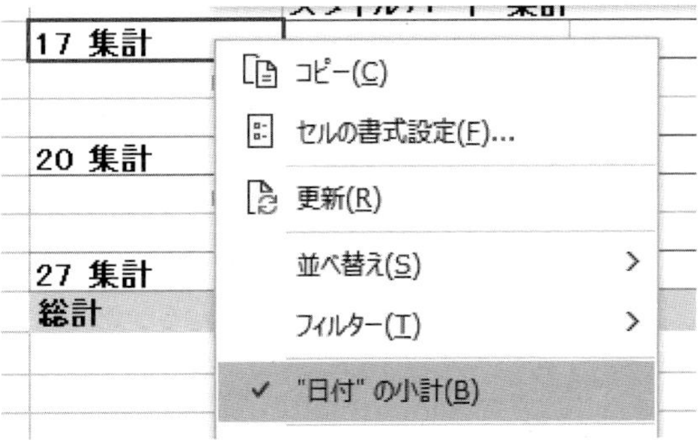

同様に、「商品名」の集計行も、非表示にしてください。

ピボットテーブルの完成見本は以下の通りです。

H	I	J	K
顧客コード	115		
日付	商品名	販売単価(円)	合計 / 数量(箱)
⊟17	⊟スタイルハード	9,600	9
⊟20	⊟ダメージケア<S>	33,600	8
⊟27	⊟ダメージケア<R>	25,500	11
総計			28

ピボットテーブルの必要なデータをコピーして、請求書の表に値を貼り付けます。まず、「日付」「商品名」と「販売単価」をそれぞれコピーして値を貼り付けます。

次に、「数量」のみコピーして、値を貼り付けます。「販売単価」と「数量」の並び順に注意して貼り付けをしてください。

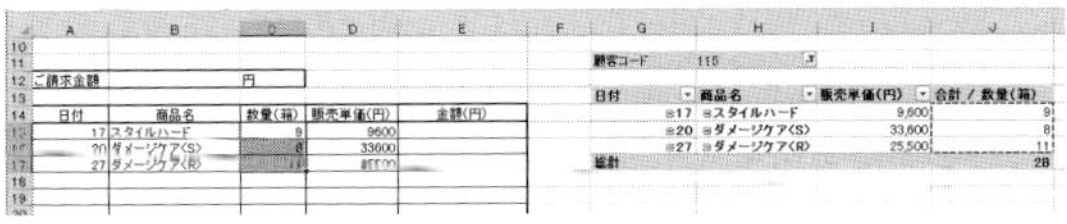

注　意

問題によっては、解答となる表とピボットテーブルの項目名の並び順が異なる場合があります。解答の表（今回は請求書）とピボットテーブルの項目名をよく確認してください。

「金額」を計算します。「数量×販売単価」です。

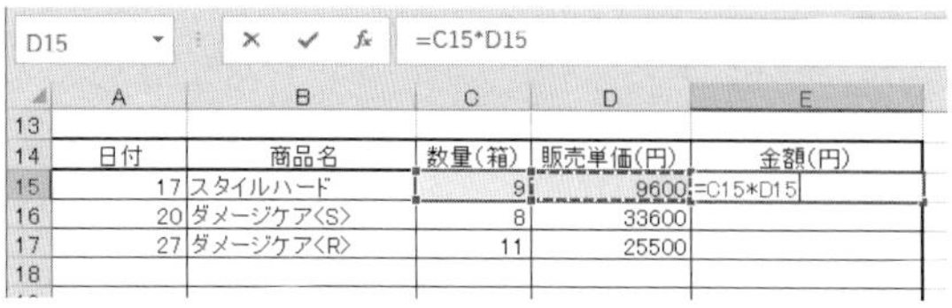

計算式を、セル「E17」までオートフィルします。

セル「E24」には合計金額を計算します。「販売単価」「金額」の数値には、「桁区切り」を設定します。

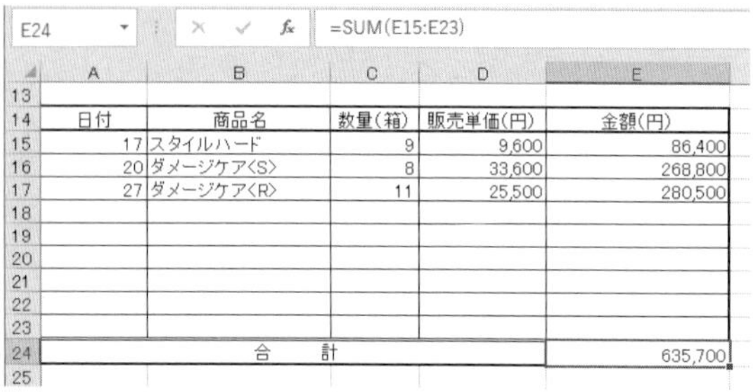

セル「A3」に、「株式会社美装館」の文字を入力します。セル「B12」には、セル参照を使って、「E24」の金額を表示させます。

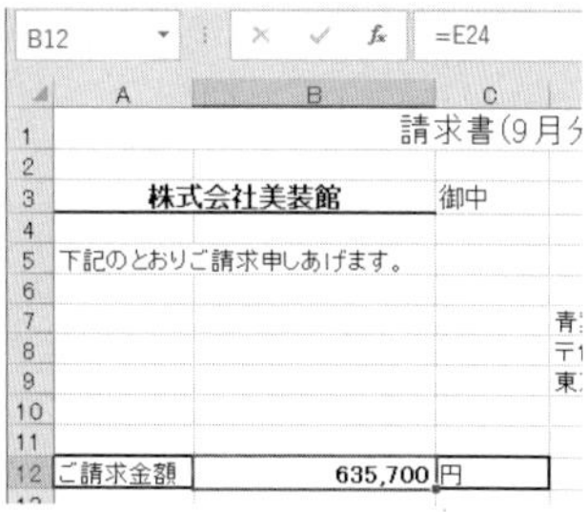

●問題3

「分析」シートを完成させます。問題2で作成したピボットテーブルを、「種別」と「数量」「売上金額」を集計したピボットテーブルに変更します。

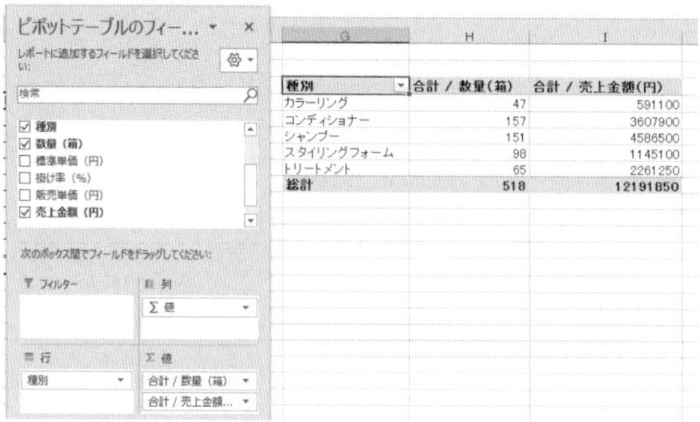

ピボットテーブル内の「種別」の項目の並び順を、解答の表に合わせて並べ替えます。

集計のできたピボットテーブルの数量と売上金額をコピーして、「分析」シートのセル「B3」から「C8」に値を貼り付けます。貼り付けた値には「桁区切り」を設定します。

「売上構成比（%）」を計算します。

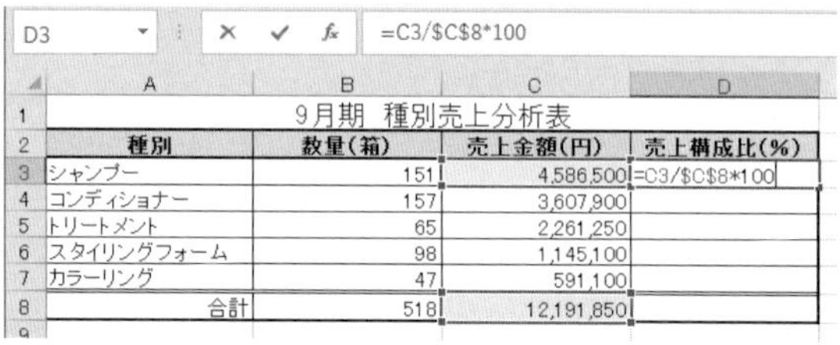

8行目までオートフィルして、小数点以下第1位までの表示に設定します。

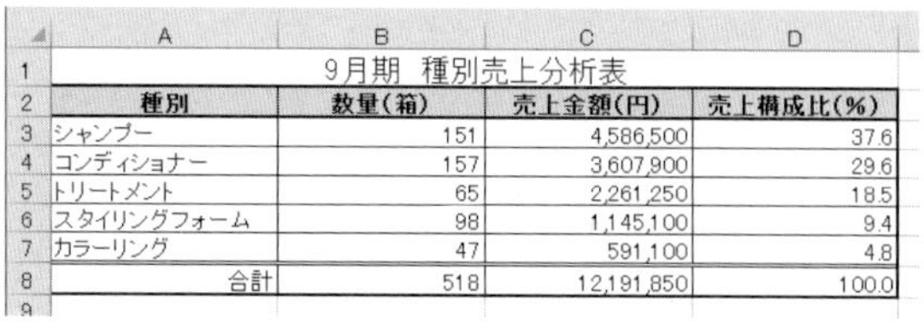

売上金額の構成割合が分かる円グラフを作成します。データ範囲はセル「A3:A7」と「C3:C7」を選択してください（売上金額の数値をグラフにします）。

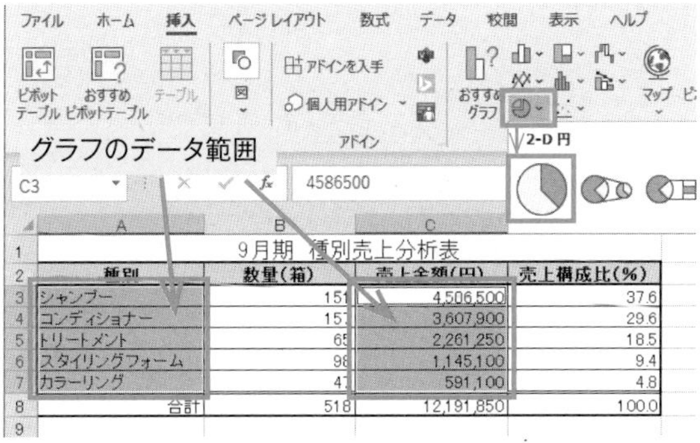

以下の点に注意してください。

- グラフタイトル:「種別売上構成比グラフ」
- 凡例:表示しない
- データラベル:「分類」「パーセンテージ」（小数点以下第1位までの表示）

グラフの完成図は以下の通りです。

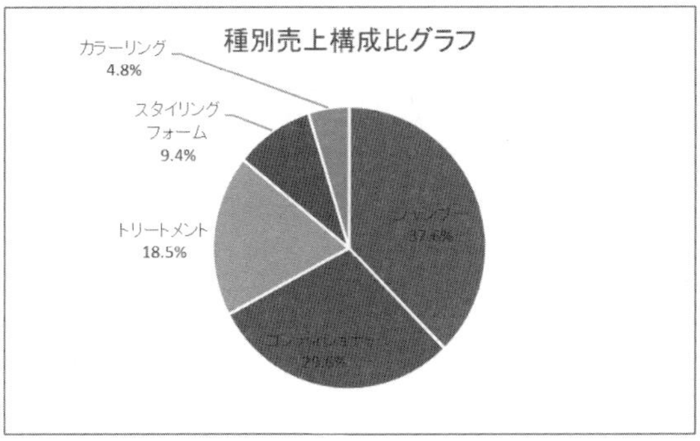

●問題4

「ファイル」をクリックして「名前を付けて保存」をクリックします。「参照」ボタンをクリックすると、「名前を付けて保存」ダイアログボックスが開くので、「ファイル名」の欄に「売上管理」と入力して「保存」ボタンをクリックしてください。

おわりに

日商PC検定合格道場では、日商PC検定3級から1級にいたるまで、すべての級の学習に対応しています。

- 日商PC検定2級、1級にも合格したいな～!
- 履歴書資格欄に日商PC検定2級って書きたいな～!
- 昼間の事務職に変わりたいな～!
- 本試験ってどんな問題なのか不安?
- 本の学習だけで大丈夫かな?
- 今の自分のレベルで合格できるのかな?

学習中は不安がいっぱい出てきます。そんなあなたをサポートする通信講座です。
ウェブサイトへお気兼ねなく。

●日商PC検定合格道場
https://pcukaru.jp/

日商PC検定合格道場
主任講師　八田　仁

索　引

か

さ

た

な

は

DEKIDAS-WEBの使い方

本書をご購入いただいた方への特典として、「DEKIDAS-WEB」がご利用いただけます。「DEKIDAS-WEB」はスマホやPCからアクセスできる問題演習用WEBアプリです。知識科目の対策にお役立てください。

対応ブラウザは、Edge、Chrome、Safariです（IEは対応していません）。
スマートフォン、タブレットで利用する場合は以下のQRコードを読み取り、エントリーページにアクセスしてください。なお、ログインの際にメールアドレスが必要になります。QRコードを読み取れない場合は、下記URLからアクセスして登録してください。

・URL：https://entry.dekidas.com/
・認証コード：nd21kgBiT53jAs71

※本アプリの有効期限は2024年03月18日です。

■プロフィール

● 八田 仁（はった じん）

直営パソコン教室での合格実績により、2012年より日商PC検定合格道場の通信講座をスタート。翌年には、全国初の2級の通信講座開始。多くの受講生を合格に導きながら、自らも1級試験3科合格し、全く書籍も発売されていない状況で全国初1級試験の通信講座を2020年よりスタートさせる。常々、「日商PC検定ほど仕事に役立つものはない。」と言うのが口癖。日商PC検定3級学習中のあなたをサポートします。日商PC検定合格道場ウェブサイト（https://pcukaru.jp/）へお気兼ねなく。

● 細田 美奈（ほそだ みな）

子育中に全くの初心者からPCスキルを学習、日商PC検定1級試験３科目に合格し日本商工会議所会頭表彰を受ける。現在、日商PC検定合格道場の通信講座実技の添削などサポートを担当。日商PC検定3級学習中のあなたをサポートします。

- 装丁・本文デザイン　釣巻デザイン室
- 本文DTP　トップスタジオ
- 編集　東山　萌子

いちばんやさしい日商PC検定《にっしょうぴーしーけんてい》データ活用《かつよう》3級《きゅう》
ズバリ合格《ごうかく》BOOK《ぶっく》 [Excel《えくせる》 2013/2016/2019 対応《たいおう》]

2021年 4 月 9 日　初　版　第 1 刷発行

著　者　八田仁《はったじん》、細田美奈《ほそだみな》

発行者　片岡　巌
発行所　株式会社技術評論社
東京都新宿区市谷左内町21-13
電話　03-3513-6150　販売促進部
03-3513-6166　書籍編集部
印刷／製本　日経印刷株式会社

定価はカバーに表示してあります。

ISBN978-4-297-12018-4　C3055
Printed in Japan

■お問い合わせについて

本書に関するご質問は、FAX、書面、下記のWebサイトの質問用フォームでお願いいたします。電話での直接のお問い合わせにはお答えできません。あらかじめご了承ください。

ご質問の際には以下を明記してください。

・書籍名
・該当ページ
・返信先（メールアドレス）

ご質問の際に記載いただいた個人情報は質問の返答以外の目的には使用いたしません。

お送りいただいたご質問には、できる限り迅速にお答えするよう努力しておりますが、お時間をいただくこともございます。

なお、ご質問は本書に記載されている内容に関するもののみとさせていただきます。

■お問い合わせ先

〒162-0846　東京都新宿区市谷左内町21-13
株式会社技術評論社　書籍編集部
「いちばんやさしい日商PC検定データ活用3級
ズバリ合格BOOK」係
FAX：03-3513-6183
Web：https://gihyo.jp/book/2021/978-4-297-12018-4/